Bibliothek des Radio-Amateurs 14. Band
Herausgegeben von Dr. Eugen Nesper

Die Telephonie-Sender

Von

Dr. P. Lertes

Mit 116 Abbildungen im Text
und auf einer Tafel

Berlin
Verlag von Julius Springer
1926

ISBN 978-3-642-50612-3 ISBN 978-3-642-50922-3 (eBook)
DOI 10.1007/978-3-642-50922-3

Zur Einführung der Bibliothek des Radio-Amateurs.

Schon vor der Radio-Amateurbewegung hat es technische und sportliche Bestrebungen gegeben, die schnell in breite Volksschichten eindrangen; sie alle übertrifft heute bereits an Umfang und an Intensität die Beschäftigung mit der Radio-Telephonie.

Die Gründe hierfür sind mannigfaltig. Andere technische Betätigungen erfordern nicht unerhebliche Voraussetzungen. Wer z. B. eine kleine Dampfmaschine selbst bauen will — was vor zwanzig Jahren eine Lieblingsbeschäftigung technisch begabter Schüler war — benötigt einerseits viele Werkzeuge und Einrichtungen, muß andererseits aber auch ein guter Mechaniker sein, um eine brauchbare Maschine zu erhalten. Auch der Bau von Funkeninduktoren oder Elektrisiermaschinen, gleichfalls eine Lieblingsbetätigung in früheren Jahrzehnten, erfordert manche Fabrikationseinrichtung und entsprechende Geschicklichkeit.

Die meisten dieser Schwierigkeiten entfallen bei der Beschäftigung mit einfachen Versuchen der Radio-Telephonie. Schon mit manchem in jedem Haushalt vorhandenen Altgegenstand lassen sich ohne besondere Geschicklichkeit Empfangsresultate erzielen. Der Bau eines Kristalldetektorempfängers ist weder schwierig noch teuer, und bereits mit ihm erreicht man ein Ergebnis, das auf jeden Laien, der seine ersten radio-telephonischen Versuche unternimmt, gleichmäßig überwältigend wirkt: Fast frei von irdischen Entfernungen ist er in der Lage, aus dem Raum heraus Energie in Form von Signalen, von Musik, Gesang usw. aufzunehmen.

Kaum einer, der so mit einfachen Hilfsmitteln angefangen hat, wird von der Beschäftigung mit der Radio-Telephonie loskommen. Er wird versuchen, seine Kenntnisse und seine Apparatur zu verbessern, er wird immer bessere und hochwertigere Schaltungen ausprobieren, um immer vollkommener die aus dem Raum kommenden Wellen aufzunehmen und damit den Raum zu beherrschen.

Diese neuen Freunde der Technik, die „Radio-Amateure", haben in den meisten großzügig organisierten Ländern die Unterstützung weitvorausschauender Politiker und Staatsmänner gefunden unter dem Eindruck des universellen Gedankens, den das Wort „Radio" in allen Ländern auslöst. In anderen Ländern hat man den Radio-Amateur geduldet; in ganz wenigen ist er zunächst als staatsgefährlich bekämpft worden. Aber auch in diesen Ländern ist bereits abzusehen, daß er in seinen Arbeiten künftighin nicht beschränkt werden darf.

Wenn man auf der einen Seite dem Radio-Amateur das Recht seiner Existenz erteilt, so muß naturgemäß andererseits von ihm verlangt werden, daß er die staatliche Ordnung nicht gefährdet.

Der Radio-Amateur muß technisch und physikalisch die Materie beherrschen, muß also weitgehendst in das Verständnis von Theorie und Praxis eindringen.

Hier setzt nun neben der schon bestehenden und täglich neu aufschießenden, in ihrem Wert recht verschiedenen Buch- und Broschürenliteratur die „Bibliothek des Radio-Amateurs" ein. In knappen, zwanglosen und billigen Bändchen wird sie allmählich alle Spezialgebiete, die den Radio-Amateur angehen, von hervorragenden Fachleuten behandeln lassen. Die Koppelung der Bändchen untereinander ist extrem lose; jedes kann ohne die anderen bezogen werden, und jedes ist ohne die anderen verständlich.

Die Vorteile dieses Verfahrens liegen nach diesen Ausführungen klar zutage: Billigkeit und die Möglichkeit, die Bibliothek jederzeit auf dem Stande der Erkenntnis und Technik zu erhalten. In universeller gehaltenen Bändchen werden eingehend die theoretischen Fragen geklärt.

Kaum je zuvor haben Interessenten einen solchen Anteil an literarischen Dingen genommen, wie bei der Radio-Amateurbewegung. Alles, was über das Radio-Amateurwesen veröffentlicht wird, erfährt eine scharfe Kritik. Diese kann uns nur erwünscht sein, da wir lediglich das Bestreben haben, die Kenntnis der Radio-Dinge breiten Volksschichten zu vermitteln. Wir bitten daher um strenge Durchsicht und Mitteilung aller Fehler und Wünsche.

Dr. Eugen Nesper.

Vorwort.

Weit mehr, wie durch jede andere technische Errungenschaft der letzten Jahrzehnte wurde durch die Freigabe des Rundfunks die Begeisterung für technische Neuerungen, technisches Denken und Fühlen in die breitesten Volksschichten hineingetragen. Was wir namentlich bei den Amerikanern bewundernd anerkennen müssen, scheint auch bei uns allmählich Wirklichkeit zu werden. Tausende und Abertausende bauen und basteln heute an ihren Empfangsgeräten, nicht deswegen allein, um die Sprache und Musik zu vernehmen, welche die Ätherwellen herübertragen über Land und Meer, sondern vor allem in dem ehrgeizigen Streben, durch das eigene Werk die Freude des Sieges empfinden zu dürfen, den in der Radio-Telegraphie und -Telephonie der Mensch über die Natur errungen hat. Jeder Erfolg befriedigt aufs neue den schaffenden Menschengeist, stachelt an zu neuen Taten. In dieser Beglückung liegt die höchste und edelste Aufgabe des Rundfunks, die leider noch so wenigen zuteil wird. Was hierzu fehlt, ist nicht das Interesse, es ist das Wollen. Man will sich nicht eingehend damit beschäftigen, weil man die anscheinend unüberwindlichen Schwierigkeiten fürchtet. Sicher ist, daß ohne gründliche theoretische Kenntnisse der praktische Erfolg versagt sein muß. Sicher ist, daß alle diejenigen, die sich ohne gründliche Kenntnis der physikalischen und elektrotechnischen Grundlagen an den Empfängerbau begeben, bald aufs tote Gleis geraten. Zunächst liegt das Hauptinteresse des Radio-Amateurs in der Empfangstechnik. Die zur Erwerbung der Kenntnisse hierfür benötigte Literatur ist reichlich, leider zu reichlich, so daß die richtige Wahl schwer fallen muß. Die Zeit wird jedoch nicht mehr so fern sein, wo der Radio-Amateur auch an die praktische Verwirklichung eines jetzigen Zukunftstraums, des Amateursendens gehen will und wird. Hier bietet sich ein neues, unübersehbar weites Betätigungsfeld, das mehr noch wie die Empfangstechnik einer Regelung von seiten des Staates, strammer Selbstzucht und gründlicher Beherrschung der Materie von seiten des Radio-Amateurs bedarf. Da auf diesem Gebiete die zusammenfassende Literatur noch spärlich ist, habe ich gerade mit besonderer Freude dem Wunsche des Herausgebers der „Bibliothek des Radio-Amateurs" entsprechend die Bearbeitung des Bändchens „Die Telephonie-Sender" übernommen. Um auch dem technisch gebildeten Rundfunkteilnehmer einen allgemeinen Überblick über die Sendetechnik bei den heutigen Rundfunkstationen und über die damit zusammenhängenden sonstigen Probleme zu gewähren, bin ich bei der Behandlung des Stoffes über den Rahmen dessen hinausgegangen, was speziell nur den Radio-Amateur an der Sendetechnik interessiert.

Im folgenden wird zunächst das Schwingungsproblem als solches vom rein physikalischen Standpunkt aus betrachtet, insbesondere die Bedingungen und die Ursachen der Entstehung eines hochfrequenten Wechselstromes ungedämpfter Art in einem Stromkreise. Ein weiterer Abschnitt befaßt sich mit der Erzeugung von ungedämpften elektrischen Schwingungen, wie sie für die Radio-Telephonie von den Maschinen- und Lichtbogensendern und namentlich von den Röhrensendern geliefert werden. Daran anschließend wird das Problem der Übertragung von Sprache und Musik vom akustischen und hochfrequenztechnischen Standpunkt behandelt, werden die hieraus sich ergebenden Anforderungen an das Mikrophon erörtert und die zur Zeit bei den Telephonie-Sendern gebräuchlichsten Mikrophoneinrichtungen beschrieben. Spezielle Senderschaltungen deutscher und ausländischer Rundspruchstationen, sowie die Einrichtungen der modernen Rundfunkstationen werden im Abschnitt V besprochen. In den folgenden Abschnitten werden einige Telephonieprobleme behandelt, wie das Gegensprechen, der stereo-akustische Rundfunk usw., für die heute noch keine endgültige Lösung gefunden ist. Die Kurzwellentelegraphie und -telephonie, die heute im Vordergrund des Interesses steht, wurde nicht eingehend besprochen, da dieses Thema von anderer Seite in einem Bändchen der „Bibliothek des Radio-Amateurs" behandelt wird.

Es ist mir eine angenehme Pflicht, den beiden Firmen C. Lorenz A.-G. und Telefunken, Berlin, meinen verbindlichsten Dank auszusprechen für die Überlassung von Bildmaterial und Abhandlungen, die sich mit der Rundfunktechnik befassen. Ferner möchte ich Herrn Dr. Nesper, dem Vorkämpfer für die Idee des deutschen Radio-Amateurwesens, auch an dieser Stelle herzlichst danken für seine überaus wertvolle Unterstützung.

Möge auch dieses Bändchen dazu beitragen, daß in Deutschland der Radio-Gedanke und der „Radio-Sport" eine immer weitere Verbreitung findet, daß auch der Mann aus dem Volke sich mehr und mehr mit dieser neuen einzigartigen Technik befaßt.

Frankfurt a. M., Ostern 1926.

Dr. P. Lertes.

Inhaltsverzeichnis.

I. Das Schwingungsproblem.

A. Allgemeine Betrachtungen.

Die Grundlage für die moderne Nachrichtenübermittlung, wie sie uns in der Radiotelegraphie und -telephonie entgegentritt, bilden die Gesetze der Erzeugung und Fortpflanzung der elektromagnetischen Schwingungen. Wie bei so vielen Vorgängen auf dem Gebiete der Elektrizität, speziell der Elektrodynamik eine weitgehendste Analogie mit gleichartigen und gleichverlaufenden Vorgängen aus dem Bereich der Mechanik und Akustik besteht, so finden wir auch für die elektrischen Schwingungen ein getreues Ebenbild in den Schwingungen mechanischer und akustischer Systeme. Da wir zur Wahrnehmung vieler Erscheinungen auf dem Gebiete der Elektrizität und in der Radiotechnik kein eigenes Sinnesorgan haben, so sind wir immer wieder gezwungen, zum besseren Verständnis dieser Erscheinungen Beispiele aus jenen Teilen der Physik heranzuziehen, die unseren Sinnen zugänglicher sind. So werden uns auch die elektrischen Schwingungsvorgänge verständlicher, wenn wir zunächst von der Mechanik ausgehend in systematischer Folge aus den Erscheinungen der geradlinigen Bewegung die harmonische oder einfach schwingende Bewegung entwickeln, und die hierbei gewonnenen Erkenntnisse auf praktische mechanische oder akustische Systeme anwenden. Auf Grund der Analogie von mechanischen mit elektrischen Schwingungen können wir dann die gefundenen Gesetzmäßigkeiten ohne weiteres auf das elektrische, speziell auf das radiotechnische Gebiet übertragen. Gerade für den Radioamateur ist es wichtig, sich diesen Erkenntnisweg zu eigen zu machen; denn nur planvolle, systematische Erweiterung seiner Kenntnisse wird ihn zu erfolgreichen Arbeiten befähigen.

1. Die harmonische oder schwingende Bewegung.

Wir sprechen von einer Bewegung, wenn sich ein Punkt zu verschiedenen Zeiten an verschiedenen Stellen im Raum befindet.

Bei dem Übergang des Punktes von einer Stelle im Raum zu einer anderen kann er sich entweder auf einer geraden Linie oder auf einer Kurve bewegen, so daß wir demgemäß eine geradlinige und eine krummlinige Bewegung unterscheiden. Ist die Gestalt der Bahn des Punktes und sein jeweiliger Abstand von einem bestimmten festen Punkt bekannt, so haben wir ein vollständiges Bild seiner Bewegung. Gemäß Abb. 1 möge sich ein Punkt auf einer geraden Linie $P_1 P_2$ bewegen. Zur Zeit 0 befinde er sich in P_1, nach 1 sec 2 cm, nach 2 sec 4 cm usw. von P_1 entfernt. Der jeweilige Abstand des sich bewegenden Punktes von dem festen Punkte ist also mit der Zeit veränderlich. Zwischen

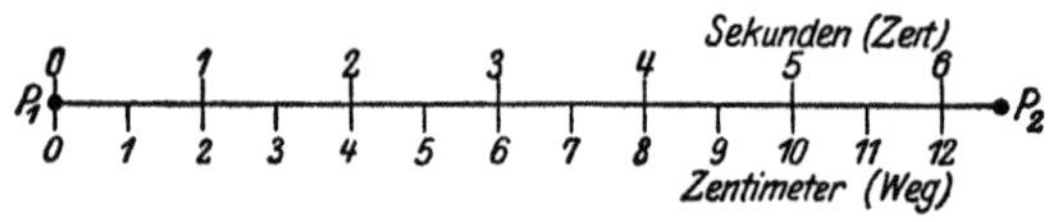

Abb. 1. Die geradlinige Bewegung.

Zeit t und zurückgelegtem Weg s besteht eine bestimmte Beziehung, die in der Weg-Zeit-Gleichung ihren Ausdruck findet. Diese Gleichung lautet z. B. für die in Abb. 1 angenommenen Verhältnisse

$$s = 2t. \tag{1}$$

Nach dieser Gleichung können wir ohne weiteres ermitteln, um wieviel Zentimeter sich der Punkt z. B. nach 5 sec von P_1 entfernt befindet. Wir brauchen in der Gleichung nur $t = 5$ zu setzen und erhalten dann für den zurückgelegten Weg s den Wert 10 cm, was auch vollkommen mit der graphischen Darstellung der Abb. 1 übereinstimmt. Man kann auch noch auf eine andere Art und Weise die Länge des Weges bestimmen, den ein sich bewegender Punkt in einer bestimmten Zeit zurücklegt. Nach Abb. 1 legt der Punkt bei einer gleichförmigen Bewegung in 1 sec 2 cm zurück. Der in der Zeit t_1 zurückgelegte Weg s_1 ist demnach in Zentimeter gemessen auch aus den Quotienten $\frac{s_1}{t_1} = \frac{2}{1}$ cm zu bestimmen. Um die Länge s des in einer beliebigen Zeit zurückgelegten Gesamtweges zu erhalten, braucht man nur diesen Quotienten mit der Zeit t zu multiplizieren und erhält dann

$$s = \frac{s_1}{t_1} \cdot t. \tag{2}$$

$\frac{s_1}{t_1}$ ist der in der Zeiteinheit zurückgelegte Weg. Diesen Weg bezeichnet man als die Geschwindigkeit c des Punktes. Die Gleichung (2) lautet demnach

$$s = c \cdot t\,. \tag{3}$$

Da die Gleichung (3) der Form nach dieselbe wie die Gleichung (1) ist, so gibt der Faktor 2 in der Weg-Zeit-Gleichung (1) die Geschwindigkeit an, mit der sich der Punkt bewegt. Entsprechend der Größe dieses Faktors ist die Geschwindigkeit von Fall zu Fall verschieden. Gleichung (3) können wir auch noch in der gebräuchlichen Form

$$c = \frac{s}{t} \tag{4}$$

schreiben.

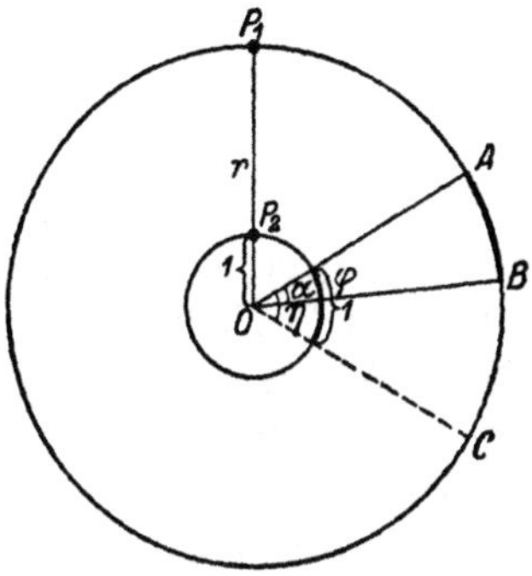

Abb. 2. Die krummlinige Bewegung.

Wir wollen nun die gleichförmige Bewegung eines Punktes P_1 auf einer Kreislinie (Abb. 2) betrachten. Der Radius des Kreises sei r. Die Peripherie des Kreises werde in der Zeit T durchlaufen, d. h. nach T sec ist der Punkt wieder an seinem Ausgangspunkt angelangt. Da der Umfang eines Kreises $= 2\pi r$ ist, so hat der Punkt in der Umlaufszeit T den Weg $s = 2\pi r$ cm zurückgelegt. Setzen wir diese Werte in Gleichung (4) ein, so erhalten wir für die Umlaufsgeschwindigkeit c den Wert

$$c = \frac{2\pi r}{T}\,. \tag{5}$$

Betrachten wir an Stelle des gesamten Kreisumfanges nur ein Stück desselben $\widehat{AB}$, so ergibt sich, daß die Länge dieses Stückes einerseits von der Länge des Radius r und andererseits von der Größe des Winkels α abhängig ist. Ferner verhält sich das Stück $\widehat{AB}$ zu dem Gesamtumfang $2\pi r$, wie der Winkel α zu dem gesamten Kreiswinkel, also zu 360^0. Es ist danach

$$\frac{\widehat{AB}}{2\pi r} = \frac{\alpha}{360^0}\,. \tag{6}$$

Hieraus folgt

$$\widehat{AB} = r \cdot \frac{2\pi}{360^0} \cdot \alpha\,. \tag{7}$$

Den Ausdruck $\frac{2\pi}{360^0}\cdot\alpha$ setzt man in der Mechanik gewöhnlich $=\varphi$, so daß also (7) übergeht in

$$\widehat{AB} = r\cdot\varphi \tag{8}$$

$\frac{\alpha}{360^0}$ ist eine unbenannte Zahl, 2π der Umfang eines Kreises mit dem Radius $r = 1$ cm. Daraus folgt, daß φ ein bestimmter Bruchteil dieses Kreisumfanges ist (innerer Kreis der Abb. 2). Der Zentriwinkel AOB kann entweder in seinem Gradmaß α, oder in seinem Bogenmaß φ gemessen werden. Der Übergang vom Bogenmaß zum Gradmaß und umgekehrt ist nach der Gleichung

$$\varphi = \frac{2\pi}{360^0}\cdot\alpha \tag{9}$$

zu bewerkstelligen. Setzt man in der Gleichung (8) $\widehat{AB} = 1$ cm und $r = 1$ cm, so wird auch $\varphi = 1$. Demnach ist z. B. die Einheit eines Winkels η in Bogenmaß gemessen, derjenige Winkel, dessen Schenkel auf den Umfang eines Kreises mit dem Radius $r = 1$ cm einen Kreisbogen φ_1 von 1 cm Länge einschließen. Diesen Winkel, der in Gradmaß gemessen $= 57^0\,17', 44{,}8''$ ist, nennt man den **Einheitswinkel**. Die Länge eines Kreisbogens läßt sich also am einfachsten dadurch messen, daß man die Größe des zugehörigen Zentriwinkels in Bogenmaß mißt. Bei einem Kreise von 1 cm Radius wird durch die Angabe des Zentriwinkels in Bogenmaß zugleich auch die Länge des Kreisbogens in Zentimeter angegeben. Ist z. B. der Winkel η in Bogenmaß $= 1$, so ist die Länge des zugehörigen Kreisbogens $\varphi_1 = 1$ cm; ist η in Bogenmaß $= 1{,}7$, so ist auch der Kreisbogen $\varphi_1 = 1{,}7$ cm. Bei dem Einheitskreise, also einem Kreise von 1 cm Radius, kann demnach der **Kreisbogen mit dem zugehörigen in Bogenmaß gemessenen Winkel** numerisch ohne weiteres vertauscht werden.

In ähnlicher Weise läßt sich auch die Geschwindigkeit des sich auf dem äußeren Kreisumfang bewegenden Punktes P_1 mittels derjenigen messen, die ein auf dem Einheitskreis sich bewegender Punkt P_2 besitzt. Nach Abb. 3 möge sich ein Punkt P_1 auf dem äußeren und ein Punkt P_2 auf dem Einheitskreise bewegen. Nach einer bestimmten Zeit haben beide Punkte von der Horizontalen $M — N$ aus gerechnet den Winkel φ zurückgelegt. Für den Einheitskreis ist sowohl der Winkel als auch der zugehörige Kreisbogen $= \varphi$.

Ändert sich nun bei der weiteren Bewegung von P_1 nach P_3 in der kleinen Zeit Δt der Winkel φ um den kleinen Betrag $\Delta\varphi$, so ist durch diesen Betrag zu gleicher Zeit die Längenänderung $\Delta\varphi$ des Kreisbogens φ angegeben. $\Delta\varphi$ ist eine Länge und Δt ist eine Zeit. Der Quotient $\frac{\Delta\varphi}{\Delta t}$ ist analog Gleichung (4) eine Geschwindigkeit. Diesen Quotienten bezeichnet man im Gegensatz zu der nach Gleichung (5) definierten Umfangsgeschwindigkeit mit Winkelgeschwindigkeit c_φ. Es ist also

$$c_\varphi = \frac{\Delta\varphi}{\Delta t}. \qquad (10)$$

Ist der Wert des Quotienten $\frac{\Delta\varphi}{\Delta t}$ an allen Kreispunkten derselbe, so bewegt sich der Punkt mit einer gleichförmigen Geschwindigkeit auf dem Kreisumfang. Wenn sich der Winkel φ (Abb. 3) in der Zeit Δt um den Betrag $\Delta\varphi$ ändert, so ändert sich

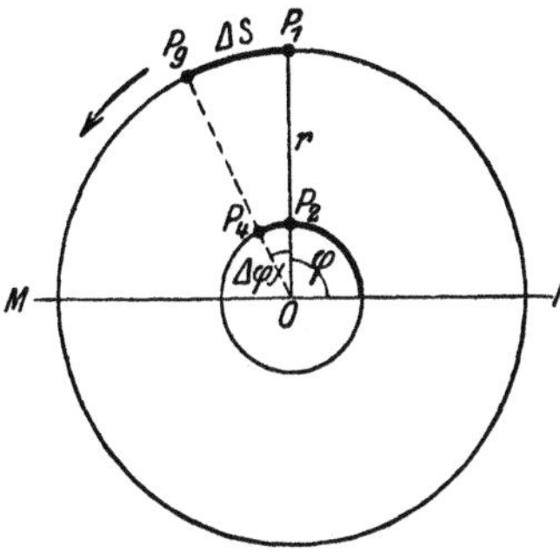

Abb. 3. Bahngeschwindigkeit zweier Punkte.

der Bogen $\widehat{NP_1}$ um den Betrag $\widehat{P_1P_3}$. Dieser Bogenzuwachs $\widehat{P_1P_3}$ ist aber gleich $r\cdot\Delta\varphi$, wenn r den Radius des äußeren Kreises bedeutet. Es ist also

$$\widehat{P_1P_3} = r\cdot\Delta\varphi. \qquad (11)$$

Gemäß Gleichung (4) ist die Bahngeschwindigkeit c allgemein $= \frac{s}{t}$. In unserem speziellen Falle, wo es sich um eine kleine Strecke Δs und um eine kleine Zeit Δt handelt, haben wir für $s = \widehat{P_1P_3} = r\cdot\Delta\varphi$ und für $t = \Delta t$ zu setzen. Gleichung (4) lautet demnach für die Bahngeschwindigkeit eines sich auf einem Kreise bewegenden Punktes

$$c = r\cdot\frac{\Delta\varphi}{\Delta t}. \qquad (12)$$

Da nach Gleichung (10) $c_\varphi = \frac{\Delta\varphi}{\Delta t}$ ist, so geht Gleichung (12) über in

$$c = r\cdot c_\varphi. \qquad (13)$$

Auf Grund der bisher gewonnenen Formeln können wir nun leicht die Gesetzmäßigkeiten einer harmonischen oder einfach schwingenden Bewegung ableiten, wodurch wir eine anschauliche Grundlage für die weiteren Schwingungsgesetze, sei es mechanischer oder elektrischer Natur, erhalten. Nach Abb. 4 möge sich ein Punkt P mit konstanter Winkelgeschwindigkeit c_φ auf einem Kreise von dem Radius r bewegen. Von den einzelnen Punkten P, P_1, P_2, P_3 und P_4 des Kreisumfanges wollen wir auf die Vertikale AB Lote fällen. Die Fußpunkte dieser Lote liegen auf AB entsprechend bei Q, Q_1, Q_2, Q_3 und Q_4. Während also der Punkt P sich auf dem Kreisumfang durch die Punkte P_1, P_2 usw. hindurchbewegt, wandert der Fußpunkt des jeweiligen Lotes auf dem Durchmesser AB durch die Punkte Q_1, Q_2 usw. auf und ab. Eine solche Bewegung der Fußpunkte nennt man harmonisch oder einfachschwingend. Den Winkel φ rechnen wir von der Horizontalen MN, dem Anfangspunkt der Bewegung, aus. Setzen wir in Gleichung (10) an Stelle von $\Delta\varphi$, φ und von Δt, t, so ist

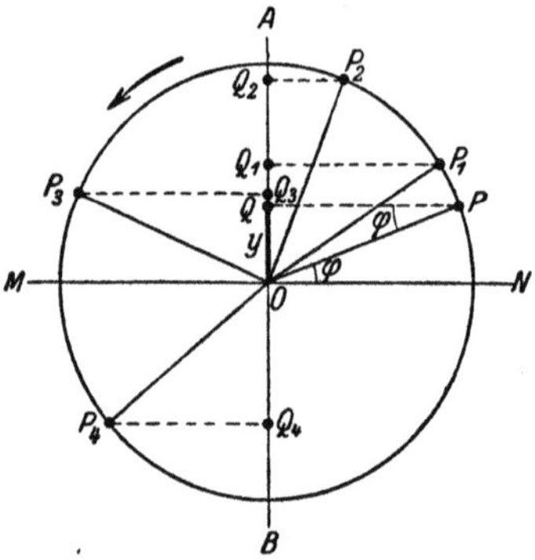

Abb. 4. Die harmonische Bewegung.

$$\varphi = c_\varphi \cdot t. \tag{14}$$

Für c_φ können wir nun aus den Gleichungen (5) und (13) einen andern Wert einsetzen. Es ist nach (5)

$$c = \frac{2\pi r}{T} \text{ und nach (13) } c = r \cdot c_\varphi.$$

Hieraus folgt

$$\frac{2\pi r}{T} = r \cdot c_\varphi \tag{15}$$

oder

$$c_\varphi = \frac{2\pi}{T}. \tag{16}$$

Diesen Wert für c_φ führen wir in Gleichung (14) ein und erhalten

$$\varphi = \frac{2\pi}{T} \cdot t. \tag{17}$$

Betrachten wir noch einmal gemäß Abb. 4 die Projektion Q des Punktes P auf die Vertikale AB. Während P den Kreisumfang durchläuft, wandert Q auf der Vertikalen auf und ab. Es handelt sich nun darum, für diese schwingende Bewegung von Q die entsprechende Weg-Zeit-Gleichung aufzufinden. In der Trigonometrie bezeichnet man in einem Dreieck OQP das Verhältnis der einem Winkel gegenüberliegenden Seite OQ zu der Hypotenuse OP mit dem Sinus, abgekürzt sin des betreffenden Winkels. Der Zentriwinkel NOP ist, da die beiden Linien ON und QP parallel laufen, gleich dem Winkel OPQ. Da der Winkel $NOP = \varphi$ ist, so ist auch Winkel $QPO = \varphi$. Es ist demnach

$$\frac{OQ}{OP} = \sin\varphi \tag{18}$$

oder

$$OQ = OP \cdot \sin\varphi . \tag{19}$$

Führen wir für φ den Wert aus Gleichung (14) ein, und setzen wir $OP = r$, so erhalten wir als Weg-Zeit-Gleichung für eine harmonische oder schwingende Bewegung den Ausdruck

$$OQ = r \cdot \sin\frac{2\pi}{T} \cdot t \tag{20}$$

oder allgemein, wenn wir $OQ = y$ setzen

$$y = r \cdot \sin\frac{2\pi}{T} \cdot t . \tag{21}$$

Nach dieser Gleichung (21) ändert sich in Abhängigkeit von t die Länge der Strecke y. Diese Strecke wird jedoch bei fortlaufender Zeit nicht immer größer, sondern schwankt zwischen dem Wert 0 und einem Maximalwert hin und her, wie ja auch ohne weiteres aus der Abb. 4 ersichtlich ist. Die Bewegung des Punktes Q auf AB ist hierbei eine periodische, d. h. nach einer bestimmten Zeit befindet sich Q wieder an derselben Stelle auf AB. Dieser periodische Charakter der Bewegung von Q auf AB geht auch aus der Formel (21) hervor. Wir können hier nicht näher darauf eingehen, daß der Sinus eines Winkels numerisch stets denselben Wert annimmt, wenn sich der Winkel um 2π, 4π, 6π usw. ändert. Demnach wird auch der Sinus von $\frac{2\pi}{T}$ in Abhängigkeit von der Zeit t stets denselben Wert annehmen, wenn sich der entsprechende Winkel um 2π, 4π usw. ändert. Das geschieht, wie aus der Abb. 4 ersichtlich ist, jeweils dann, wenn der Punkt P den Kreis einmal, zweimal, dreimal usw. durchlaufen hat.

Der größte Wert, den der Sinus eines Winkels annehmen kann, ist $+1$, der kleinste -1. Setzen wir diesen Maximal- und Minimalwert in die Gleichung (21) ein, so folgt hieraus, daß der größte Wert von $y = +r$ und der kleinste $= -r$ ist. Besser noch, wie aus der Formel, können wir dies aus der Abb. 5 erkennen. Wir bezeichnen dort sämtliche Werte von y, die oberhalb der Linie MN liegen mit $+$ und die unterhalb MN liegen, mit $-$. Befindet sich P_1 bei seinem Umlauf auf der Kreislinie in dem Punkte N, so ist $y = 0$, befindet sich P_1 in dem Punkte A, so ist $y = +r$, im Punkte M ist y wieder $= 0$, im Punkte B ist $y = -r$. Wenn wir die einmalige Umlaufszeit $= T$ setzen, und den Anfang der Bewegung von N aus annehmen, so ersehen wir, daß y seinen größten Wert $+r$ jedesmal nach $^1/_4\,T$, $^5/_4\,T$, $^9/_4\,T$ usw. und seinen kleinsten Wert $-r$ nach $^3/_4\,T$, $^7/_4\,T$, $^9/_4\,T$ usw. erreicht.

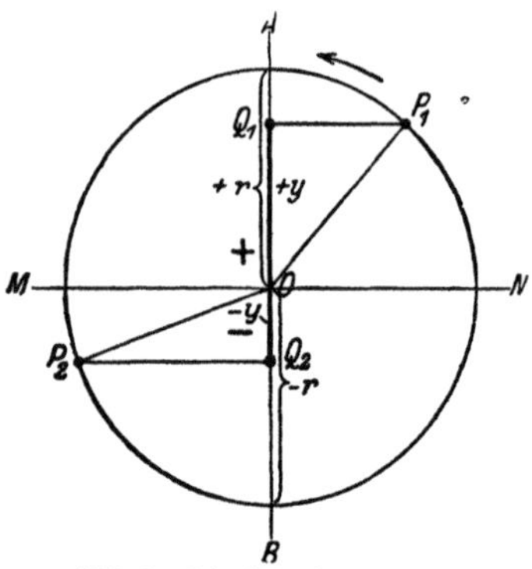

Abb. 5. Die Schwingungsdauer.

Die Zeit, welche verfließt, bis y von einem größten Wert wieder seinen nächsten größten Wert erreicht, ist die Dauer einer ganzen Schwingung oder die Periode der Schwingung. Da sich der Punkt Q_1 beim Umlauf von P_1 mehr oder weniger der Linie MN nähert, oder sich von ihr entfernt, so bezeichnet man dies als die Elongation. Den absoluten Wert der Elongation von Q von der Nullinie MN nennt man die Amplitude der Schwingung. Die Amplitude ist also im Falle der größten oder kleinsten Entfernung des Punktes Q von der Nullinie entweder gleich $+r$ oder gleich $-r$. Aus der früher abgeleiteten Gleichung (16) für die Schwingungsdauer T

$$T = \frac{2\pi}{c_\varphi} \tag{22}$$

können wir ein weiteres wichtiges Gesetz ableiten. In dieser Gleichung kommt nämlich die Amplitude der Schwingung nicht vor, d. h. mit anderen Worten, die Periode der Schwingung ist von der Amplitude unabhängig. Gerade dieses Gesetz ist äußerst wichtig für elektrische Schwingungen.

Um die bisher gewonnenen Erkenntnisse noch in eine anschaulichere Form zu bringen, wollen wir tabellarisch und graphisch darstellen, wie sich die Amplitude y einer Schwingung in Abhängigkeit von der Zeit t ändert.

Angenommen der Punkt P_1 durchlaufe in 12 Sekunden einmal den Kreisumfang; dann wird auch dementspechend die Amplitude y jeweils nach 12 Sekunden wieder den gleichen Wert erreicht haben. Die Schwingungsdauer T ist hierbei = 12. Wir wollen nun nach der Gleichung (21) für verschiedene Zeiten t den Wert von y berechnen, und nehmen dabei an, daß der Halbmesser des Kreises $r = 2$ cm ist. Die verschiedenen Werte von y für verschiedene Zeiten t sind in Tabelle 1 zusammengestellt.

Tabelle 1.

t	0	1	2	3	4	5	6	7	8	9	10	11	12	sec
y	0	+1	+1,75	+2	+1,75	+1	0	−1	−1,75	−2	−1,75	−1	0	cm

Wenn wir die Werte der Tabelle 1 derart graphisch darstellen, daß wir in vertikaler Richtung die Amplitude y und in horizontaler die Zeiten t auftragen, so erhalten wir für den Verlauf einer Schwingung ein Bild gemäß Abb. 6.

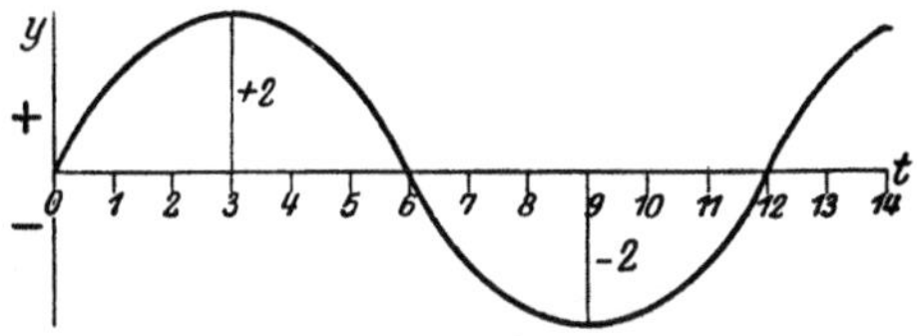

Abb. 6. Die Sinusschwingung.

Eine solche Kurve nennt man eine Sinuskurve, da ja in der Formel (21), nach der sie gezeichnet ist, auch der Sinus eines Winkels vorkommt. Diese Kurve ist weiter vollkommen wesensgleich der Wellenlinie, wie wir sie von den Wasserwellen her kennen, und wie wir sie sinngemäß auf die elektrischen Wellen übertragen werden. Auf den bei diesen Wellenarten an Stelle der Schwingungsdauer weit gebräuchlicheren Begriff der Wellenlänge kommen wir später noch zu sprechen. Hier wollen wir zunächst noch die Gesetze ableiten, die sich ergeben, wenn wir es nicht mit einer, sondern mit mehreren Schwingungen zu tun haben. Das ist notwendig, weil bei der Übertragung von Sprache und Musik auch nicht eine Schwingung, sondern tausende gleichzeitig zusammenwirkende vorkommen.

Gemäß Abb 7 nehmen wir an, daß sich auf dem Kreise zu gleicher Zeit und mit der gleichen Geschwindigkeit die beiden Punkte P_1 und P_2 bewegen. Dabei soll P_2 immer um 1 Sekunde hinter P_1 zurück sein, so daß z. B., wenn der Punkt P_1 bei N durch die Nulllage hindurchgeht, P_2 diese Nulllage noch nicht erreicht hat. Wenn wir ähnlich wie in Abb. 6 für beide Schwingungen die Werte von y_1 und y_2 in Abhängigkeit von der Zeit t auftragen, so erhalten wir für die Schwingung des Punktes Q_1 (Abb. 8) die Kurve I und für Q_2 die Kurve II. Wenn wir nun die jeweiligen Amplituden y_1 und y_2 beider Schwingungen zueinander addieren, so erhalten wir die Kurve III, die wiederum eine Sinuskurve von der gleichen Periode ist, wie die Kurven I und II, deren Amplitude jedoch gleich der jeweiligen Summe oder Differenz der Amplituden der beiden Kurven I und II ist. Es würde hier zu weit führen, auch mathematisch zu zeigen, daß zwei Schwingungen ohne weiteres in eine zusammengefaßt werden können. In der Natur tritt dieser Fall der Zusammenfassung zweier oder mehrerer Schwingungen außerordentlich häufig ein, z. B. dann, wenn irgendein Massenteilchen einen Bewegungsantrieb aus zwei oder mehr Richtungen erfährt, von denen ein jeder für sich eine Sinusschwingung des Teilchens hervorrufen würde. Zwei oder mehrere voneinander unabhängige Sinusschwingungen zu gleicher Zeit nach verschiedenen Richtungen kann das Teilchen deshalb nicht ausführen, weil es nach

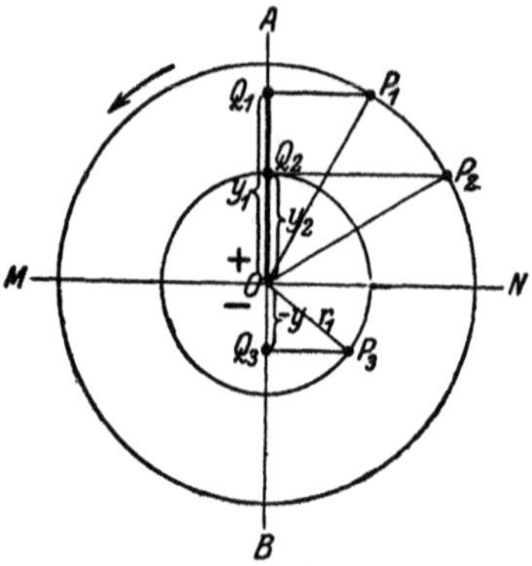

Abb. 7. Die Schwingungsphase.

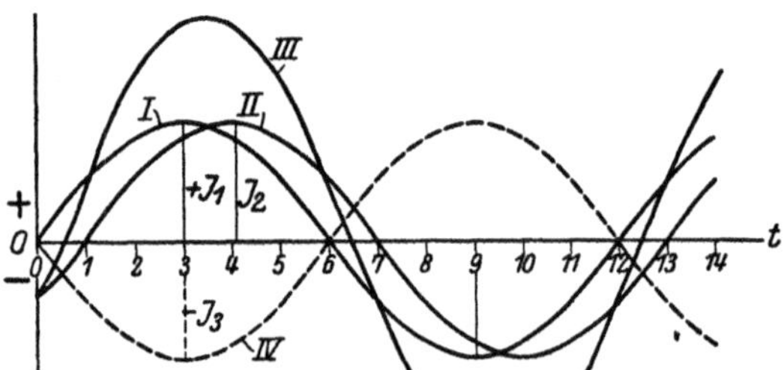

Abb. 8. Phasenverschobene Sinusschwingungen.

einem Naturgesetz nicht zu gleicher Zeit an verschiedenen Stellen des Raumes sein kann. Das Teilchen wird also eine Schwingung ausführen, die sich als eine Resultierende aus den verschiedenen Bewegungsanteilen ergibt. Den in den Abb. 7 und 8 dargelegten Fall haben wir praktisch z. B. bei einem Pendel, das von zwei Kräften einen Bewegungsantrieb erhält. Wird das Pendel nur von einer Kraft angetrieben, so ist sein maximaler Ausschlag, die maximale Amplitude etwa gleich J_1, (Abb. 8). Wird es von beiden Kräften zu gleicher Zeit angetrieben, so ist der Ausschlag entsprechend größer, und zwar numerisch gleich $J_1 + J_2$. Erfolgen die Antriebe nicht gleichzeitig, sondern nacheinander, so ergeben sich Mittelwerte, wie ohne weiteres aus Abb. 8 ersichtlich ist. Wenn wir ferner ein Pendel zu gleicher Zeit, aus entgegengesetzter Richtung mit der gleichen Kraft antreiben, so wird das Pendel überhaupt keine Schwingungen ausführen, sondern stets in Ruhe bleiben, weil sich die gegenseitigen Antriebe aufheben. Auch diesen Fall haben wir in Abb. 8. durch die Kurven I und IV dargestellt. Wenn wir bei diesen beiden Kurven die jeweiligen Amplituden J_1 und J_3 zueinander addieren, so ist die Summe stets gleich Null, da zwar in jedem Zeitteil die Amplituden gleich groß sind, aber das entgegengesetzte Vorzeichen haben. Als Gesamtresultierende ergibt sich also in diesem Falle eine gerade Linie. Auf weitere interessante Kombinationen, die sich dann ergeben, wenn die beiden Schwingungen zwar die gleiche Periode, aber nicht die gleiche Amplitude haben, wollen wir hier nicht näher eingehen. Wir wollen jedoch noch den Fall betrachten, wenn zwei Schwingungen sowohl verschiedene Amplituden, als auch verschiedene Perioden haben. Gemäß Abb. 7 tritt dieser Fall dann ein, wenn sich ein Punkt P_1 auf dem äußeren und ein Punkt P_3 auf dem inneren Kreise mit verschiedener Geschwindigkeit bewegt: Der Radius r_1 des innern Kreises sei halb so groß, wie der des äußeren. Ferner bewege sich der Punkt P_3 auf dem inneren Kreise mit der doppelten Geschwindigkeit wie P_1 auf dem äußeren. Wenn bei P_1 die Umlaufsgeschwindigkeit $T = 12$ sec gesetzt wird, ist sie demnach bei $P_3 = 6$ Sekunden. Außerdem wollen wir annehmen, daß sich P_1 und P_3 zu gleicher Zeit von der Nullinie MN aus in Bewegung setzen. Tragen wir uns diese beiden Fälle ähnlich wie in Abb. 8 graphisch auf, so erhalten wir nach Abb. 9 für die

Schwingung von Q_1 die Kurve I, und für die Schwingung von Q_3 die Kurve III. Werden von beiden Kurven die jeweiligen Amplituden zueinander addiert, so ergibt sich die unregelmäßige Kurve IV. Diese Kurve ist nun keine reine Sinuskurve mehr. Ähnliche Kurven entstehen, wenn drei und mehr Schwingungen zusammengesetzt werden.

Bei einer Schwingung haben wir außer der Periode und der Amplitude noch die Schwingungsphase zu unterscheiden. Man versteht hierunter die Zeit, die seit dem Beginn der Periode verstrichen ist. Diese Zeit wird jeweils durch den Bruch $\frac{t}{T}$ angegeben. Nehmen wir z. B. an, der Punkt P_1 (Abb. 7) beginne

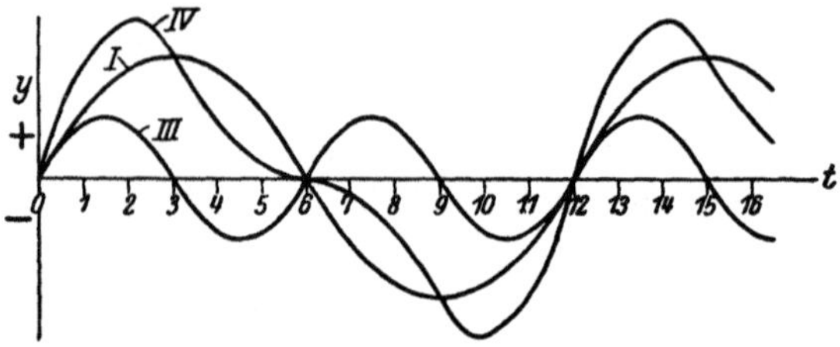

Abb. 9. Zusammensetzung zweier Schwingungen verschiedener Periode.

seine Bewegung von der Nullinie aus in N, dann ist er nach einer bestimmten Anzahl von Sekunden (t) in seiner augenblicklichen Lage P_1 angekommen. Nehmen wir in unserm speziellen Falle weiter an, daß er zum Durchlaufen des ganzen Kreises 12 Sekunden gebraucht, so gebraucht er, um von N nach P_1 zu gelangen, 2 Sekunden. Da $\frac{t}{T}$ die Phase ist, so beträgt ihr Wert für die augenblickliche Lage des Punktes demnach $\frac{2}{12} = \frac{1}{6}$. Wichtiger noch, wie die Phase selbst ist bei dem Zusammenwirken von mehreren Schwingungen die Phasendifferenz. Wenn sich z. B. die beiden Punkte P_1 und P_2 zu gleicher Zeit an den gleichen Punkten des Kreises befinden, also zusammenfallen, so haben auch die Phasen beider Schwingungen stets den gleichen Wert, und die Phasendifferenz ist $= 0$. Liegt jedoch, wie dies in Abb. 7 gezeichnet ist, der Punkt P_2 stets um 1 Sekunde hinter P_1 zurück, so haben beide Schwingungen nicht mehr dieselbe Phase, sondern es besteht ein Phasenunterschied. Dieser Phasenunterschied ist besonders gut ersichtlich aus der graphischen Darstellung der beiden Schwingungen in Abb. 8. Die Phasendifferenzen können auch direkt in Grad gemessen werden. Nehmen wir den ganzen Kreis zu 360° an, so besteht zwischen den Kurven I und II (Abb. 8) ein Phasenunterschied von 30°. Beträgt der Phasenunterschied 180°, wie z. B. zwischen den Kurven I und IV, so heben sich beide Schwingungen in ihrer Gesamtwirkung auf unter der Voraussetzung allerdings, daß auch die Amplituden beider Schwingungen gleich sind.

Da es sich bei der Sprache und der Musik stets um Laute und Töne von verschiedenen Schwingungsperioden, Amplituden und Phasen handelt, so ergibt sich hieraus, wie wir auch später noch sehen werden, ein überaus kompliziertes akustisches Schwingungsgebilde. Bei der drahtlosen Telephonie muß dieses akustische Schwingungsgebilde in ein vollkommen gleichartiges elektrisches umgesetzt werden, wenn die Sprach- und Musikübertragung rein und verzerrungsfrei sein soll. Die großen Schwierigkeiten, die hierbei zu überwinden sind, werden uns ohne weiteres verständlich, wenn wir unter Heranziehung der oben entwickelten Schwingungsgesetze, wie wir es im Abschnitt III tun werden, die akustischen Schwingungskurven von Lauten, Worten usw. betrachten.

2. Die Wellenbewegung.

Im vorhergehenden haben wir rein theoretisch das Zustandekommen von Sinusschwingungen erörtert, die graphisch dargestellt in den Kurven der Abb. 8 und 9 ihren Ausdruck finden. Schon eine oberflächliche Betrachtung dieser Kurven zeigt, daß eine Sinusschwingung genau denselben Charakter hat, wie z. B. eine Wasserwelle, die durch den Einwurf eines Steines auf der vorher ruhenden Wasseroberfläche entsteht. So wie bei der gleichförmigen Bewegung eines Punktes auf einem Kreise die Projektion der jeweiligen Fußpunkte auf den Kreisdurchmesser eine schwingende Bewegung ausführt, so führen auch bei der Wasserwelle die einzelnen Wasserteilchen schwingende Bewegungen aus. Wir werden ferner zeigen, daß eine Wellenbewegung, wie wir sie in der anschaulichsten Form gerade in der Wasserwelle finden, genau dieselben Gesetze befolgen muß, die wir im vorhergehenden abgeleitet haben. Eine Wasserwelle ist in ihrer regelmäßigsten Form eben nichts anders als eine Sinusschwingung. Umgekehrt müssen wir dann auch folgern, daß bei der Wasserwelle die einzelnen Wasserteilchen sich entweder genau so bewegen müssen, wie ein Punkt auf einem Kreise, oder wie die Projektion der jeweiligen Fußpunkte des Kreises auf dem Kreisdurchmesser. Beide Bewegungen sind vollkommen äquivalent. Wir wollen zunächst die Vorgänge bei der Erstehung und Fortpflanzung der Wasserwellen des näheren betrachten, da uns dann auch die ähnlichen Vorgänge bei den unsichtbaren Schall- und Ätherwellen ohne weiteres verständlich werden. Bei der Wasserwelle erweckt es zunächst den Anschein, als ob sich hierbei ein und dieselbe Wassermasse über die vorher ruhende Wasseroberfläche fortschreitend weiter bewege. Das ist jedoch nicht der Fall, sondern die Wasserteilchen bleiben jeweils an Ort und Stelle, während sich die Bewegung als solche von Teilchen zu Teilchen über die Wasseroberfläche fortpflanzt. So wird ja auch beispielsweise auf der Wasseroberfläche ein ruhender Gummiball durch eine ankommende Welle nicht in Richtung der Wellenbewegung fortbewegt, sondern er führt im allgemeinen ohne wesentliche Ortsveränderung auf und abwärts gehende Bewegungen aus. Durch die überaus interessanten Versuche der Brüder E. G. und W. Weber (1825) wurde der Nachweis erbracht, daß bei der Wellenbewegung die einzelnen Wasserteilchen an der Wasseroberfläche in sich geschlossene Kurven beschreiben. Haben wir es mit ganz regelmäßigen Erscheinungen zu tun, so beschreiben die einzelnen Wasserteilchen Kreise, wie in der Abb. 10 graphisch dargestellt ist.

Wir nehmen zunächst an, die Wasseroberfläche und demnach auch die herausgegriffenen Wasserteilchen 0,1, 2,3 usw. (Abb. 10, I) befänden sich in Ruhe. Durch irgendeinen Anstoß sollen nun die einzelnen Teilchen veranlaßt werden, sich auf Kreisen zu bewegen, wie das bei dem Teilchen 0 (Abb. 10, I) gezeichnet ist. Das einzelne Teilchen möge den Kreis jeweils in 1 sec. durchlaufen. Ferner soll die Bewegung der einzelnen Teilchen nicht gleichzeitig beginnen, sondern jeweils im Zeitabstand von $^1/_{12}$ sec, so daß sich also das Teilchen 12 erst 1 sec später zu bewegen beginnt als das Teilchen 0. Wir erhalten dann folgende Bilder. Nach $^3/_{12}$ sec wird das Teilchen 0 den 4. Teil seines Kreises durchlaufen haben, während das Teilchen 3 sich eben zu bewegen beginnt (Abb. 10, II). Nach $^1/_2$ sec ergibt sich das Bild III nach $^3/_4$ sec das Bild IV; nach 1 sec Bild V usw. Wir sehen, wie auf diese Art und Weise W e l l e n b e r g und W e l l e n t a l entsteht,

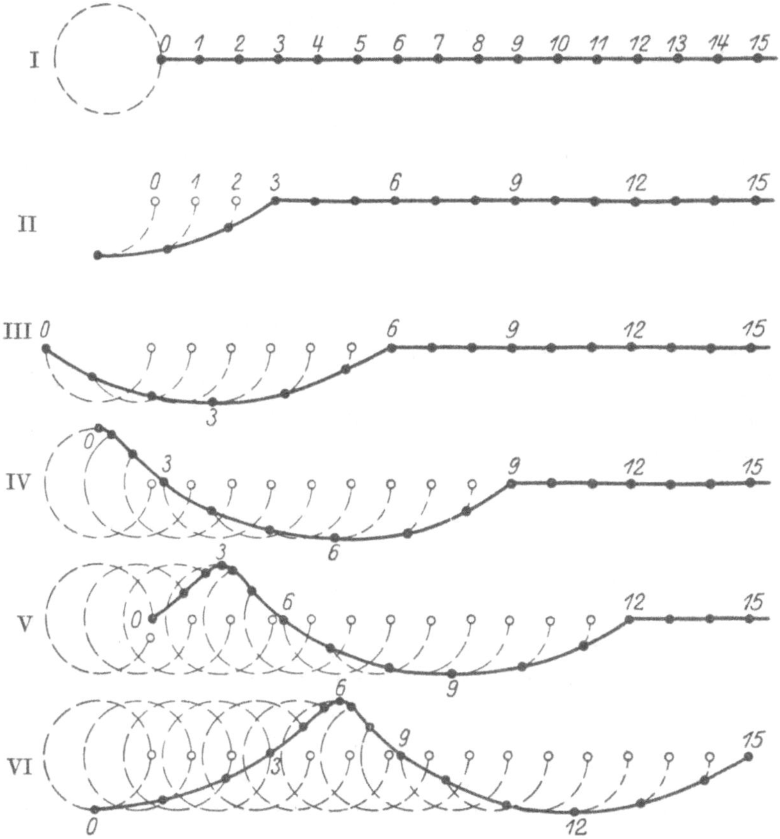

Abb. 10. Entstehung einer Wasserwelle.

ein ähnliches Bild, wie das der Sinusschwingungen der Abb. 8. An Bild V können wir noch folgendes erkennen. Nach 1 sec ist das Teilchen 0 wieder in seiner ursprünglichen Stellung angelangt. Bei seiner Weiterbewegung fängt auch das Teilchen 12 an sich zu bewegen. Teilchen 0 und Teilchen 12 sind also gleichzeitig in S c h w i n g u n g s p h a s e, während die übrigen Teilchen gegenüber 0 und 12

Phasendifferenzen aufweisen. Weiter sind wieder in Phase miteinander die Teilchen 1 und 13, 2 und 14 usw. Die Entfernung von zwei Teilchen, die sich in derselben Schwingungsphase befinden, nennt man Wellenlänge. Die Wellenlänge wird gewöhnlich durch den griechischen Buchstaben λ bezeichnet. Hieraus folgt weiter, daß sich die Wellenbewegung jeweils um eine Wellenlänge fortgepflanzt hat, wenn das als Ausgangspunkt der Wellenbewegung betrachtete Teilchen einmal seinen Kreis durchlaufen hat. Die Fortpflanzungsgeschwindigkeit der Welle, auf die wir noch zu sprechen kommen werden, ist demnach abhängig von der Schnelligkeit, mit der sich die einzelnen Teilchen bewegen.

Bei diesem, wie oben schon erwähnt, auch experimentell bestätigten Mechanismus der Entstehung und Fortpflanzung von Wasserwellen findet deshalb der Transport einer bestimmten Masse von einem Ort zum andern nur in geringem Maße statt. Es handelt sich hierbei in erster Linie um die Übertragung einer Bewegung, die derart erfolgt, daß jedes Teilchen dieselbe Bewegung ausführt, aber etwas später damit beginnt, wie das vorhergehende Teilchen. Eine Wellenbewegung setzt sich demnach aus einer großen Zahl von Einzelbewegungen zusammen. Das Zustandekommen und ebenso die Aufrechterhaltung dieser Einzelbewegungen hat je nachdem, ob es sich um Wasserwellen, Schallwellen oder Ätherwellen handelt, verschiedene Ursachen. Bei der Entstehung der Wasserwelle wird durch den Einwurf des Steines eine bestimmte Wassermenge verdrängt. Da Wasser nur wenig zusammendrückbar ist, so wird es sich um die Stelle des Einwurfs ringförmig auftürmen. Auf diese emporgehobene Wassermenge wirkt nun die Schwerkraft der Erde und zieht sie nach unten. Infolgedessen wird die Wassermasse mit einer bestimmten, sich immer mehr vergrößernden Geschwindigkeit zum normalen Wasserniveau zurückkehren und sich dann wegen der leichten Verschiebbarkeit der Wasserteilchen durch die Gleichgewichtslage hindurch noch weiter nach abwärts bewegen, was zur Bildung eines Wellentales Veranlassung gibt: Die zu beiden Seiten des Wellentales emporgehobenen Wassermassen gleichen dann wieder durch ihren Druck die entstandene Vertiefung aus. Bei dieser periodisch hin- und hergehenden Bewegung findet dauernd eine Umwandlung der kinetischen

Energie der einzelnen Teilchen in deren potentielle statt und umgekehrt. Die Übertragung dieses Bewegungszustandes von Teilchen zu Teilchen bedingt demnach auch eine Übertragung von Energie. Die zerstörende Macht der Meereswellen ist ja ein deutlicher Beweis dafür. Was von den Wasserwellen gilt, gilt sinngemäß auch von den Schallwellen und den Ätherwellen. Auch hier ist mit der Wellenbewegung keine Übertragung von etwas Stofflichem verbunden, sondern es wird lediglich Energie übertragen.

Wie wir bereits oben ausführten, pflanzt sich die Wellenbewegung mit einer gewissen Geschwindigkeit fort. Man versteht hierbei unter Fortpflanzungsgeschwindigkeit c die Strecke, um die sich die Wellenbewegung in 1 sec fortpflanzt. Ist ν die Schwingungszahl, d. h. die Zahl der Umläufe, die ein Teilchen in 1 sec auf dem Kreisumfang macht, so ist die Fortpflanzungsgeschwindigkeit gleich der Anzahl der Schwingungen per Sekunde $\times$ der Wellenlänge λ, da ja bei einem einmaligen Umlauf die Welle sich um eine Wellenlänge fortpflanzt. Mathematisch besteht demnach zwischen Wellenlänge λ, Schwingungszahl ν und Fortpflanzungsgeschwindigkeit c die überaus wichtige Beziehung

$$c = \nu \cdot \lambda \quad \text{oder} \quad \lambda = \frac{c}{\nu}. \tag{23}$$

Des öfteren tritt in den Formeln auch anstatt der Schwingungszahl ν die Schwingungsperiode T, die Zeit, während welcher ein Teilchen seine Bahn einmal durchläuft, auf. Es besteht demnach zwischen ν und T die Beziehung

$$\nu = \frac{1}{T}, \tag{24}$$

so daß man die Formel (23) auch schreiben kann

$$c = \frac{\lambda}{T} \quad \text{oder} \quad \lambda = c \cdot T. \tag{25}$$

Wird in diesen Formeln die Fortpflanzungsgeschwindigkeit in Zentimetern und die Zeit in Sekunden angegeben, so ist die Wellenlänge in Zentimetern zu messen.

Die Fortpflanzungsgeschwindigkeit der einzelnen Wellenarten ist sehr verschieden. Während sich die Wasserwellen mit höchstens einigen Metern Geschwindigkeit in der Sekunde fortpflanzen, beträgt sie bei den Schallwellen (in Luft) bereits 340 m pro Sekunde und bei den Ätherwellen rund 300000 Kilometer pro Sekunde. Für die Größe der Fortpflanzungsgeschwindigkeit ist maßgebend die Anzahl der Schwingungen der einzelnen Teilchen pro Sekunde, die ihrerseits wieder bedingt ist durch die Elastizität des Stoffes, in dem sich die Wellen fortpflanzen. Hieraus müssen wir schließen, daß der Äther, der der Träger der Licht- und elektrischen Wellen ist, trotz seiner Unsichtbarkeit und Unwägbarkeit, ein überaus elastischer Stoff sein muß, andernfalls ist die ungeheure Geschwindigkeit, mit der sich die Lichtwellen und die elektrischen Wellen fortpflanzen, absolut nicht zu erklären.

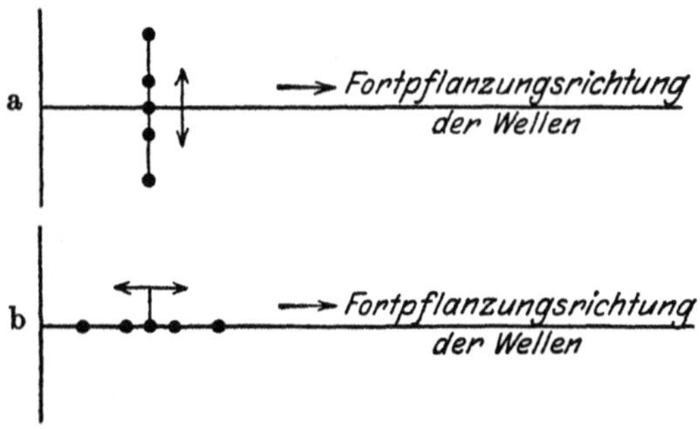

Abb. 11. Transversal- und Longitudinalbewegung.

Zu der genauen Charakterisierung einer Wellenbewegung ist, wie wir im vorhergehenden ausgeführt haben, einerseits die Beschreibung der Einzelbewegung der Masseteilchen, und andererseits die Angabe der Übertragung dieser Bewegung von Teilchen zu Teilchen erforderlich. Wir sehen ferner, daß sich bei den Wasserwellen in ihrer regelmäßigsten Form die einzelnen Wasserteilchen mit gleichförmiger Geschwindigkeit auf Kreisen bewegen. Mit der gleichförmigen Bewegung eines Punktes auf einem Kreise steht aber, wie wir früher abgeleitet haben, die hin- und herschwingende eines Punktes auf dem Kreisdurchmesser in ursächlichem Zusammenhang: Beide Bewegungen sind vollkommen äquivalent und es folgt hieraus, daß eine Welle entstehen muß sowohl dann, wenn sich die Masseteilchen mit gleichförmiger Geschwindigkeit auf Kreisen bewegen, als auch, wenn sie sich auf einer geraden Linie hin- und herbewegen. Bei dieser letzteren Bewegung der Teilchen auf einer geraden Linie muß dieselbe jedoch nach der in Formel 21 wiedergegebenen Weg-Zeit-Gleichung für eine schwingende oder harmonische Bewegung erfolgen. Wir können hierbei zwei Fälle unterscheiden, je nachdem sich die Teilchen entweder gemäß Abb. 11a senkrecht zu der Fortpflanzungsrichtung der Welle auf und ab, oder gemäß Abb. 11b in Richtung der Fortpflanzungsrichtung der Welle hin- und herbewegen. Die erstere Bewegung nennt man eine Transversalbewegung und die zweite eine Longitudinalbewegung. Wenn wir nicht die Bewegung eines Teilchens allein, sondern die entsprechende aller Masseteilchen betrachten und dabei berücksichtigen, daß jedes benachbarte Teilchen seine Bewegung etwas später beginnt, wie das vorhergehende, so bezeichnet man die Gesamtheit dieser Bewegungen entweder als

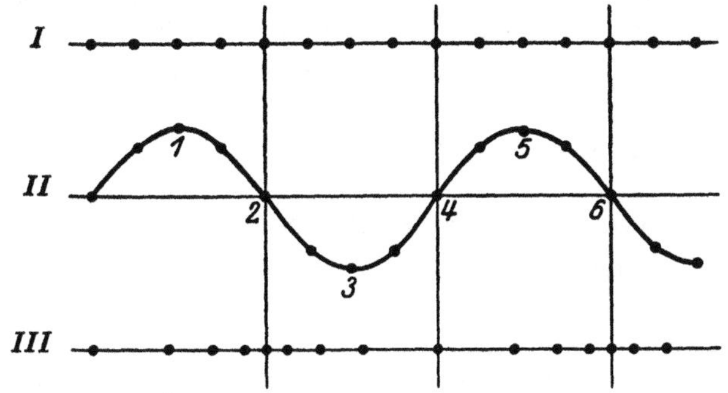

Abb. 12. Transversal- und Longitudinalwelle.

Transversal- oder als Longitudinalwelle. Soweit es sich um Schall- und Ätherwellen handelt, die uns in der Radiotechnik in erster Linie interessieren, haben wir es hierbei mit Longitudinalwellen zu tun. Der Unterschied zwischen Transversal- und Longitudinalwellen wird uns noch klarer durch Betrachtung der Abb. 12. *I* stellt eine ruhende Punktreihe dar. *II* dieselbe Punktreihe in Transversalbewegung und *III* in Longitudinalbewegung. Die Transversalwelle besteht aus aufeinanderfolgenden Wellenbergen und Wellentälern, während sich die Longitudinalwelle aus aufeinanderfolgenden Verdichtungen und Verdünnungen zusammensetzt. Verdichtungen und Verdünnungen in der Longitudinalwelle entsprechen hierbei nicht, wie ja auch aus der Abb. 12 klar hervorgeht, den Wellenbergen und Wellentälern der Transversalwelle. Bei der Transversalwelle bezeichnet man auch häufig die Stellen der größten Entfernung eines Punktes von der Gleichgewichtslage, also in Abb. 12 (*II*) die Stelle 1 oder 3 mit Schwingungsbauch und die Stellen des Durchgangs durch die Gleichgewichtslage (Abb. 12 *II*), Stelle 2 oder 4 mit Schwingungsknoten. Dementsprechend haben wir bei der Longitudinalwelle einen Schwingungsknoten an den Stellen der größten Verdichtung oder Verdünnung und Schwingungsbäuche entsprechend dazwischen. Das Bild der Transversalwelle ist zur Veranschaulichung des Wellenbegriffes weit besser geeignet, als das der Longitudinalwelle. Aus diesem Grunde führt man meist auch die Vorgänge in der Longitudinalwelle auf entsprechende in der Transversalwelle zurück. Bei unseren weiteren Betrachtungen wollen wir das gleiche tun. Zur Erkennung des wahren physikalischen Sachverhaltes bei der Entstehung und Fortpflanzung einer Longitudinalwelle ist es allerdings oft erforderlich, sich dieselbe nicht als Transversalwelle vorzustellen. In diesen Fällen ist es jedoch an Hand der Abb. 12 sehr leicht, von der einen Wellenform auf die andere zu transponieren.

3. Dynamik der Wellenbewegung. Kugelwellen.

Zur Entstehung und Aufrechterhaltung einer Wellenbewegung ist außer der harmonischen Eigenbewegung der einzelnen Masseteilchen die Übertragung dieser Bewegung von Teilchen zu Teilchen erforderlich. Außer bei den Wasserwellen, wo wir als Grund für die Übertragung die auf die Wasserteilchen wirkende Schwerkraft der Erde anführten, haben wir über den eigentlichen Mechanismus der Bewegungsübertragung, über die Dynamik der Wellenbewegung noch nicht gesprochen. In den weitaus meisten Fällen kommt eine Wellenbewegung durch das Wirken elastischer Kräfte zustande. So wie ein Wasserteilchen beim Entfernen aus der Gleichgewichtslage durch die Schwerkraft der Erde wieder in diese zurückgezogen wird, und dabei um die Gleichgewichtslage schwingende Bewegungen ausführt, so kann auch ein Masseteilchen unter der Wirkung von elastischen Kräften um eine Gleichgewichtslage harmonische Bewegungen ausführen. Die Übertragung dieser Bewegung von Teilchen zu Teilchen kann man sich nun folgendermaßen vorstellen. Wir nehmen einmal an, wir hätten in einer geraden Linie hintereinanderliegend eine Reihe Kugeln, von denen die folgende jeweils mit der vorhergehenden durch einen Gummifaden verbunden sein soll. Wird nun die erste Kugel aus der Ruhelage entfernt, so übt sie auf die zweite einen bestimmten Zug aus, der um so größer wird, je weiter sich die erste Kugel von der Ruhelage entfernt hat. Auf Grund dieses Zuges wird sich die zweite Kugel demnach ebenfalls aus der Ruhelage entfernen und ihrerseits die dritte Kugel mit sich reißen usw. Unter Zugrundelegung dieses Mechanismus ist es uns ohne weiteres verständlich, daß sich einerseits die Bewegung von Kugel zu Kugel überträgt, und daß andererseits die Bewegung der jeweils folgenden Kugeln etwas später beginnen muß als die der vorhergehenden. Es läßt sich sowohl mathematisch wie experimentell zeigen, daß auf diese Art und Weise die eine Kugel, wenn sie eine harmonische Bewegung ausführt, eine zweite ebenfalls zu einer gleichartigen harmonischen Bewegung veranlassen kann. Nun können wir uns die kleinsten Teilchen eines Körpers, die Moleküle, auch gewissermaßen als kleine Kugeln vorstellen, die durch elastische Kräfte, gewissermaßen durch Gummifäden, miteinander verbunden sind. Die Schwingungsbewegung im Innern eines Körpers wird sich deshalb von Molekül zu Molekül genau so übertragen, wie sie in dem oben betrachteten Beispiele von Kugel zu Kugel erfolgt. Es ist nun weiter von großem Interesse, mit welcher Geschwindigkeit die Übertragung der Bewegung von Teilchen zu Teilchen erfolgt, oder mit anderen Worten, wie groß die Fortpflanzungsgeschwindigkeit c der Welle ist. Diese Fortpflanzungsgeschwindigkeit ist verschieden groß, je nach der Elastizität und der Dichte des Mediums in dem sich die Welle fortpflanzt. Es läßt sich nun mathematisch zeigen, worauf wir hier nicht näher eingehen können, da hierzu die Anwendung der höheren Mathematik erforderlich ist, daß z. B. bei Longitudinalwellen zwischen Fortpflanzungsgeschwindigkeit c, Elastizitätsmodul E und Dichte d eines Körpers formelmäßig die Beziehung

$$c = \sqrt{\frac{E}{d}} \tag{26}$$

besteht. Je größer die Elastizität und je geringer die Dichte eines Körpers ist, desto größer ist auch die Fortpflanzungsgeschwindigkeit der Welle. Wenn wir zunächst einmal die Schallwellen betrachten, so ist es uns hiernach klar, daß sich dieselben in Metallen viel schneller fortpflanzen müssen, als in der Luft; denn die Elastizität der Metalle ist unvergleichlich größer, als die der Luft. Wenn auch die Dichte der Luft kleiner ist, als die der Metalle und hiernach an und für sich auch die Fortpflanzungsgeschwindigkeit des Schalles in Luft größer sein müßte als in einem Metall, so ist doch zu bedenken, daß der Unterschied der Dichten bei weiten nicht so groß ist, wie der Unterschied der Elastizitäten, so daß demnach auf Grund des hohen Elastizitätsunterschiedes auch die Fortpflanzungsgeschwindigkeit in Metallen größer sein muß als in Luft. Die Fortpflanzungsgeschwindigkeit des Lichtes und der mit ihm wesensgleichen elektrischen Welle ist, wie wir schon früher bemerkten, etwa 1 Million mal größer, als die der Schallwellen in Luft. Gemäß Formel (26) muß demnach das Medium, in dem sich diese Wellen fortpflanzen, eine geringe Dichte und eine große Elastizität besitzen. Auf Grund der Wellentheorie war man gezwungen, als Träger für diese Wellen einen äußerst feinen Stoff, den sogenannten Weltäther anzunehmen, der den ganzen Raum erfüllt und alle anderen Stoffe durchdringt. Es ist allerdings bisher noch mit keinem physikalischen oder chemischen Experiment gelungen, die Existenz dieses Weltäthers nachzuweisen. Er muß deshalb, wenn er existiert, eine äußerst geringe Dichte haben. Wenn ein Stoff aber eine geringe Dichte hat, so besitzt er nach unseren bisherigen Erfahrungen auch nur eine geringe Elastizität. Dem Weltäther müssen wir aber trotz seiner geringen Dichte eine bis zur Grenze der Unzusammendrückbarkeit gehende, große Elastizität zusprechen, sonst ist die ungeheuer große Fortpflanzungsgeschwindigkeit des Lichtes und der elektrischen Wellen vollkommen unerklärlich: Bezüglich des Weltäthers stehen wir noch vor einem großen Rätsel. Hoffentlich gelingt es auch hier einmal der physikalischen Forschung, bei ihrem immer tieferen Eindringen in das Innere des Atoms und Moleküls Licht in dieses unerforschte Dunkel zu bringen.

Bei unseren bisherigen Betrachtungen über die Wellenbewegung nahmen wir stets an, daß sich die Bewegung nur längs einer Geraden fortpflanzt. Es würde hier zu weit führen, noch den allgemeineren Fall zu erörtern, daß sich die Wellen, wie beim Schall, beim Licht und bei den elektrischen Wellen nach allen Richtungen des Raumes hin ausbreiten. Von der Form der linearen Welle kommt man nämlich so zu der Form der Kugelwellen, für die jedoch die gleichen Gesetzmäßigkeiten gelten, wie wir sie bisher für die linearen Wellen abgeleitet haben; denn man kann sich eine jede Kugelwelle aus unendlich vielen strahlenförmig von einem schwingenden Punkte ausgehenden linearen Wellen zusammengesetzt denken.

4. Gedämpfte und ungedämpfte Schwingungen.

Bei den bisherigen Betrachtungen über Schwingungen und Wellen setzten wir voraus, daß bei den gesamten Bewegungen, welche die an den Schwingungsvorgängen beteiligten Masseteilchen ausführen, stets ein voller Umsatz der kinetischen Energie der einzelnen Teilchen in deren potentielle erfolgt, daß also keinerlei Energieverlust eintritt. Wenn wir uns jedoch noch einmal das Bild der Wasserwelle, die durch einen Steinwurf entsteht, vor Augen führen, so sehen wir, daß in unmittelbarer Nähe der Einwurfstelle die Wellenberge am höchsten und die Wellentäler am tiefsten sind, und daß diese allmählich abklingen, je weiter man sich von der Einwurfstelle entfernt. Im Falle der Wasserwelle sind demnach bei den aufeinanderfolgenden Wellenbergen oder Wellentälern die Amplituden nicht gleich, sondern jeweils verschieden. Hieraus folgt weiter, daß dann auch die kinetische Energie der Teilchen nicht voll und ganz in deren potentielle und umgekehrt umgesetzt wird, daß also immer Schwingungsenergie verloren geht, die in Arbeitsleistung, Wärme usw. verwandelt wird. Wir können deshalb zwei Arten von Schwingungen unterscheiden, die ungedämpfte und gedämpfte. Bei der ungedämpften Schwingung (Abb. 13a) sind die aufeinander folgenden Amplituden $a_1 a_2 a_3$ usw. stets gleich groß, sie sind zeitlich konstant; bei der gedämpften (Abb. 13b) werden die Amplituden $b_1 b_2 b_3$ usw. immer kleiner. Eine einmal erregte Schwingung wird nur dann ungedämpft sein, wenn sie sich entweder in einem Medium fortpflanzt, in dem durch Reibung kein Energieverlust eintritt, oder wenn der jeweils eintretende Energieverlust durch entsprechenden Energienachschub wieder ausgeglichen wird. Ein typisches Beispiel hierfür haben wir bei einem freihängenden Pendel. Wenn wir dasselbe durch einen einmaligen Stoß in Bewegung setzen, so werden die entstehenden Schwingungen mit der Zeit durch die Reibung des Pendels in der Luft und den Aufhängestellen immer kleiner, bis es allmählich wieder zur Ruhe kommt. Da demnach in den aufeinanderfolgenden Zeitmomenten die Amplituden immer kleiner werden, so führt das Pendel eine gedämpfte Schwingung aus. Wenn wir aber den durch Reibung entstehenden Energieverlust durch die gleichmäßig wirkende Kraft einer Uhrfeder jeweils wieder **ausgleichen**, so haben die zeitlich aufeinanderfolgenden Amplituden stets den gleichen Wert und das Pendel ist befähigt, **ungedämpfte** Schwingungen auszuführen. Je schneller bei einer Schwingung die Amplituden von ihrem Maximalwert bis

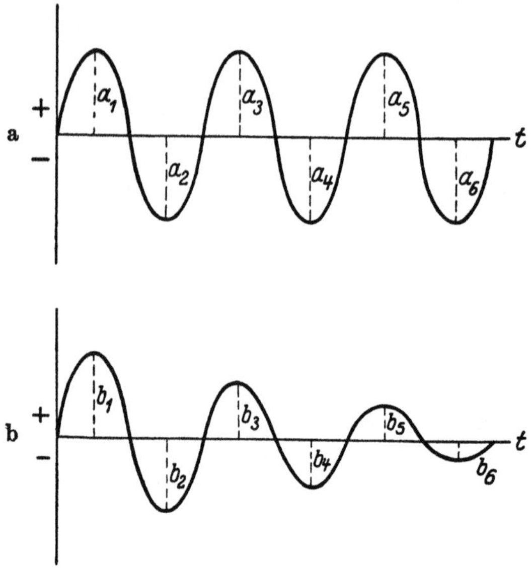

Abb. 13a u. b. Ungedämpfte und gedämpfte Schwingungen.

zum Werte Null abfallen, desto stärker ist die Schwingung gedämpft. Um ein Maß für die Dämpfung einer Schwingung zu erhalten, hat man das **Dämpfungsverhältnis** D eingeführt. Es stellt das Verhältnis von je zwei aufeianderfolgenden Amplituden **einer ganzen** Periode dar. Gemäß Abb. 13b ist also

$$D = \frac{b_1}{b_3} = \frac{b_3}{b_5} \text{ usw.} \tag{27}$$

Die aufeianderfolgenden Verhältnisse von $\frac{b_1}{b_3}$ und $\frac{b_3}{b_5}$ usw. haben nur dann stets denselben Wert, wenn sich die Schwingung in einem vollkommen homogenen Medium fortpflanzt. Wie sich aus Formel (27) ergibt, haben wir eine ungedämpfte Schwingung, wenn das Dämpfungsverhältnis = 1 ist, ist es größer als 1, so ist die Schwingung gedämpft. Für die mathematische Formulierung hat es sich praktischer erwiesen, an Stelle des Dämpfungsverhältnisses D das sogenannte Dämpfungsdekrement δ einzuführen. Es ist dies der natürliche Logarithmus (ln) des Dämpfungsverhältnisses. Zwischen Dämpfungsdekrement und Dämpfungsverhältnis besteht hiernach die Beziehung

$$\delta = \ln D = \ln \left(\frac{b_1}{b_3}\right). \tag{28}$$

Ist dieses Dämpfungsdekrement = 0, so ist die Schwingung ungedämpft, ist es größer als Null, so ist sie gedämpft. Der Maximalwert, den die Dämpfung erreichen kann, ist = 1.

In der Radiotechnik ging das Bestreben von Anfang an dahin, von den stark gedämpften elektrischen Schwingungen der Funkensender frei zu werden. Denn bei dem immer größer werdenden Einsatz von Funkstationen wäre ein auch nur einigermaßen störungsfreies Nebeneinanderarbeiten der einzelnen Stationen mit gedämpften Wellen unmöglich. Zudem müßten hierbei zur Überbrückung von großen Entfernungen ganz andere Energien aufgewandt werden, als es bei ungedämpften Wellen erforderlich ist. Ferner hätte das Problem der drahtlosen Telephonie nie gelöst werden können, solange es nicht möglich war, ungedämpfte Schwingungen zu erzeugen. Da demnach für die Radiotelephonie nur die ungedämpften Schwingungen in Betracht kommen, so werden wir im folgenden auch nur diese berücksichtigen.

B. Entstehung ungedämpfter Schwingungen in einem Stromsystem.

Hochfrequente elektromagnetische Schwingungen sind nichts anderes als Wechselströme, die sich von den Wechselströmen der Starkstromtechnik lediglich durch die Periodenzahl unterscheiden. Ist die Amplitude dieser Schwingungen konstant, handelt es sich demnach um ungedämpfte Schwingungen, so können wir hierfür genau dieselben Gesetze zugrunde legen, die wir für sinusförmige Schwingungen im vorhergehenden Kapitel abgeleitet haben. Beim Laden und Entladen eines Kondensators durch eine Funkenstrecke entstehen bekanntlich auch Hochfrequenzschwingungen, die jedoch gedämpfter Natur sind und die, da sie für die Radiotelephonie nicht in Betracht kommen, hier nicht weiter behandelt werden sollen. Für die Frequenz ν einer jeden Schwingung ist maßgebend die Kapazität C und Selbstinduktion L des Stromkreises, in dem sie entsteht. Bei einem geschlossenen Schwingungskreis, dessen Dämpfung nicht allzu groß ist, ist die Frequenz nach der Thomson-Kirchhoffschen Gleichung

$$\nu = \frac{c}{2\pi\sqrt{L \cdot C}} \tag{29}$$

wobei c die Lichtgeschwindigkeit bedeutet. Da nach Formel (23) die Wellenlänge $\lambda = \frac{c}{\nu}$ ist, so können wir Gleichung (29) in die allgemeine Formel

$$\lambda = 2\pi\sqrt{L \cdot C} \tag{30}$$

überführen. Soll nach dieser Formel λ in Zentimeter gemessen werden, so sind auch L und C in Zentimeter einzusetzen.

Wir wollen nun zunächst ganz allgemein untersuchen, unter welchen Bedingungen in einem beliebigen Stromsystem, das aus Kapazität, Selbstinduktion und einem Ohmschen Widerstand besteht, Schwingungen entstehen und dauernd aufrecht erhalten werden können. Dabei interessiert uns vor allem der spezielle Fall der selbsttätigen Schwingungserzeugung in einem Stromsystem, das mit Gleichstrom beliefert wird, wie wir es in den Lichtbogen und Röhrensendern in der Praxis ausgeprägt finden. Gerade diese beiden Systeme spielen in der Radiotelephonie eine große Rolle, da mit ihnen die konstantesten ungedämpften Schwingungen erzeugt werden können.

1. Bedingungen für die Entstehung einer ungedämpften Schwingung.

Unseren Betrachtungen legen wir gemäß Abb. 14 ein Stromsystem zugrunde, das aus einer Kapazität C, einem Ohmschen Widerstand W und einer Selbstinduktion L besteht. Wenn wir zunächst annehmen, daß die elektromotorische Kraft, die Spannung in diesem System konstant ist, und daß außerdem C, L und W konstant sind, so ist ein dauernder veränderlicher Strom, wie ihn eine elektrische Schwingung darstellt, unmöglich. Dies ist, wenn wir eine Analogie aus der Mechanik zugrunde legen, leicht einzusehen. Die Mechanik lehrt uns, daß die Bewegungen in einem abgeschlossenen System vollkommen unabhängig sind von der Gesamtbewegung des Systems, sofern dies eine gleichförmige Bewegung ausführt. In dem konkreten Fall der Bewegung eines Eisenbahnzuges auf der Erde ist diese Bewegung unabhängig von der Drehung der Erde um ihre eigene Achse. Ähnliches gilt von einem Stromsystem, in dem zu gleicher Zeit ein Wechselstrom und ein Gleichstrom fließt. Beide Ströme fließen und existieren vollkommen unabhängig voneinander. Die konstante elektromotorische Kraft des Gleichstromes wirkt nicht im geringsten auf den Wechselstrom ein. Ist demnach, wie wir oben annahmen, in dem System nur eine konstante elektromotorische Kraft vorhanden, so müßte ein auftretender Wechselstrom ohne eine elektromotorische Kraft existieren können. Das ist aber nicht möglich wegen der Energieverluste, die der Wechselstrom in dem System, hauptsächlich durch Umsetzung in Wärme, erleidet. Es wird demnach ein in einem solchen System ein durch irgendeine Ursache auftretender Wechselstrom sehr schnell abklingen. Wenn die elektromotorische Kraft des Systems konstant ist, und wenn trotzdem ein dauernder Wechselstrom fließen soll, so müssen wir hieraus weiter folgerichtig schließen, daß dann entweder der Ohmsche Widerstand oder die Induktivität oder die Kapazität des Systems ihre Größe ändern müssen. Diese Erkenntnis, die sich auch auf mathematischem Wege gewinnen ließe, worauf wir hier jedoch nicht eingehen wollen, da hierzu die höhere Mathematik erforderlich ist, wollen wir in folgenden überaus wichtigen Satz zusammenfassen:

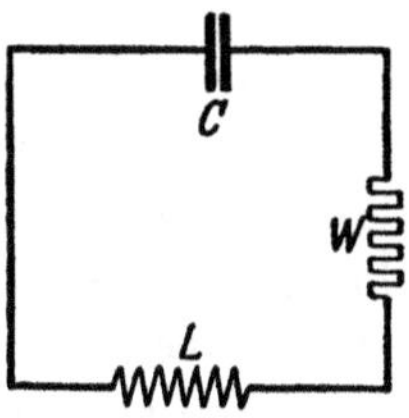

Abb. 14. Der Schwingungskreis.

„In einem Stromsystem, das nur konstante elektromotorische Kräfte enthält, ist ein dauernder Wechselstrom oder die dauernde Aufrechterhaltung einer Schwingung nur möglich, wenn sich in dem System entweder die Induktivität oder die Kapazität oder der Ohmsche Widerstand ändern."

Hieraus folgt weiter, daß man jeden veränderlichen Widerstand als einen Wechselstromgenerator auffassen kann, der eine bestimmte Wechselspannung e erzeugt, die dann ihrerseits einen Wechselstrom i zu liefern in der Lage ist.

Während ein reiner Ohmscher Widerstand seiner Größe nach unabhängig ist von der Frequenz des Wechselstromes, sind die sogenannten Wechselwiderstände, Induktivität und Kapazität, abhängig hiervon. Bezeichnet man mit $\omega = 2\pi\nu$ die Kreisfrequenz der Schwingung, so ist der Wechselwiderstand R_L einer Induktivität L

$$R_L = \omega \cdot L \tag{31}$$

und der Wechselwiderstand R_c einer Kapazität C

$$R_c = \frac{1}{\omega C} \tag{32}$$

Induktions- und Kapazitätswiderstände unterscheiden sich hiernach in ihrer Wirkung auf den Wechselstrom lediglich dadurch, daß mit steigender Frequenz der Induktionswiderstand größer und der Kapazitätswiderstand kleiner wird. Im übrigen sind sie vollkommen gleichwertig. Wir haben deshalb bezüglich der Entstehung von Wechselströmen in Abhängigkeit von veränderlichen Widerständen nur zwei Fälle zu unterscheiden, einerseits den Fall, daß ein veränderlicher Ohmscher Widerstand vorliegt und andererseits den Fall, daß es sich um einen veränderlichen Wechselstromwiderstand handelt.

a) Der veränderliche Ohmsche Widerstand als Wechselstromgenerator.

Wenn wir in einem elektrischen System, dem eine konstante elektromotorische Kraft, also eine Gleichspannung zugrunde liegt, den Ohmschen Widerstand ändern, so ist zur Entstehung des dadurch bedingten Wechselstromes keine Energiezufuhr von außen notwendig. Die dem Wechselstrom zugeführte Energie wird aus dem Gleichstrom entnommen, so daß sich dem Gleichstrom ein Wechselstrom superponiert. Es ist hieraus weiter selbstverständlich, daß dann, wenn durch den Ohmschen Widerstand kein Gleichstrom fließt, auch kein Wechselstrom entstehen kann. Neben diesem Umsatz von Gleichstrom in Wechselstrom findet noch ein Energieumsatz in Wärme statt, der als absoluter Verlust zu buchen ist. Hieraus gewinnen wir den weiteren wichtigen Satz:

„In einem Stromkreis mit konstanten elektromotorischen Kräften entsteht bei Veränderung des Ohmschen Widerstandes ein Wechselstrom. Die Energie dieses Wechselstroms wird dem vorhandenen Gleichstrom entnommen, so daß es sich hierbei neben einer Wärmeentwicklung lediglich um einen Austausch von Gleichstrom in Wechselstrom handelt.“

Diesen Fall finden wir, wie wir noch sehen werden, bei dem Lichtbogen und der Elektronenröhre realisiert.

b) Der veränderliche Wechselwiderstand als Wechselstromgenerator.

Grundverschieden von der Entstehung eines Wechselstromes durch einen Ohmschen Widerstand sind die Verhältnisse, wenn wir für die Erzeugung eines Wechselstromes bei vorhandener konstanter elektromotorischer Kraft veränderliche Wechselwiderstände zugrunde legen. Zunächst ist leicht einzusehen, daß in diesem Falle, wie aus nachstehendem hervorgeht, kein Austausch von Gleichstromenergie in Wechselstromenergie stattfinden kann. Die Induktivität eines Stromkreises ist ihrer Größe nach bestimmt durch die Kraftlinienwirkung des Stromes auf sich selbst (Selbstinduktion) und die Kraftlinienwirkung auf benachbarte Stromkreise (Fremdinduktion, gegenseitige Induktion). Dabei ist die induzierte elektromotorische Kraft der zeitlichen Änderung der Kraftlinien proportional. Hieraus folgt mit absoluter Notwendigkeit, daß die Spannung an einer veränderlichen Induktivität stets eine reine Wechselspannung sein muß. Wäre neben der Wechselspannung noch eine Gleichspannungskomponente wirksam, so müßte die Kraftlinienwirkung dauernd bis ins Unendliche steigen, was einerseits dem Gesetz von der Erhaltung der Energie widerspricht, und andererseits der Tatsache, daß die für eine bestimmte Induktivität maßgebende Kraftlinienzahl eindeutig durch die Stärke des Wechselstromes festgelegt ist und nicht unbegrenzt anwachsen kann. Was wir hier bezüglich eines veränderlichen induktiven Widerstandes abgeleitet haben, gilt im gleichen Maße für einen veränderlichen kapazitiven Widerstand. Bei einem veränderlichen Wechselwiderstand kommt demnach für den entstehenden Wechselstrom kein Umtausch von Gleichstromenergie in Wechselstromenergie in Betracht. Es müssen demnach hierfür andere Energiequellen herangezogen werden. Wir wissen, daß die Induktivität einer Spule und die Kapazität eines Kondensators abhängig sind von ihren Dimensionen und der Beschaffenheit der umgebenden Körper. Als Beweis für den ersten Fall dient die Tatsache, daß eine große Spule mit vielen Windungen eine größere Induktivität besitzt, als eine kleine mit wenig Windungen. Dasselbe gilt sinngemäß für die Kapazität. Als Beweis für den zweiten Fall möchten wir die Tatsache anführen, daß die Induktivität einer Spule erhöht wird, wenn man ihr einen Magneten oder eine andere stromdurchflossene Spule nähert, und daß sie herabgesetzt wird, wenn man einen Magneten oder eine Stromspule entfernt. Es läßt sich demnach ein Wechselstrom sowohl durch die Änderung der Dimensionen einer Spule oder eines Kondensators, als auch durch die Änderung der sie umgebenden Körper erzielen. Zur Änderung von beiden ist eine mechanische Kraft erforderlich, wie z. B. aus dem Nähern oder Entfernen eines Magneten von einer Spule hervorgeht, wobei die mechanischen Kräfte gegen die elektromagnetische Anziehung oder Abstoßung eine Arbeit leisten. Soll ein so entstandener Wechselstrom dauernd aufrecht erhalten werden, so ist hierfür die dauernde Leistung von mechanischer Arbeit erforderlich. Aus diesen Betrachtungen gewinnen wir folgende weitere Erkenntnis:

„In einem Stromkreis mit konstanten elektromotorischen Kräften entsteht bei Veränderung der Wechselwiderstände (Induktivität oder Kapazität) ein Wechselstrom. Die Energie dieses Wechselstromes wird durch mechanische Arbeit erzeugt, so daß hierbei neben einer Wärmeentwicklung lediglich ein Austausch von mechanischer Energie in Wechselstromenergie stattfindet.“

Diesen Fall finden wir in der Praxis einerseits in den Wechselstrom- und Hochfrequenzmaschinen (Änderung der Induktivität) und andererseits in den Elektrisiermaschinen (Änderung der Kapazität) verwirklicht:

Zusammenfassend können wir demnach feststellen, daß in einem Stromsystem mit konstanten elektromotorischen Kräften bei Änderung des Ohmschen Widerstandes eine Umwandlung von Gleichstrom in Wechselstrom, und bei Änderung von Wechselwiderständen eine Umwandlung von mechanischer Energie in Wechselstromenergie stattfindet. Als Beispiel für den ersten Fall werden wir insbesondere den Lichtbogen und die Röhre, als Beispiel für den zweiten Fall die Hochfrequenzmaschinen behandeln. Wir sehen hieraus, wie man durch einfache Erörterung der Bedingungen für die Entstehung eines dauernden sinusförmigen

Wechselstromes in einem Stromsystem zu den drei in der praktischen Radiotelephonie angewandten Systemen zur Erzeugung von ungedämpften Schwingungen, nämlich dem Maschinensender, Lichtbogensender und Röhrensender kommt: Es lassen sich selbstverständlich auch durch Kombination von Ohmschen-Widerstandsänderungen und Wechselwiderstandsänderungen beliebige Umwandlungen von mechanischer Energie in Gleichstromenergie und Wechselstromenergie und umgekehrt bewirken. Auf diese Fälle wollen wir jedoch hier nicht näher eingehen.

2. Ursachen für die Änderung von Ohmschen und Wechselwiderständen.

Die Ursachen für die Veränderung von Ohmschen oder Wechselwiderständen in einem abgeschlossenen Stromsystem können zweifacher Art sein; einerseits kann es sich hierbei um äußere Einwirkungen und andererseits um Wirkungen handeln, die in dem Stromsystem selbst begründet sind, die insbesondere von dem durchfließenden Strom selbst herrühren.

a) Änderung durch äußere Einflüsse.

Bei diesen Änderungen handelt es sich in erster Linie um äußere mechanische Einflüsse. Hierher gehören z. B. die Methoden der Wechselstrom- und Schwingungserzeugung durch elektromagnetische Unterbrecher, durch das Mikrophon, die Gleichstrom- und Wechselstrommaschinen, die Influenzmaschinen usw. Wir wollen jedoch hier nur die beiden Fälle betrachten, die für die Radiotelephonie von Bedeutung sind, das ist einerseits die Änderung eines Ohmschen Widerstandes durch äußere Einflüsse (das Mikrophon) und andererseits die Änderung eines induktiven Widerstandes durch äußere Einflüsse (die Wechselstrom- und Hochfrequenzmaschine).

α) **Das Mikrophon (Änderung eines Ohmschen Widerstandes).** Wir wollen unseren Betrachtungen die einfachste Form des Mikrophons, das Kohlekörnermikrophon gemäß Abb. 15, zugrunde legen. Im Prinzip besteht ein solches Mikrophon aus zwei Metallplatten P_1 und P_2, zwischen denen sich lose geschichtet Kohlekörner K befinden. Die beiden Platten sind über das Telephon T mit der Gleichstrombatterie verbunden. Die Kohlekörner stellen einen Ohmschen Widerstand von einer bestimmten

Größe dar. Wird nun die Platte P_1 durch Schallwellen in Schwingungen versetzt, so drückt sie mehr oder weniger stark auf die Kohlekörner. Dadurch ändert sich der Widerstand des Stromsystems, und damit auch die Größe des Gleichstromes. Wir haben also hier den oben erwähnten Fall der Änderung eines Ohmschen Widerstandes durch äußere Einflüsse. Erfolgt diese Widerstandsänderung periodisch, so muß entsprechend unseren früheren Darlegungen in dem Stromsystem ein periodischer Wechselstrom entstehen. Der veränderliche Ohmsche Widerstand ist die elektromotorische Kraft dieses Wechselstroms, der seine Energie dem Gleichstrom entnimmt, was sich leicht, wie folgt, beweisen läßt.

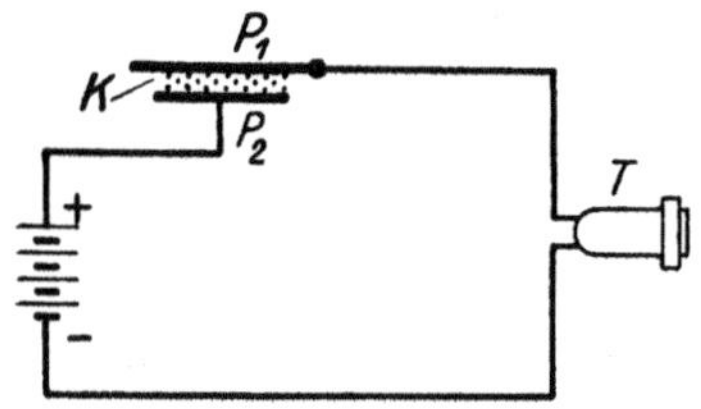

Abb. 15. Das Mikrophon.

Wird das Mikrophon besprochen, so wird hierdurch ein Wechselstrom hervorgerufen, der sich dem Gleichstrom überlagert. Die auftretenden elektromotorischen Gleich- und Wechselstromkräfte müssen sich hierbei das Gleichgewicht halten, d. h. der Gesamtstrom i muß der Gleichung

$$E = i \cdot W + L \frac{di}{dt} \tag{33}$$

genügen. W bedeutet hierin den gesamten Ohmschen Widerstand des Systems, der sich zusammensetzt aus dem konstanten Ohmschen Widerstand W_o der Leitungen und dem veränderlichen Ohmschen Widerstand W_1 des Telephons, so daß demnach

$$W = W_o + W_1 \tag{34}$$

ist. L ist im wesentlichen die Selbstinduktion des Telephons und $L \frac{di}{dt}$ die an den Klemmen des Telephons wirksame Spannung. Entsprechend dem Ohmschen Widerstand können wir auch den Gesamtstrom i in seine beiden Bestandteile, den Gleichstrom i_0 und den Wechselstrom i_1 zerlegen, so daß

$$i = i_o + i_1 \tag{35}$$

gesetzt werden kann. Unter Berücksichtigung der Gleichungen 34 und 35 können wir hiernach für (33) schreiben

$$E = (i_0 + i_1)\ (W_0 + W_1) + L \frac{di}{dt} \tag{36}$$

oder nach einiger Umformung

$$E - i_0 W_0 - i_0 W_1 = i_1 (W_0 + W_1) + L \frac{di}{dt} \tag{37}$$

Da die Zerlegung von W in W_0 und W_1 vollkommen willkürlich ist, so können wir diese Zerlegung auch derart wählen, daß $i_0 W_0 = E$ wird. Führen wir diesen Wert von E in Gleichung 37 ein, so ergibt sich

$$-i_0 W_1 = i_1 W + L \frac{di}{dt} \tag{38}$$

Diese Gleichung ist in ihrer Form vollkommen identisch mit Gleichung (33). Nur steht hier an Stelle der Spannung E das Produkt aus der Stromstärke i_0 und dem Widerstand W_1. Dieses Produkt ist aber nach dem Ohmschen Gesetz nichts anderes als eine Spannung, und zwar in unserem Falle eine Wechselspannung, die wir mit e_1 bezeichnen wollen, so daß (38) übergeht in

$$e_1 = i_1 \cdot W + L \frac{di_1}{dt} \tag{39}$$

Die Gleichung (39) besagt demnach, daß ein von einem Gleichstrom durchflossener veränderlicher Widerstand als ein Wechselstromgenerator von der Wechselspannung e_1 betrachtet werden kann. Diese Spannung ist gemäß (38) proportional dem Gleichstrom i_0 und der Widerstandsänderung W_1. Gerade dieses letztere Resultat ist äußerst wichtig, da es ganz allgemein für die Wechselstromerzeugung durch einen veränderlichen Ohmschen Widerstand gilt. Unter spezieller Anwendung der Gleichung (39) auf die Verhältnisse beim Mikrophon läßt sich hieraus ferner noch eine der hauptsächlichsten Bedingungen für die Schaltung eines Mikrophons folgern. Da es hier zu weit führen würde, dieses auch theoretisch abzuleiten, so wollen wir uns lediglich mit dem Endresultat begnügen. Diese Bedingung besagt nämlich, daß es sowohl bei der praktischen Drahttelephonie, als auch Radiotelephonie für eine naturgetreue und unverzerrte Übertragung von Sprache und Musik notwendig ist, daß die Stromschwankungen des Mikrophons klein sein müssen gegenüber dem mittleren Gleichstrom, der das Mikrophon durchfließt. Je stärker der das Mikrophon durchfließende Gleichstrom ist, desto größer ist die Lautstärke, ohne daß dabei die Klangfarbe irgendwie beeinflußt wird. Bei langen Telephonleitungen, die oft mehrere tausend Ohm Widerstand haben, dürfte es im allgemeinen sehr schwierig sein, einen möglichst großen Gleichstrom durch das Mikrophon fließen zu lassen; es sei denn, daß man entsprechend hohe Gleichstromspannungen verwendet, was natürlich unrentabel ist. Hier kann man sich helfen durch eine in Abb. 16 wiedergegebene Schaltung. Das Telephon T liegt hierbei nicht direkt im Mikrophonkreis, sondern ist mit diesem durch den Transformator Tr verbunden. Der Gleichstrom der Batterie B braucht also in diesem Falle nicht die ganze Telephonleitung zu durchströmen, sondern kann auch bei niederer Spannung der Batterie B verhältnismäßig hoch gehalten werden. Die Wechselspannungen werden durch den Transformator von dem Kreis I auf den Kreis II übertragen, wobei man noch die Wechselspannungen durch Wahl eines entsprechenden Übersetzungsverhältnisses der Sekundärwicklung S zur Primärwicklung P erhöhen kann.

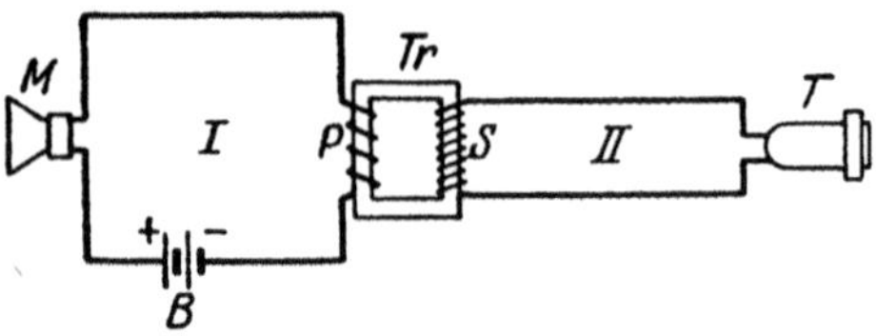

Abb. 16. Mikrophon-Telephonschaltung.

Wie bei jeder modernen Drahttelephonie muß auch bei der **Fernsteuerung von Telephoniesendern** eine Schaltung angewendet werden, wie sie in ihrem Grundprinzip in der Abb. 16 wiedergegeben ist.

Es bleibt weiter die Frage zu erörtern, ob es bei der Erzeugung von periodischen Wechselströmen durch Einwirkung von äußeren Einflüssen auf einen veränderlichen Ohmschen Widerstand möglich ist, diesen periodischen Wechselstrom **selbsttätig** dauernd aufrechtzuerhalten. Diese Frage ist schon auf Grund des Experimentes, das durch jeden Unterbrecher, z. B. den Wagnerschen Hammer gegeben wird, zu bejahen. Auch bei der Verbindung Mikrophon—Telephon können Schwingungen entstehen, die selbsttätig dauernd aufrechterhalten werden. Das Experiment gelingt hier dann besonders gut, wenn man den Mikrophonstrom nicht direkt, sondern über einen Verstärker (Niederfrequenzverstärker) dem Telephon zuführt. Erregt man z. B. die Eigenfrequenz der Mikrophonmembran, so wird diese Schwingung verstärkt dem Telephon zugeführt. Der im Telephon entstehende Ton wirkt wieder zurück auf das Mikrophon, so daß dann selbsttätig der einmal entstandene Ton aufrechterhalten wird. Wir haben hier den einfachsten und anschaulichsten Fall der „Rückkopplung“, die, wie wir noch sehen werden, bei der Erzeugung von Schwingungen mittels der Elektronenröhre eine große Rolle spielt.

β) Die Wechselstrom- und Hochfrequenzmaschine (Änderung eines induktiven Widerstandes). So wie die äußere Beeinflussung eines Ohmschen Widerstandes zur Erzeugung von Wechselströmen und Schwingungen führt, müssen auch gemäß den früher abgeleiteten Prinzipien durch die äußere Beeinflussung von Wechselwiderständen Wechselströme entstehen. Da die Wechselwiderstände kapazitiver oder induktiver Natur sind, ist auch hiernach die Entstehung von Wechselströmen verschieden. Die Entstehung eines Wechselstromes durch äußere Beeinflussung einer veränderlichen Kapazität finden wir in der Influenzmaschine realisiert, worauf wir hier nicht eingehen wollen, da diese Methode der Erzeugung von Schwingungen für die Radiotelephonie bedeutungslos ist. Anders verhält es sich hingegen bei Veränderung der Induktivität durch äußere Einflüsse, z. B. wie wir bereits oben ausgeführt haben, bei Nähern oder Entfernen eines Magneten gegenüber einer Spule. Die Tatsache, daß hierbei die Induktivität der Spule vergrößert oder verkleinert wird und hierdurch ein Wechselstrom entsteht, hat zur Konstruktion unserer modernen Wechsel- und Gleichstromdynamos geführt. Diese Auffassung der Entstehung von Wechselströmen durch eine veränderliche Induktion macht man sich in der Wechselstromtechnik nicht zu eigen, sondern man operiert dort meist mit dem anschaulicheren Begriff der magnetischen Kraftlinien, wonach in einem Leiter dann ein Strom entsteht, wenn die Kraftlinien durch ihn geschnitten werden. Beide Anschauungen führen bezüglich des Effektes zu dem gleichen Endresultat. Wenn auch die zweite Anschauung und Darstellungsweise die allgemein üblichere ist, so wollen wir doch hier an der ersten schon im Interesse der bisher stets befolgten systematischen Entwicklung festhalten.

Unseren weiteren Betrachtungen legen wir die Abb. 17 zugrunde. M stellt einen Elektromagneten mit den beiden Polen N und S dar. Durch den Gleichstrom der Batterie B, der die Spulen S_3 und S_4 durchfließt, wird der Magnet erregt. Zwischen den beiden Magnetpolen befindet sich ein um die Achse A rotierender

Körper C. Dieser Körper, der die beiden Spulen S_1 und S_2 trägt, soll zunächst nicht aus Eisen bestehen. Die beiden Spulen S_1 und S_2 sind hintereinandergeschaltet und zu einem geschlossenen Stromkreise vereinigt. Dieses innere bewegliche System bezeichnet man gewöhnlich mit Anker. Beim Rotieren des Ankers stehen die Spulen S_1 und S_2 in der Stellung 1 und 3 den Magnetpolen am nächsten, in der Stellung 2 und 4 sind sie am weitesten

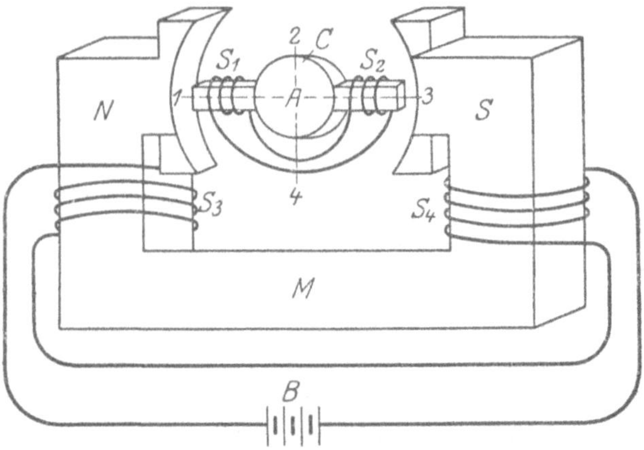

Abb. 17. Schematische Darstellung einer zweipoligen Wechselstrommaschine.

entfernt. Durch das Rotieren des Ankers wird die Selbstinduktion der Spulen S_3 und S_4 nicht merklich geändert, wie das Experiment beweist. Die Selbstinduktion der Spulen S_1 und S_2 ändert sich jedoch. Sie ist am größten bei Ankerstellung 1 und 3, und am kleinsten bei Ankerstellung 3 und 4. Dies ist leicht einzusehen; denn wie wir bereits früher ausführten, ist die Selbstinduktion einer Spule mit Eisenkern größer als einer ohne Eisenkern. In gleicher Weise wird die Selbstinduktion einer Spule beim Nähern eines Magneten immer größer. Wenden wir dies auf den speziellen Fall des rotierenden Ankers an, so erkennen wir die Richtigkeit unserer obigen Behauptung. Eine Veränderung der Selbstinduktion der Spulen S_1 und S_2 hat aber notwendigerweise das Entstehen eines Stromes zur Folge, der seinen Maximalwert bei Ankerstellung 1 und 3 und seinen Nullwert bei Ankerstellung 2 und 4 erreicht. Bei jeder Umdrehung erreicht demnach die Selbstinduktion zweimal ein Maximum. Neben der

Selbstinduktion der Spulen S_1 und S_2 ändert sich vor allem bei der Umdrehung die gegenseitige Induktion der Spulen S_1, S_2, gegenüber S_3, S_4. Es läßt sich rechnerisch zeigen, daß sich diese gegenseitige Induktion zwischen positiven und negativen Werten ändert, so daß demzufolge ein Wechselstrom von dem Charakter einer ungedämpften Schwingung, wie sie in Abb. 18 wiedergegeben ist, entsteht. Der dargestellte Kurventeil entspricht einer einmaligen Ankerumdrehung. Je schneller der Anker rotiert, desto höher ist die Periodenzahl. Die Periodenzahl ist aber weiter noch abhängig von der Anzahl der Magnetpole, an denen der Anker vorbeirotiert. Sind in dem feststehenden Teil der Maschine, dem sog. Ständer B, anstatt zwei, wie dies in Abb. 19 wiedergegeben ist, sechs Magnetpole vorhanden, so wird bei gleicher Umlaufsgeschwindigkeit die dreifache Periodenzahl erreicht. Allgemein errechnet sich die Frequenz ν einer Maschine mit p Polen und n Ankerumdrehungen pro Sekunde nach der Formel

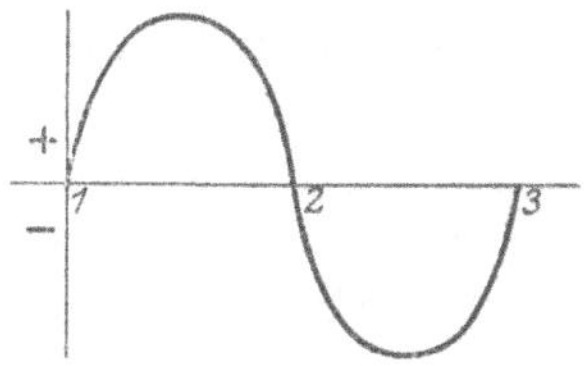

Abb. 18. Der sinusförmige Wechselstrom.

$$\nu = \frac{1}{2} p \cdot n. \qquad (40)$$

Will man demnach mit einer Maschine direkt hochfrequente Schwingungen erzeugen, so muß dieselbe eine möglichst große Zahl von Magnetpolen besitzen und mit äußerst hoher Umlaufgeschwindigkeit rotieren. Hierbei gibt es Grenzen, die auch mit den modernsten Hilfsmitteln nicht zu überschreiten sind. Allerdings gelang es bereits 1905 den beiden Amerikanern R. A. Fessenden und E. F. W. Alexanderson, eine Maschine von 100000 Perioden, was einer Wellenlänge von 3000 m ent-

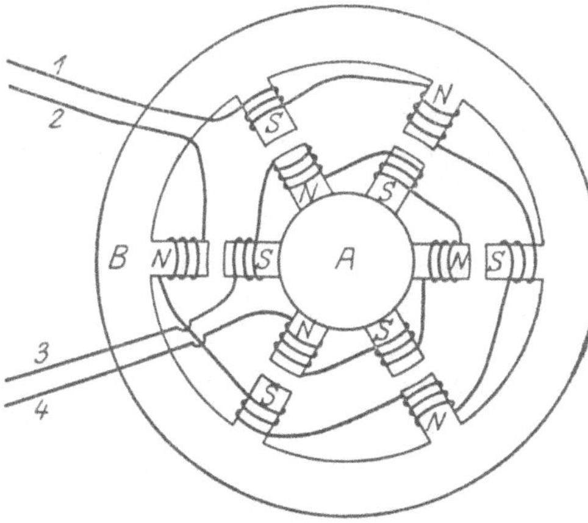

Abb. 19. Schematische Darstellung der Hochfrequenzmaschine.

spricht, zu bauen. Dieselbe besaß aber nur eine Leistung von 2 kW und war stets ein Sorgenkind. Für längere Wellen von über 10000 m lassen sich heute solche Hochfrequenzmaschinen selbst bis zu Leistungen von 500 kW herstellen. Da jedoch diese langen Wellen für die Radiotelephonie nicht in Betracht kommen, so werden wir auch im nächsten Abschnitt auf die Hochfrequenzmaschine nicht näher eingehen.

Eine weitere Frage bezüglich der Wechselstrommaschinen wollen wir noch kurz streifen. Es ist die Frage, ob sich eine Wechselstrommaschine gewissermaßen durch Rückkopplung selbst erregen kann, indem man nämlich den in der Ankerwicklung erzeugten Wechselstrom dazu benutzt, um damit die Magnetpole zu erregen. Rechnerisch läßt sich zeigen, daß eine solche Selbsterregung unmöglich ist.

Im Gegensatz zu der Änderung der Induktivität einer Spule durch äußere Einflüsse kann auch die Induktivität einer Spule noch auf eine andere Art und Weise geändert werden, und zwar durch Änderung der Magnetisierungskonstante oder der magnetischen Permeabilität. Während die Permeabilität von Luft nur wenig größer als 1 ist, kann die von Eisen bis zu 10000 Einheiten ansteigen. Die Permeabilität des Eisens können wir nun z. B. durch Wärme ändern. Bei hoher Temperatur ist sie geringer als bei tiefer. Nehmen wir deshalb eine Spule mit Eisenkern und setzen dieselbe periodischen Temperaturschwankungen aus, so wird in der Spule ein Wechselstrom entstehen. Auch diese Wechselstromerzeugung, die allerdings in der Praxis keine Verwendung findet, wird durch äußere Einflüsse hervorgerufen. Nun ändert sich aber auch die Permeabilität und damit die Induktivität einer Spule mit Eisenkern durch den durchfließenden Strom selbst, insofern, als hierdurch Sättigungs- oder Hysteresiserscheinungen auftreten können. Es müßte demnach auch möglich sein, durch den durchfließenden Strom selbst Wechselströme zu erzeugen. Daß dies aus energetischen Gründen trotzdem nicht möglich ist, ist leicht einzusehen, wenn man sich fragt, woher dieser Wechselstrom seine Energie hernehmen soll. Äußere Einflüsse sollen in diesem Falle ausgeschlossen sein. Ein Gleichstrom ist nicht vorhanden, da er in einem Stromkreise, in dem sich eine Kapazität befindet, nicht fließen kann. Es steht demnach keine Energiequelle für den Wechselstrom, der erzeugt werden soll, zur Verfügung Das gleiche gilt für die Änderung der Dielektrizitätskonstante und damit der Kapazität eines Kondensators durch den durchfließenden Strom: Auch hierbei ist das selbsttätige Entstehen eines Wechselstroms ausgeschlossen. Wenn demnach in einem aus Kapazität, Selbstinduktion und Ohmschen Widerstand bestehenden Stromkreise durch den durchfließenden Strom ein Wechselstrom erzeugt werden soll, so kann dies nur dadurch geschehen, daß sich der Ohmsche Widerstand durch den durchfließenden Strom ändert. Gerade dieser Fall ist, wie wir im folgenden sehen werden, für die Radiotechnik der wichtigste, da hierauf die Erzeugung von ungedämpften Schwingungen vermittels des Lichtbogens und der Elektronenröhre beruht.

b) Änderung durch den durchfließenden Strom.

Wir kennen in der Physik und Technik viele Fälle, in denen durch den durchfließenden Strom ein Ohmscher Widerstand verändert wird. Wir wollen z. B. einen der naheliegendsten, das Fließen eines Stromes durch einen Metalldraht betrachten. Legen wir z. B. gemäß Abb. 20 einen solchen Draht M von 100 Ohm über ein Amperemeter A an eine Batterie B von 100 Volt, so wird nach dem Ohmschen Gesetz durch das Amperemeter zunächst ein Strom von 1 Amp. fließen. Durch diesen Strom wird aber der Draht M erwärmt. Die Erwärmung hat nun bei den meisten Metalldrähten weiter zur Folge, daß ihr Widerstand größer, und somit bei konstanter Spannung dei Batterie B der durch das Amperemeter fließende Strom kleiner wird. Praktisch finden wir diesen Fall am besten in der Glühlampe verwirklicht. Wenn eine solche Lampe eingeschaltet wird, läßt der kalte Metalldraht im ersten Moment einen weit größeren Strom durch, als nachher, wenn er voll glüht. Obwohl demnach in diesem Falle durch den durchfließenden Strom ein Ohmscher Widerstand geändert wird, entsteht doch noch nicht schon ohne weiteres ein elektrischer Wechselstrom, eine Schwingung, da die Entstehung einer solchen Schwingung noch

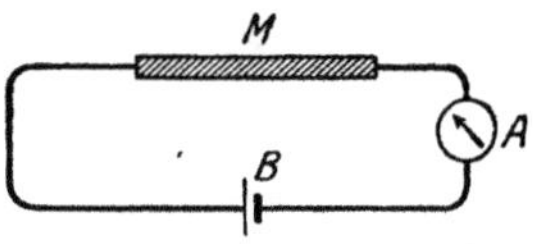

Abb. 20. Stromfluß durch einen Metalldraht.

an eine andere Bedingung geknüpft ist, die wir weiter unten erörtern werden. Während bei einem Metalldraht durch den durchfließenden Strom infolge Erwärmung eine Erhöhung des Widerstandes und somit eine Verminderung des Stromes eintritt, ist dies bei einer Gasstrecke, z. B. in dem Zwischenraum zwischen den Kohlen einer Bogenlampe L (Abb. 21) umgekehrt. Hier wird durch den durchfließenden Strom der Widerstand der Gasstrecke kleiner, was wiederum bei konstanter Spannung der Batterie B eine Vergrößerung des Stromes zur Folge hat. Aber auch in diesem Falle, in dem man von einem „negativen Temperaturkoeffizienten" des Ohmschen Widerstandes spricht, tritt noch nicht ohne weiteres eine Schwingung auf. Wir kommen jedoch hierbei schon dem Problem der Schwingungserzeugung infolge des Durchfließens eines Stromes durch einen Ohmschen Widerstand näher; denn gerade diese Widerstände mit „negativen Temperaturkoeffizienten" genügen auch für gewöhnlich der 2. Bedingung, an welche, wie wir schon oben erwähnten, die Schwingungserzeugung geknüpft ist. Diese Bedingung lautet:

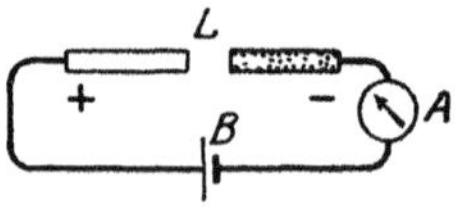

Abb. 21. Stromfluß durch einen Lichtbogen.

„Die dem Ohmschen Widerstand bei seiner Änderung durch den durchfließenden Gleichstrom von diesem zugeführte Energie muß größer sein, als die in dem Widerstand entwickelte Wärme." Auch diese Bedingung könnten wir leicht an Hand von mathematischen Formeln ableiten, worauf wir jedoch in Anbetracht dessen, daß diese Ableitungen nicht mehr elementarer Natur sind, verzichten wollen. Zudem kann man sich leichter durch rein energetische Überlegungen von der Notwendigkeit dieser Forderung überzeugen. Wie wir früher ausführten, kann ein jeder veränderliche Widerstand als ein Wechselstromgenerator aufgefaßt werden, der einen Wechselstrom von einer bestimmten Spannung liefert. Damit nun aber ein solcher Generator Wechselstrom erzeugen kann, muß ihm in irgendeiner Form Energie zugeführt werden. Diese Energie kann aber in unserem speziellen Falle nur dem Gleichstrom entnommen werden. Wenn wir jedoch einem Stromkreise das Ohmsche Gesetz in seiner gewöhnlichen Form zugrunde legen, so ergibt sich, daß die gesamte durch einen Widerstand fließende Gleichstromenergie in Wärme umgewandelt wird, deren Betrag gleich dem Produkte aus dem Quadrat der Stromstärke und dem Widerstande ist. Es bleibt demnach hierbei keine Energie mehr übrig, die der Widerstand in seiner Eigenschaft als Wechselstromgenerator in Wechselstrom umsetzen kann. Soll aber trotzdem ein Wechselstrom erzeugt werden, so muß der Gleichstrom bei Änderung des Widerstandes diesem mehr Energie zuführen, als in Wärme umgesetzt wird. Aus dieser Forderung müssen wir aber dann umgekehrt weiter schließen, daß in diesem Falle das Ohmsche Gesetz in seiner gewöhnlichen Form keine Gültigkeit mehr haben kann, sondern daß hier andere Beziehungen gelten müssen.

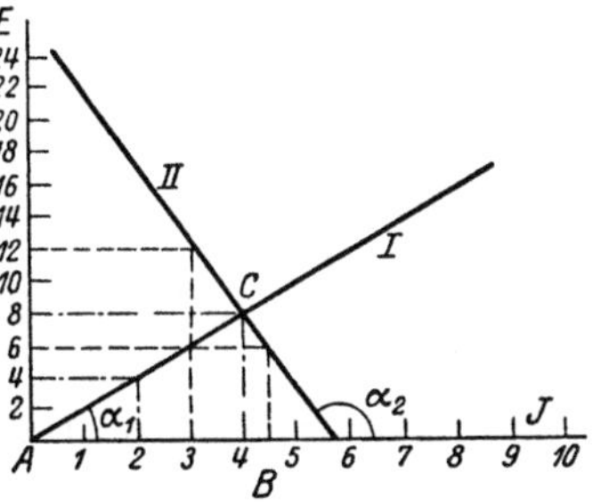

Abb. 22. Positiver und negativer Ohmscher Widerstand.

α) Begriff des negativen Widerstandes und der fallenden Charakteristik. Dieser Unterschied zwischen einem normalen Stromkreise und einem solchen, der zur Schwingungserzeugung geeignet ist, besteht in folgendem: In einem normalen Stromkreise, in dem das Ohmsche Gesetz in seiner gewöhnlichen Form gilt, entspricht bei konstantem Widerstand einer Vergrößerung der Stromstärke eine Erhöhung der Spannung; in einem zur Schwingungserzeugung geeigneten hat bei veränderlichem Widerstand eine Erhöhung der Stromstärke ein Sinken der Spannung zur Folge. Der elektrische Vorgang ist hierbei derart, daß sich zunächst der Strom vergrößert; dann die Vergrößerung des Stromes eine Verminderung des Widerstandes bewirkt, wobei der Strom weiter ansteigt, und die Spannung trotz des Stromanstieges, sinkt. Die Verhältnisse in den beiden Stromkreisen können wir uns an Hand der graphischen Darstellung (Abb. 22) noch besser veranschaulichen. Wenn wir in senkrechter Richtung die Spannungen E, und in wagerechter Richtung die Stromstärken J auftragen, so stellt die gerade Linie I das Ohmsche Gesetz in seiner gewöhnlichen Form dar. Daraus ist einerseits ersichtlich, daß mit wachsender Spannung E die Stromstärke J immer größer wird, und daß andererseits der Quotient $\frac{E}{J}$, also der Widerstand W konstant ist; einer Spannung von 4 Volt entspricht in unserem speziellen Fall eine Stromstärke von 2 Amp. und einer Spannung von 8 Volt eine Stromstärke von 4 Ampere. Der Quotient aus $\frac{4}{2}$ und $\frac{8}{4}$ ist jedesmal $= 2$, also konstant. Die gerade Linie II veranschaulicht das Ohmsche Gesetz in einem Stromkreise, in dem einer Vergrößerung der Stromstärke ein Sinken der Spannung entspricht. Bei 12 Volt Spannung haben wir eine Stromstärke von 3 Ampere, und bei 6 Volt Spannung eine solche von 4,5 Ampere. Bilden wir auch hier wideer den Quotienten aus Spannung und Stromstärke, so ergibt $\frac{12}{3}$ einen Widerstand von 4 Ohm. und $\frac{6}{4{,}5}$ einen Widerstand von $1^1/_3$ Ohm. Der Widerstand ist also nicht konstant. Dieses verschiedene Verhalten der Widerstände hat man auch noch anders charakterisiert, indem man den Widerstand der ersten Art als positiv und den der zweiten Art als negativ bezeichnet. Wieso man hierzu kommt, ist auch leicht aus der Abb. 22 zu entnehmen. Die gerade Linie I, die den „Widerstand gegen Stromänderungen" der ersten Art darstellt, ist gegen die Horizontale J um den Winkel α_1 geneigt. Das Verhältnis von Spannung E zu Stromstärke J ist in jedem Punkte der Geraden gleich dem Tangens des Winkels α_1; Wenn wir z. B. die Spannung CB und die entsprechende Stromstärke AB herausgreifen, so ist

$$\operatorname{tg} \alpha_1 = \frac{CB}{AB}. \tag{41}$$

Dasselbe gilt sinngemäß für die gerade Linie II; auch dort wird durch den Tangens des Winkels α_2 der entsprechende „Widerstand gegen Stromänderungen" dargestellt. Die Tangenten dieser beiden Winkel unterscheiden sich nun durch das Vorzeichen. Die Trigonometrie lehrt uns bezüglich der Funktionen von Winkeln, daß der tg eines Winkels zwischen 0 und 90 positiv, und zwischen 90^0 und 180^0 negativ ist. Es ist also tg α_1 positiv. und tg α_2 negativ, d. h. der „Widerstand gegen Stromänderungen" ist in einem normalen Stromkreise positiv und in einem, der zur Erzeugung von Schwingungen geeignet ist, negativ. Man kommt so zu dem überaus wichtigen Begriff des negativen Widerstandes. Da man eine graphische Darstellung der Abhängigkeit des Stromes von der Spannung auch vielfach als Charakteristik bezeichnet, so liegt eine fallende Charakteristik vor, wenn wie bei der geraden Linie II einer größeren Stromstärke eine kleinere Spannung, und umgekehrt entspricht. Ein negativer Widerstand hat demnach eine fallende Volt-Ampere-Charakteristik. Ein negativer Widerstand hat genau wie ein positiver die Eigenschaft, einen Stromfluß zu verhindern und dementsprechend bei Stromdurchfluß Wärme zu erzeugen. Er unterscheidet sich aber von einem positiven insbesondere dadurch, daß er keine tote Masse darstellt, sondern gewissermaßen eine lebende, die die Fähigkeit besitzt, Energie zu liefern, Gleichstrom in Wechselstrom umzuformen. Daß der entstehende Wechselstrom oder die hochfrequenten Schwingungen ungedämpfter Natur sind, liegt darin begründet daß der konstante Gleichstrom jeden infolge Dämpfung entstehenden Energieverlust kompensiert.

Da demnach jeder negative Widerstand die Eigenschaft besitzt, bei geeigneten Schaltungen einen Wechselstrom zu erzeugen, so folgt daraus weiter, daß er auch jeden Wechselstrom, der durch ihn hindurchfließt, verstärken muß; denn zu der Energie eines schon vorhandenen Wechselstromes kommt noch als zusätzliche Energie die von dem Widerstand selbsterzeugte Wechselstromenergie. Auch dieses wichtige Resultat ließe sich in mathematischer Form weit einsichtsvoller darstellen, worauf wir jedoch hier nicht näher eingehen wollen. Diese Verstärkung eines Wechselstroms ist ferner um so größer, je größer der negative Widerstand ist, oder mit anderen Worten, je steiler die Charakteristik verläuft; denn der numerische Wert des tg α_2 ist für $\alpha_2 = 90^0$, unendlich, und für $\alpha_2 = 180^0$, Null. Je näher demnach der Neigungswinkel an 90^0 heranreicht, je steiler also die Charakteristik ist, desto größer ist der negative Widerstand.

β) Der negative Widerstand als Schwingungserzeuger, insbesondere beim Lichtbogen, Kristalldetektor und der Elektronenröhre. Wenn wir unsere bisherigen Betrachtungen über den negativen Widerstand auf den speziellen Fall der Hochfrequenzschwingungen anwenden, so ergibt sich hieraus etwas Zweifaches: eine ungedämpfte Schwingung kann einerseits dadurch entstehen, daß eine schon vorhandene gedämpfte Schwingung einem solchen Widerstand zugeführt wird, oder andererseits, daß der durch den Widerstand fließende Strom aus irgendwelchen physikalischen Gründen selbst eine periodische Erscheinung hervorruft. Den ersten Fall finden wir beispielsweise im elektrischen Lichtbogen verwirklicht, worauf wir im nächsten Abschnitt noch näher einzugehen haben, den wir jedoch im Zusammenhang hier schon kurz charakterisieren wollen. Wir legen hierbei eine Anordnung gemäß Abb. 23 zugrunde.

Die Bogenlampe L wird über die beiden Drosselspulen D_1 und D_2 von der Batterie B gespeist. Parallel zu dem Lichtbogen liegt ein Kondensator C_1 und eine Spule S_1, also ein Schwingungskreis, der eine bestimmte Eigenfrequenz besitzt. Ist die Batterie B nicht angeschlossen, so fließt kein Strom durch das System. Wird sie angeschlossen, so wird der Gleichstrom den Kondensator C_1 auf die Batteriespannung aufladen. Nach diesem ersten kurzen Stromfluß herrscht wieder Ruhe in dem Stromkreise. Wird nun der Lichtbogen durch Zusammenbringen der Kohlen der Bogenlampe L zum Zünden gebracht, so wird sich der aufgeladene Kondensator C_1 über den Lichtbogen und die Spule S_1 entladen. Durch diese Entladung wird der Schwingungskreis C_1 S_1 in seiner Eigenfrequenz erregt. Wäre nun der Widerstand des Lichtbogens zwischen den beiden Kohlen positiv, so würde die entstehende Schwingung allmählich unter Umsatz in Wärme abklingen; wir hätten also einen einmaligen gedämpften Schwingungszug. Da aber ein solcher Lichtbogen einen negativen Widerstand hat, so wird die im ersten Moment durchfließende gedämpfte Schwingung durch ihn verstärkt. Diese Verstärkung ist um so größer, je größer der negative Widerstand ist. Sie steigt demnach auch nicht ins Unendliche, sondern ist durch die Größe dieses Widerstandes begrenzt. Sobald die Schwingung infolge der Dämpfungsverluste des Schwingungskreises abzuklingen sucht, wird der negative Widerstand des Lichtbogens die Schwingung immer wieder bis zum Höchstwert verstärken. Das bedeutet aber nichts anderes, als daß die Schwingungsamplitude durch den Lichtbogen dauernd konstant gehalten wird, die Schwingung mithin ungedämpft ist. Dieser Zustand

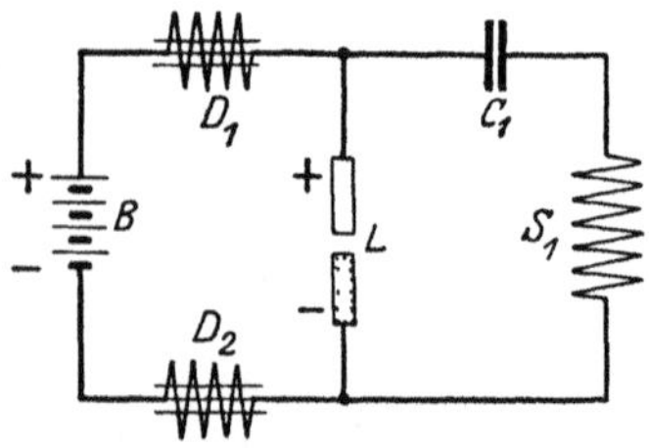

Abb. 23. Schwingungserzeugung bei einem Lichtbogen.

bleibt so lange bestehen, wie der Lichtbogen brennt. Betrachten wir den negativen Widerstand nicht unter dem Gesichtspunkte der Verstärkung, sondern betrachten wir ihn als Wechselstromgenerator, so können wir uns das Zustandekommen von ungedämpften Schwingungen beim Lichtbogen auch derart vorstellen, daß der negative Widerstand des Lichtbogens jedesmal soviel Wechselstromenergie erzeugt, als erforderlich ist, um die Dämpfungsverluste auszugleichen, welche die in dem Kreise $C_1 S_1$ entstehende Eigenschwingung erleidet.

Außer dem Lichtbogen kennen wir noch einen weiteren für die Radiotechnik vielleicht in der Zukunft bedeutsamen Fall der Schwingungserzeugung durch den negativen Widerstand eines Kristalldetektors. Auch hierbei liegen die Verhältnisse ähnlich wie bei dem Lichtbogen. Die Schaltung ist im Prinzip die gleiche, wie in Abb. 23.

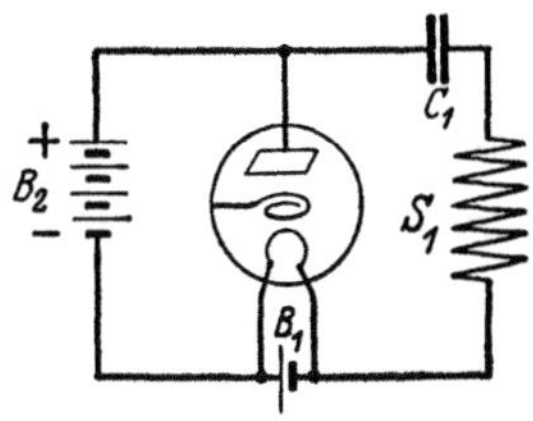

Abb. 24. Unmögliche Schaltung zur Erzeugung von Schwingungen mit einer Elektronenröhre.

Etwas anders liegen die Verhältnisse bei der Elektronenröhre. Hier ist es nicht ohne weiteres möglich, durch Anlegen eines Schwingungskreises an die Anode und Kathode, wie es in Abb. 24 wiedergegeben ist, Schwingungen zu erzeugen; denn die Elektronenröhre stellt nur in ihrer Schaltung als Dynatron, worauf wir später noch zu sprechen kommen, unter Umständen einen negativen Widerstand dar. Die dann mögliche Schwingungserzeugung ist hierbei grundverschieden von der, wie wir sie gewöhnlich bei einer Elektronenröhre erreichen. Die Volt-Ampere-Charakteristik einer Röhre in Dynatronschaltung ist genau wie beim Kristalldetektor in einem bestimmten Bereich fallend, die Röhre ist demnach auch nur in diesem Bereich zur Erzeugung von Schwingungen geeignet. Bei den normalen Röhrenschaltungen hat jedoch die Volt-Ampere-Charakteristik keinen fallenden Charakter, sondern einen steigenden, wie ja alle von Röhren bekannten Charakteristiken ergeben. Hieraus ergibt sich auch die Unmöglichkeit der Schwingungserzeugung gemäß der in Abb. 24 wiedergegebenen Schaltung. Damit hier eine Schwingung einsetzt, muß durch entsprechende Mittel zunächst ein negativer Widerstand geschaffen werden. Dieses Mittel besteht in der Rückkopplung, wie wir später noch sehen werden.

Der eingangs erwähnte zweite Fall, daß der durch einen Widerstand hindurchfließende Gleichstrom aus irgendwelchen physikalischen Gründen eine periodische Erscheinung, und demnach einen Wechselstrom oder eine hochfrequente Schwingung hervorruft, sei hier nur der Vollständigkeit halber kurz charakterisiert. Ein bekanntes Beispiel hierfür bietet der sogenannte Wehneltunterbrecher (Abb. 25). In einem Glasgefäß *G*, das mit verdünnter Schwefelsäure gefüllt ist, befindet sich eine Bleiplatte *P*. Gegenüber der Bleiplatte eine feine Platinspitze *C*, die isoliert durch einen Porzellanzylinder hindurchgeht, und mit dem positiven Pol der Batterie *B* verbunden ist, während der negative Pol der Batterie über eine Spule S_1, z. B. die Primärspule eines Funkeninduktors an der Platte *P* liegt. Wird die Taste *T* geschlossen, so vernimmt man einen lauten Ton, ein Beweis dafür, daß ein periodischer Vorgang stattfindet, der in folgendem besteht. Der durch den Stromkreis fließende Strom hat an der feinen Platinspitze *C* seine größte Dichte, erzeugt dort also auch die größte Wärme, so daß die Flüssigkeit verdampft und eine Dampfhülle um die Spitze bildet. Durch diese Dampfhülle wird der Strom unterbrochen. Hierdurch sinkt die Temperatur an dieser Stelle wieder, so daß sich der Dampf wieder kondensiert, und der Strom abermals fließen kann. Durch die erneute Erwärmung entsteht wieder eine Dampfschicht und eine Unterbrechung des Stromes usw. Hier bewirkt demnach der durchfließende Gleichstrom direkt einen Wechselstrom, dessen Frequenz je nach der Höhe der Spannung der Batterie *B* und der Größe der Spule S_1 zwischen etwa 200 und 1500 Perioden liegt. Diese Art der Erzeugung von Wechselströmen oder elektromagnetischen Schwingungen hat für die Radiotechnik keine Bedeutung erlangt.

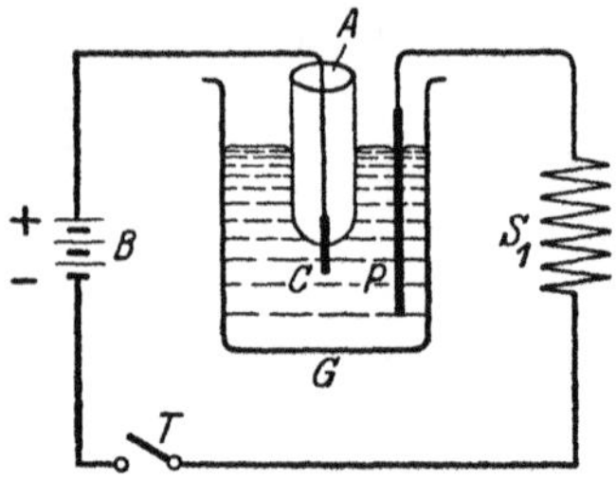

Abb. 25. Schwingungserzeugung im Wehneltunterbrecher.

II. Die Erzeugung von ungedämpften elektrischen Schwingungen.

Wie unsere bisherigen Betrachtungen über das Schwingungsproblem gezeigt haben, kann man ausgehend von den einfachsten Vorgängen in einem Stromkreise in systematischer Folge lückenlos die Bedingungen ableiten, unter denen eine Schwingung entstehen kann, und die Ursachen angeben, die zu ihrer Entstehung führen. Wir haben uns hierbei lediglich auf die ungedämpften Schwingungen beschränkt, da sie allein für die Radiotelephonie von Bedeutung sind. Wir haben gesehen, daß solche Schwingungen in einem Stromsystem nur entstehen können, wenn sich der Wechselwiderstand oder der Ohmsche Widerstand des Stromkreises seiner Größe nach ändert. Diese Änderung kann durch äußere Einflüsse oder durch den durchfließenden Strom bedingt sein. Die Änderung des induktiven Widerstandes eines Stromkreises durch äußere Einflüsse führt zu der ersten Art der Wechselstrom- und Schwingungserzeugung, zu den Hochfrequenzmaschinen. Die Änderung des Ohmschen Widerstandes durch den durchfließenden Strom bildet die physikalische Grundlage für die zweite Art der Erzeugung von ungedämpften Schwingungen durch die Lichtbogengeneratoren. Die Schwingungserzeugung durch den Lichtbogen beruht hierbei, wie wir ausführten, darauf, daß der Lichtbogen eine fallende Charakteristik oder einen negativen Widerstand besitzt. Wie wir weiter ausführten, kann jeder Stromkreis mit einem negativen Widerstand zur Schwingungserzeugung herangezogen werden, demnach auch ein Stromkreis, bei dem durch irgendwelche Schaltungen ein positiver Widerstand in einen negativen überführt wird. Diese dritte Art der Schwingungserzeugung ist in den Röhrensendern verwirklicht, bei denen durch die Rückkopplung der Widerstand eines Schwingungskreises einen negativen Charakter erhält.

A. Die Hochfrequenzmaschinensender.

Die Wellenlängen der meisten Telephoniesender, insbesondere soweit sie für den Unterhaltungsrundfunk in Betracht kommen, liegen heute unter 800 m; nur vereinzelte Sender, speziell solche, die als zentrale Sender dem Propagandazwecke eines bestimmten Landes, oder dem kommerziellen Verkehr dienen, reichen mit ihren Wellen bis zu etwa 4000 m hinauf. Diese Beschränkung der Telephoniesender auf verhältnismäßig kurze Wellenlängen hat vom rein praktischen Standpunkt aus betrachtet ihren Grund darin, daß gerade diese kurzen Wellen namentlich unter 500 m einerseits noch kaum von Telegraphiesendern belegt waren und andererseits ein um so störungsfreieres Nebeneinander-Arbeiten von vielen

Stationen ermöglichen, je kürzer die Wellenlänge ist. Gemäß den Anforderungen, welche die Telephonie vom technischen Standpunkt an die Qualität des Senders stellt, war ebenfalls die Benutzung von kurzen Wellen geboten; da es für eine verzerrungsfreie Wiedergabe von Sprache und Musik unbedingt erforderlich ist, daß die elektrische Schwingungskurve der durch das Mikrophon beeinflußten Hochfrequenzschwingungen genau denselben Charakter und Verlauf hat, wie die akustische Sprach- und Lautkurve. Wie wir in Abschnitt III noch sehen werden, ist diese Gleichheit zwischen akustischer und elektrischer Schwingungskurve um so naturgetreuer, je höher die Frequenz der elektrischen Schwingung oder je kürzer die Wellenlänge ist. Eine gute Telephonieübertragung auf eine Welle von z. B. 20000 m ist aus diesem Grunde nicht möglich. Für die Radiotelephonie scheiden deshalb auch alle jene Sendertypen aus, nach denen eine direkte Erzeugung von ungedämpften kurzen Wellen technisch nicht durchzuführen ist. Es sind dies in erster Linie die Hochfrequenzmaschinen von Alexanderson, die von der General Electric Company in Nordamerika gebaut und auf einer großen Zahl amerikanischer Großstationen für Telegraphie benutzt werden, und die Hochfrequenzmaschinen nach dem System Latour-Bethenod, die von der Societé Française Radio-Electrique eingeführt wurden. Bei diesen beiden Maschinensendern wird die in der Antenne zur Verwendung kommende Schwingung direkt in der Maschine selbst erzeugt. Es handelt sich hierbei um Hochfrequenzmaschinen, die in ihrem grundsätzlichen Aufbau den Wechselstrommaschinen gleichen, die wir S. 37 besprochen haben. Je mehr Pole eine solche Maschine hat und je höher die Tourenzahl pro Sekunde ist, desto höher ist auch die erzeugte Frequenz und desto kürzer die ausgesandte Wellenlänge. Es ist nun vom technischen Standpunkte außerordentlich schwierig, solche hochperiodige Wechselstrommaschinen zu bauen, da die Unterbringung der Pole in dem Rahmen der Maschine, namentlich wenn es sich um Leistungen von mehreren hundert kW handelt, nicht leicht ist, und ferner das Material der Maschine nicht jede gewünschte Tourenzahl zuläßt. Bei der Alexandersonschen Hochfrequenzmaschine beträgt z. B. die Rotationsgeschwindigkeit etaw 300 m pro Sekunde. Eine Umlaufsgeschwindigkeit von mehr als 300 m pro Sekunde darf man aber aus Gründen der Sicherheit des Betriebes auch dem besten Stahl nicht zumuten. Und doch läßt sich mit der Alexandersonschen Maschine trotz der großen Anzahl der Pole und trotz der hohen Rotationsgeschwindigkeit eine Welle unter etwa 12000 m nicht herstellen. Ähnlich liegen die Verhältnisse bei der Hochfrequenzmaschine von Latour-Bethenod, die sich von der Alexandersonschen Maschine nur insofern unterscheidet, als bei ihr das Verhältnis zwischen der Zahl der Rotorzähne und der Zahl der Polköpfe im Stator nicht 1:1, sondern 3:2 beträgt. Bei derselben Rotationsgeschwindigkeit und der gleichen Anzahl der Pole im Stator ergibt sich hierdurch eine höhere Frequenz als bei der Alexandersonschen Maschine. Aber trotzdem ist auch bei dieser Maschine eine direkte Erzeugung von Wellen von etwa 4000 m Wellenlänge ausgeschlossen. Beide Maschinensender kommen demnach für die Radiotelephonie nicht in Betracht.

Während man namentlich im Ausland immer wieder versuchte, auf rein maschinellem Wege möglichst kurze Wellen herzustellen, beschritt die deutsche Radio-Groß-Industrie andere Wege. Hier suchte man das Problem des Maschinensenders derart zu lösen, daß man zunächst in einer normalen Hochfrequenzmaschine, die auch technisch einwandfrei und nicht allzu schwierig zu bauen ist, einen Wechselstrom von etwa 6000—10000 Perioden erzeugte, und dann diesen Wechselstrom in statischen Transformatoren auf eine höhere Periodenzahl hinauftransformierte. Die Frequenzvervielfältigung beruht hierbei auf einem Verfahren, das zuerst von P. Epstein (1902) angegeben wurde, das aber für die Praxis erst Bedeutung erlangte, als man auf einen Vorschlag von Graf v. Arco (1912/13) hin bei der Telefunkengesellschaft zu seiner Einführung in die Radiotelegraphie schritt. Ausgehend von den gleichen Gesichtspunkten wurde dann in der Folgezeit namentlich durch K. Schmidt bei der C. Lorenz A. G. in jahrelanger mühevoller Arbeit ein System zur Vervielfachung der Frequenzen in statischen Transformatoren entwickelt, bei dem geglückt ist, mit einem einzigen Transformator einen Wechselstrom von etwa 8000 Perioden auf etwa 1000000 Perioden hinaufzutransformieren. Da 1000000 Perioden aber einer Wellenlänge von 300 m entsprechen, ist die Verwendung von Maschinensendern für den Rundfunk an und für sich gegeben. Wenn auch das Telefunkensystem für die Radiotelephonie heute nicht mehr die Bedeutung besitzt, die man ihm vielleicht noch in dem Jahre 1921 beimaß, so wollen wir es doch in seinen Grundzügen entwickeln, da wir an ihm den Mechanismus der Frequenzvervielfältigung in seiner grundsätzlichen Form am besten erkennen können.

1. Der Maschinensender System Telefunken.

Die Magnetisierung eines Eisenkernes durch einen elektrischen Gleichstrom hat, wie wir auch aus der Praxis vom Elektromagneten her wissen, einen um so höheren Wert, je größer die Stromstärke, und einen um so niedrigeren, je kleiner sie ist. Wie wir besonders gut aus der graphischen Darstellung der Abhängigkeit der Magnetisierung B von der Stromstärke J (Abb. 26) erkennen können, ist jedoch die Magnetisierungsänderung hierbei nicht direkt proportional der Stromänderung, sondern sie ist bei niederen Stromstärken größer als bei hohen. Dieses hat seinen Grund darin, daß die magnetische Leitfähigkeit oder die Permeabilität des Eisens mit wachsender Stromstärke immer geringer wird, bis ein Zustand eintritt, in dem das Eisen keine magnetischen Kraftlinien mehr aufzunehmen vermag. Es ist dann, wie man sagt, magnetisch gesättigt. Diese Sättigungserscheinungen bilden die Grundlage der Frequenzvervielfachung mit Eisentransformatoren. Zu diesem Zwecke werden Transformatoren benutzt, deren Eisenkerne durch Gleichstrom fast bis zur Sättigung magnetisiert sind. Die grundsätzliche Schaltung eines solchen Transformators T ist in Abb. 27 wiedergegeben. Die Wechselstrommaschine W führt der Primärspule S_1 einen Wechselstrom einer bestimmten Periode zu, der auf die Sekundärwicklung S_2 übertragen wird. Ist die Gleichstromwicklung S_3 nicht vorhanden, so haben wir einen Transformator, der unter normalen Verhältnissen einen in der Spule S_1 vorhandenen sinusförmigen Wechselstrom auch in S_2 sinusförmig wiedergibt. Anders werden nun aber die Verhältnisse, wenn der Eisenkern durch den der Spule S_3 zugeführten Gleichstrom fast bis zur Sättigung vormagnetisiert ist; dann wird

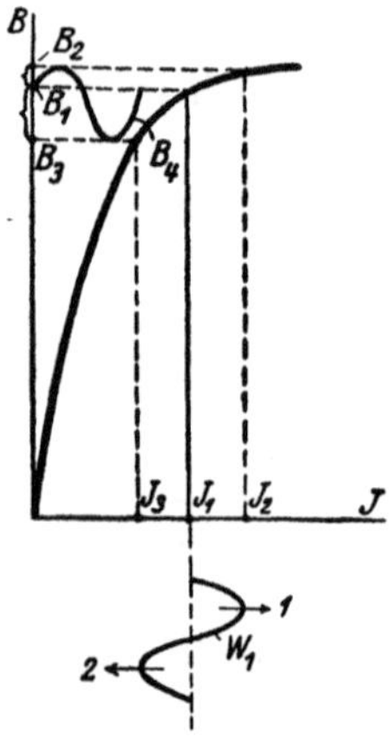

Abb. 26. Magnetisierungskurve des Eisens durch Gleichstrom.

nämlich der primäre sinusförmige Wechselstrom sekundär nicht mehr sinusförmig, sondern verzerrt wiedergegeben. An Hand der Abb. 26 können wir dieses leicht erkennen. Wir nehmen an, der Eisenkern habe durch den Gleichstrom J_1 eine Magnetisierung B_1, die kurz vor der Sättigung liegt, erhalten. Wird nun diesem Gleichstrom ein Wechselstrom W_1 überlagert, so wird dieser, wenn er in der Richtung 1 verläuft, den Gleichstrom verstärken, und wenn er in der Richtung 2 verläuft, den Gleichstrom schwächen. Bei der Addition, wenn Gleichstrom und Wechselstrom in derselben Richtung fließen, wird sich die Magnetisierung des Eisenkernes nur um den geringfügigen Betrag B_1 B_2 ändern, während sie sich bei der Subtraktion, wenn Gleichstrom und Wechselstrom in entgegengesetzter Richtung fließen, um den großen Betrag $B_1 B_3$ ändert. Der sinusförmige Wechselstrom bewirkt demnach in diesem Falle, wie die Kurve B_4 zeigt, eine ungleichmäßige Änderung der Magnetisierung. Genau entsprechend dieser ungleichmäßigen Änderung ist auch der sekundäre Wechselstrom nicht mehr sinusförmig, sondern hat eine ähnlich verzerrte Strom- und Spannungskurve. Des besseren Verständnisses wegen sind die Verhältnisse in der Abb. 28 nochmals graphisch erläutert. Wenn keine Gleichstromvormagnetisierung vorhanden ist, so wird der elektrische Wechselstrom 28a den Eisenkern je nach seiner Richtung dauernd ummagneti-

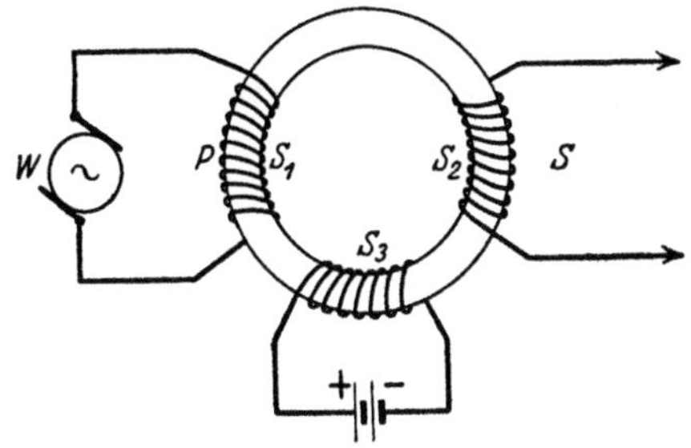

Abb. 27. Gleichstrommagnetisierter Eisentransformator.

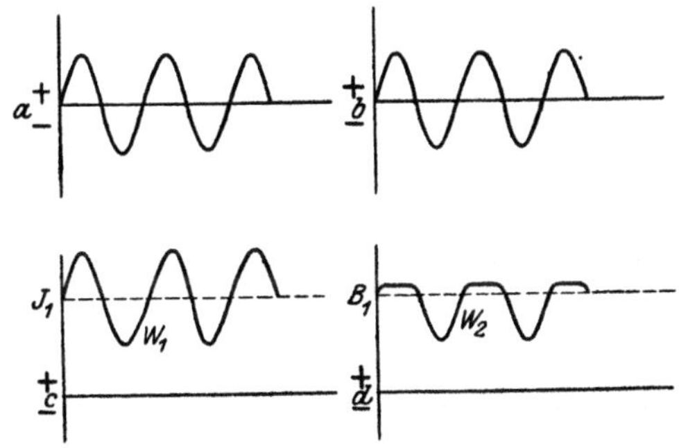

Abb. 28. Magnetisierungsverlauf in einem Eisentransformator mit Gleichstrommagnetisierung.

sieren. Erfolgt diese Ummagnetisierung lediglich auf den geradlinigen Teil der Charakteristik, geht sie also nicht über B_3 (Abb. 26) hinaus, so verläuft die Magnetisierung so wie es in der Kurve 28b wiedergegeben ist. Sie hat, wenn wir von Hysteresiserscheinungen absehen, einen sinusförmigen Charakter, und dementsprechend ist auch die in der Sekundärwicklung des Transformators auftretende Wechselstromspannung sinusförmig. Erhält aber der Transformatorkern durch einen Gleichstrom J_1 (Abb.28c) eine Vormagnetisierung B_1 (Abb. 28d) und wird diesem Gleichstrom ein Wechselstrom W_1 überlagert, so nimmt die Magnetisierung den in W_2 wiedergegebenen Verlauf, was ohne weiteres verständlich ist, wenn wir die Verhältnisse der Abb. 26 zugrunde legen. Entsprechend der ungleichmäßigen Magnetisierung wird auch der sekundäre Wechselstrom nicht mehr sinusförmig, sondern ebenfalls verzerrt sein. Wenn wir nun zwei Transformatoren in der Schaltung der Abb. 27 in geeigneter Weise miteinander kombinieren, so tritt auf Grund der ungleichmäßigen Magnetisierung der Eisenkerne in den Sekundärwicklungen nicht mehr die der Primärwicklung aufgedrückte Grundfrequenz, sondern die doppelte Frequenz des Wechselstromes auf. Eine derartige Schaltung ist in Abb. 29 wiedergegeben. Von den beiden Transformatoren I und II trägt jeder Transformator 3 Wicklungen. Die Wicklungen S_3 und S_4 sind direkt hintereinandergeschaltet und führen zu der Wechselstrommaschine W. Die Sekundärwicklungen S_5 und S_6 sind ebenfalls hintereinandergeschaltet; der Wicklungssinn von S_6 ist jedoch entgegengesetzt dem von S_5. Die Sekundärwicklungen führen zu dem Schwingungs-

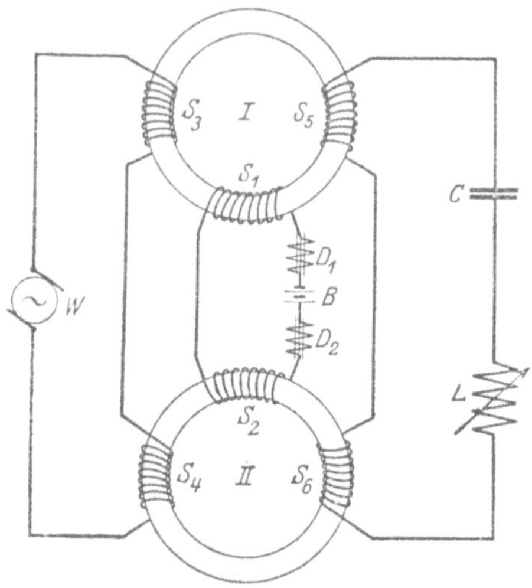

Abb. 29. Grundsätzliche Schaltung eines Frequenztransformators.

kreis C, L, der auf die doppelte Frequenz der Wechselstrommaschine W abgestimmt werden kann. Die Gleichstromvormagnetisierung der Eisenkerne erfolgt durch die Batterie B. Die beiden Gleichstromwicklungen S_1 und S_2 sind ebenfalls hintereinander, aber mit entgegengesetztem Wicklungssinn geschaltet. Vor der Batterie B liegen ferner noch zwei Drosselspulen $D_1 D_2$, die dazu dienen, Hochfrequenzschwingungen von der Gleichstrombatterie fernzuhalten. Durch die entgegengesetzte Schaltung der Gleichstromwicklungen wird erreicht, daß der primäre Wechselstrom in einem bestimmten Augenblick z. B. in dem Transformator I dieselbe Richtung hat, wie der Magnetisierungsgleichstrom, während er zur selben Zeit dem Magnetisierungsstrom in Transformator II genau entgegengesetzt gerichtet ist. Die Zusatzmagnetisierung durch den primären Wechselstrom ist deshalb in den beiden Transformatoren verschieden, was wir am besten an Hand der Abb. 30 erkennen können.

Der primäre Wechselstrom (Abb. 30a) möge in dem Transformator I während der ersten Halbperiode dieselbe Richtung haben wie der Magnetisierungsgleichstrom. Die durch den Gleichstrom bewirkte Magnetisierung B (Abb. 30b) wird deshalb durch den Wechselstrom nur wenig geändert, wie das Kurvenstück 1—2 (Abb. 30b) zeigt. Während der 2. Halbperiode fließt der Wechselstrom entgegengesetzt wie der Gleichstrom, so daß die Magnetisierungsänderung groß ist, wie aus dem Kurvenstück 2—3 (Abb. 30b) hervorgeht. In dem Transformator I nimmt demnach die Magnetisierung den in der Kurve C (Abb. 30b) wiedergegebenen Verlauf.

Wenn der primäre Wechselstrom in dem Transformator I dieselbe Richtung hat, wie der Magnetisierungsgleichstrom, so hat er im T ansformator II die entgegengesetzte Richtung, wie der Magnetisierungsgleichstrom, weil der W cklungssinn der Spule S und S_2, wie aus der Abb. 29 hervorgeht, entgegengesetzt gerichtet ist. Die dementsprechenden Magnetisierungsverhältnisse sind in der Abb. 30c graphisch dargestellt. Während der ersten Halbperiode 1—2 ist die Magnetisierungsänderung groß, und während der 2. Halbperiode 2—3, während der der Magnetisierungsgleichstrom und der primäre Wechselstrom die gleiche Richtung haben, klein, so daß sich im Endeffekt für die gesamte Magnetisierung im Transformator II die Kurve D (Abb. 30c) ergibt.

Die Magnetisierung in dem einen Transformator hat deshalb jeweils ihr Maximum, wenn dieselbe in dem anderen Transformator ihr Minimum besitzt. Da beide Transformatoren primär durch die Windungen S_3 und S_4 und sekundär durch die Windungen S_5 und S_6 elektromagnetisch mit einander gekoppelt sind, so erhalten wir durch die Addition der Kurven C (Abb. 30 b) und D (Abb. 30 e) als Resultierende eine Magnetisierung, die gemäß der Kurve E (Abb. 30 d) verläuft. Hieraus ergibt sich, daß die durch den primären Wechselstrom bedingte Magnetisierungsänderung in den beiden Transformatoren sinusförmig verläuft und daß die Periode dieser Änderung doppelt so groß ist, wie die Periode des primären Wechselstromes. Entsprechend dieser doppelperiodigen Magnetisierungsänderung muß dann weiter in den Sekundärwicklungen S_5 und S_6 ein Wechselstrom der doppelten Periode auftreten, der um so kräftiger in diesem Kreise zur Geltung kommt, je genauer dieser Kreis auf die doppelte Periode des primären Wechselstromes abgestimmt ist. Damit in den Sekundärwicklungen der Transformatoren nicht auch die Grundschwingung des primären Wechselstromes auftritt, sind die beiden Wicklungen S_5 und S_6 gegeneinander geschaltet, so daß sich die Spannungen der übertragenen Grundfrequenz in jedem Augenblick aufheben. Der so in seiner Periode verdoppelte Wechselstrom kann durch ein weiteres Transformatorenaggreget auf den vierfachen Betrag der Grund-

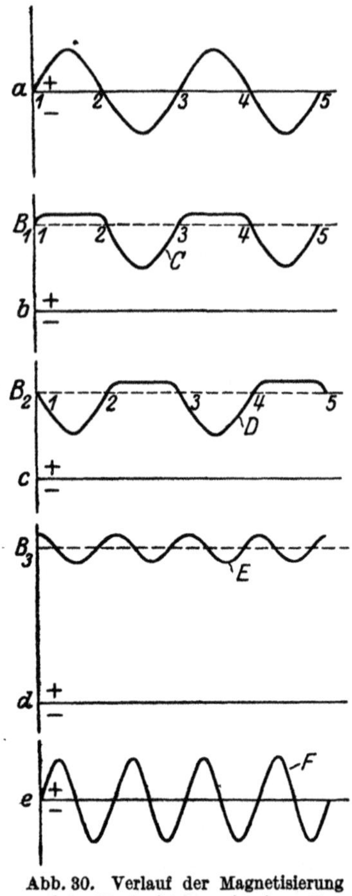

Abb. 30. Verlauf der Magnetisierung und des Wechselstromes in einem Frequenztransformator.

frequenz gebracht werden usw. Nehmen wir die Grundfrequenz der Maschine *W* zu 6000 Perioden an, so erhalten wir bei Verwendung von zwei Transformatorenaggregaten eine Vervierfachung der Grundfrequenz, also einen Wechselstrom von 24000 Perioden, was einer Wellenlänge von 12500 Metern entspricht. Bei einer Verachtfachung ergibt sich eine Wellenlänge von 6250 m usw. Theoretisch ist nach diesem Verfahren jede Frequenzvervielfachung bis zu Wellen von einigen hundert Metern möglich. In der Praxis ist es jedoch für kurze Wellen nicht durchführbar, da einerseits mit wachsender Vervielfachung der Wirkungsgrad und Nutzeffekt der Anordnung ganz bedeutend sinkt, und weil andererseits die gesamte Anlage, besonders dann, wenn es sich um große Leistungen handelt, einen großen Raum und die Aufwendung erheblicher technischer Mittel verlangen würde. Um beispielsweise eine Welle von ca. 400 m Wellenlänge zu erzeugen, wären nicht weniger als 7 Transformatorenaggregate erforderlich.

Nach den hier beschriebenen Anordnungen ist die Sendeanlage der Großstation Nauen, so wie der von Telefunken erbauten Großstationen Monte Grande bei Buenos Aires, Kootwijk in Holland und Malabar auf Java usw. gebaut. Das System hat sich bei Telegraphie glänzend bewährt und ist auch ohne weiteres, sofern es sich um Wellen von rund 4000 m handelt, für Telephonie brauchbar, wie ja auch vor allem die im Jahre 1921 gemachten Versuche gezeigt haben, wo es mit der 130-Kilowatt-Hochfrequenzmaschine in Nauen gelang, mit Telephonie eine Entfernung von circa 5000 m zu überbrücken. Zur Zeit kommt jedoch dieses System für die Telephonie nicht mehr zur Verwendung, da die gesamte Anlage unvergleichlich teuerer ist, als die eines Röhren- oder Lichtbogensenders, zumal wenn es sich nur um Leistungen von einigen Kilowatt handelt, wie sie sowohl für den Unterhaltungs- als auch den kommerziellen Rundfunk genügen. Wir wollen deshalb auch an dieser Stelle auf das Telefunkensystem nicht weiter eingehen.

2. Der Maschinensender System Lorenz.

Die Frequenzvervielfachung mit Gleichstrom magnetisierten Transformatoren ist insofern unrentabel, als mit einem Transformatorenpaar zunächst nur jeweils eine Verdopplung der

Grundfrequenz möglich ist. Es gelingt zwar auch, in einem Transformatorenpaar eine Verdreifachung der Grundfrequenz zu erreichen, wenn beispielsweise der Eisenkern des einen Transformators gesättigt und der des anderen nur teilweise gesättigt ist, oder wenn die Primärwicklung auf dem Transformator I weniger Windungen hat, als die des Transformators II, und umgekehrt, wenn die Sekundärwicklung des Transformators I mehr Windungen besitzt als die des Transformators II. Auch diese Schaltanordnungen stellen jedoch noch keine befriedigende Lösung des Problems der Frequenzvervielfachung dar; es war vielmehr erstrebenswert, eventuell nur mit einem Transformator jede gewünschte Frequenzvervielfachung zu erreichen. In dieser Richtung kam man schon einen Schritt weiter, als man dazu überging, den Eisenkern des Transformators nicht mehr mit Gleichstrom vorzumagnetisieren, sondern durch den Wechselstrom selbst zu übersättigen, und so eine Verzerrung der primären Spannungskurven zu bewirken. Eine jede derartig verzerrte Spannungskurve enthält nämlich, wie wir weiter unten noch sehen werden, Oberschwingungen, Ganze-Vielfache der Grundfrequenz, die sich durch entsprechend abgestimmte Schwingungskreise heraussieben lassen. Die in Abb. 26 wiedergegebene Kurve stellt die Magnetisierung eines Eisenkernes durch einen Gleichstrom dar. Für die Magnetisierung durch einen Wechselstrom ergibt sich eine ähnliche Kurve, wobei lediglich zu berücksichtigen ist, daß der Eisenkern durch den Wechselstrom dauernd ummagnetisiert wird. Stellen wir uns die sich hieraus ergebenden Verhältnisse graphisch dar, so erhalten wir die Kurve PP_1 (Abb. 31), wobei für die Magnetisierung ein sinusförmiger Wechselstrom W zugrunde gelegt ist. Die genaueren Untersuchungen ergeben zwar, daß infolge von Hysteresiserscheinungen im Eisen die Magnetisierung nicht so regelmäßig verläuft, wie sie durch die Kurve PP_1

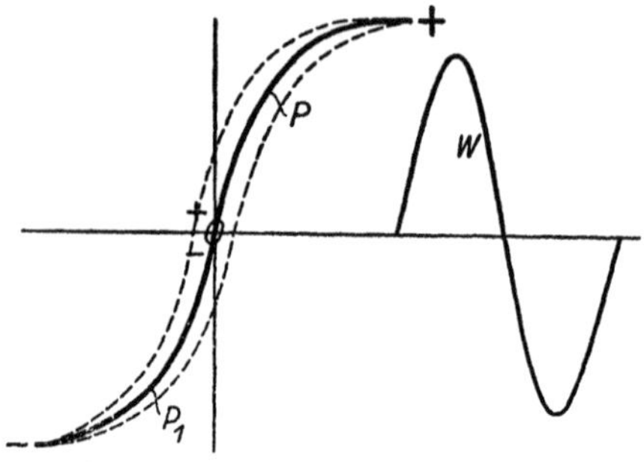

Abb. 31. Magnetisierungskurve des Eisens durch Wechselstrom.

dargestellt wird, sondern daß sie die gestrichelt gezeichnete Linie befolgt. Diese Tatsache ist jedoch für unsere jetzigen Betrachtungen bedeutungslos, zumal man bei den Frequenztransformatoren durch geeignete Maßnahmen die Hysteresis auf ein Minimum herabdrückt. Wenn der zur Magnetisierung benutzte Wechselstrom nur eine geringe Amplitude besitzt, so bewegt sich die Magnetisierung auf den geradlinigen Teil der Charakteristik, und der primär sinusförmige Wechselstrom bleibt auch sekundär rein sinusförmig. Hat jedoch der Magnetisierungswechselstrom eine große Amplitude, so daß das Eisen bis über die Sättigung hinaus magnetisiert wird, so wird der in den Sekundärwicklungen des Transfor-

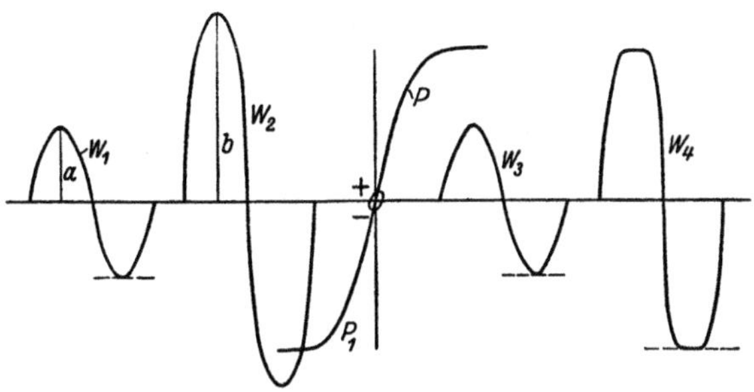

Abb. 32. Beeinflussung eines Wechselstromes in einem Eisentransformator.

mators auftretende Wechselstrom verzerrt. Dieses können wir am besten an Hand der Abb. 32 erkennen. Die Kurve PP_1 möge die Magnetisierungskurve für einen bestimmt dimensionierten Transformatorkern darstellen. Der Transformator möge ferner das Übersetzungsverhältnis 1:1 besitzen. Schicken wir in einen solchen Transformator primär einen sinusförmigen Wechselstrom W_1 hinein, so bewegt sich die Magnetisierung auf dem geradlinigen Teil der Charakteristik, so daß auch der sekundäre Wechselstrom W_3 sinusförmig bleibt. Belasten wir jedoch den Transformator mit einem Wechselstrom W_2, so geht die durch diesen bedingte Magnetisierung bis über die Sättigung hinaus, und der sekundär abgenommene Wechselstrom W_4 ist in seinem oberen und unteren Teil abgeflacht und verzerrt. Er ist nicht mehr rein sinusförmig, sondern er enthält je nach der Größe der Verzerrung mehr oder weniger Oberschwingungen, Schwingungen, deren Frequenz ganze Vielfache der Grundfrequenz betragen. Auch das ist leicht an Hand der Abb. 33 zu erkennen. Wenn wir gemäß Abb. 33a

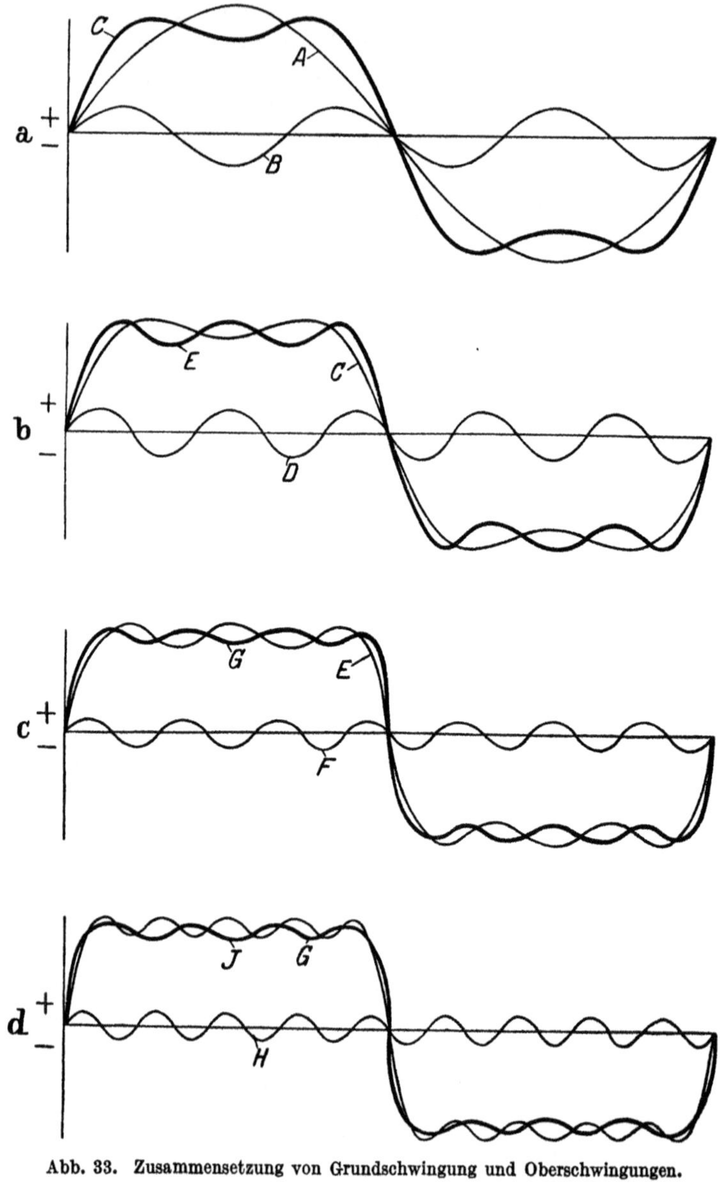

Abb. 33. Zusammensetzung von Grundschwingung und Oberschwingungen.

zu der Grundschwingung *A* eine Schwingung der dreifachen Frequenz *B* addieren, so erhalten wir die Schwingungskuve *C*.

Addieren wir gemäß Abb. 33b zu dieser Schwingungskurve C die Schwingung der fünffachen Frequenz D, so ergibt sich die Schwingungskurve E. Dieser können wir weiter nach Abb. 33c die Schwingung der siebenfachen Frequenz und nach Abb. 33d die der neunfachen Frequenz zufügen usw. Wir sehen daraus, daß die Schwingungskurven in ihrem oberen und unteren Teil immer abgeflachter wird, je mehr Oberschwingungen sie enthält. Aus dieser Tatsache können wir dann rückwärts schließen, daß jede von der Sinusform abweichende Schwingungskurve, wie sie z. B. auch die Kurve W_4 der Abb. 32 darstellt, Oberschwingungen enthalten muß. Es muß deshalb möglich sein, bei

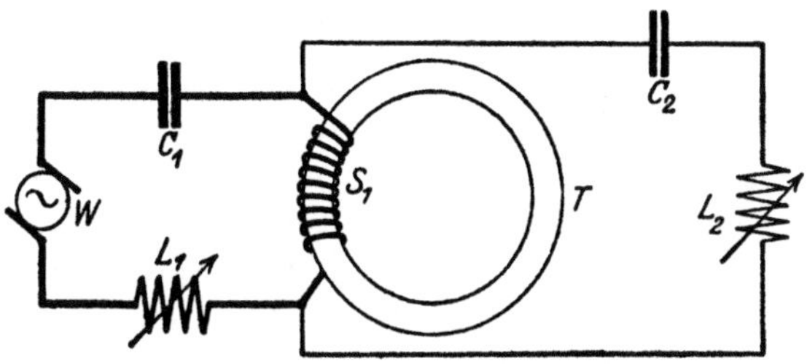

Abb. 34. Prinzipielle Schaltung zur Frequenzvervielfachung mit Wechselstrom magnetisiertem Eisentransformator.

Verwendung eines einzigen Transformators eine Frequenzvervielfachung zu erreichen, wenn dafür gesorgt wird, daß der Transformator durch den primären Wechselstrom bis über die Sättigung des Eisens hinaus belastet und dementsprechend die Spannungskurve deformiert wird. Eine entsprechende Schaltung ist in Abb. 34 wiedergegeben. Der Transformator T braucht hierbei keine zwei Wicklungen zu besitzen, sondern die Primär- und Sekundärwicklung kann in der Form des Spartransformators in der einen Wicklung S_1 vereinigt sein, da es ja bei der Frequenzvervielfachung nicht darauf ankommt, neben einer Erhöhung der Frequenz auch noch eine Erhöhung der Spannung zu erzielen. Der primäre, stark ausgezogene Schwingungskreis $C_1 S_1 L_1$ wird auf die Grundfrequenz der Wechselstrommaschine W und der Schwingungskreis $S_1 C_2 L_2$ auf eine beliebige Oberschwingung der Grundfrequenz abgestimmt. Durch diese Abstimmung wird die gewünschte Oberschwingung besonders stark ausgeprägt. So einfach diese Methode der Frequenzvervielfachung durch Heraussieben der Oberschwingungen auch ist, so ist sie doch in der Praxis nicht zu verwerten, da die Energieausbeute, namentlich bei den höheren Harmonischen nicht besonders groß ist. Bei der praktischen Verwertung ergab sich, daß besonders die ungeraden Harmonischen gut ausgeprägt sind und eine weit größere Energieausbeute zulassen als die geraden Harmonischen. Die genauere Untersuchung dieser Erscheinung führte zu einem anderen Verfahren der Frequenztransformation, das besonders durch K. Schmidt bei der C. Lorenz A.-G., Berlin entwickelt wurde. Bei den Versuchen zeigte es sich nämlich, daß dann, wenn zur Magnetisierung Wechselströme benutzt wurden, die ein Vielfaches des Stromes betrugen, der erforderlich ist, um den Transformatorenkern bis zur Sättigung zu magnetisieren, an den Enden der primären Wicklung äußerst starke Spannungsstöße jeweils in dem Momente auftraten, in dem der Wechselstrom seine Richtung änderte, der Transformatorenkern also ummagnetisiert wurde. Da man theoretisch den Eiseneinfluß auf die Wechselstromerzeugung noch äußerst schlecht beherrscht, so war es nur möglich, durch einfaches Ausprobieren die günstigsten Verhältnisse zu ermitteln, unter denen diese Spannungsstöße besonders stark und in besonders spitzer Form hervortreten. Neben der Bedingung, daß der primäre Wechselstrom ein Vielfaches des Sättigungsstromes betragen muß, erwies sich als noch erforderlich, daß die Kapazität und Selbstinduktion des primären Wechselstromkreises in einem bestimmten Verhältnis zueinander stehen, und daß der Transformatorenkern eine ganz bestimmte Dimensionierung erhält. Gerade die Dimensionierung des Transformators für den günstigsten Wirkbereich machte die allergrößten Schwierigkeiten und erforderte jahrelange, mühselige Versuche. Zum besseren Verständnis sind die hier geschilderten Verhältnisse in der Abb. 35 graphisch skizziert. 35a stellt den primären sinusförmigen Wechselstrom dar. Die durch diesen Wechselstrom bewirkte Magnetisierung des Transformatorenkerns ist in Abb. 35b in der Kurve M wiedergegeben. Hieraus ist erkenntlich, daß tatsächlich schon ein Wechselstrom einer viel kleineren Amplitude genügen würde, um den Transformator bis zur Sättigung zu magnetisieren, daß aber hier mit Absicht ein Strom gewählt ist, der ein Vielfaches des Sättigungsstromes beträgt. Weiter ersehen wir, daß in dem Momente der Ummagnetisierung starke Spannungsstöße N auftreten. Den Verlauf dieser Spannungskurve, wie er durch Untersuchungen mit der Braunschen Röhre erwiesen wurde, zeigt die Abb. 35c. Wie ferner der Vergleich der Kurven 35a und 35c ergibt, sind Strom und Spannung in der Phase gegeneinander verschoben, so daß der Strom wattlos verläuft. Dieser Umstand ist, wie wir noch sehen werden, wichtig für die Schaltung der Maschine im primären Wechselstromkreis. Ähnlich wie beim Löschfunkensender durch die Funkenstrecke der angeschlossene Schwingungskreis bei jedem Funkenübergang in seiner Eigenschwingung angestoßen wird, und diese dann schwach gedämpft abklingt, so kann auch durch die in Abb. 35c wiedergegebene verzerrte Wechselspannung, die den Charakter einer Stoßentladung hat, ein Schwingungskreis in seiner Eigenschwingung erregt werden. Wenn der primäre Wechselstrom eine Frequenz von ca. 8000 Perioden hat, so wird der Schwingungskreis etwa 16000mal pro Sekunde angestoßen, so daß man eine weit höhere Stoßzahl erhält, wie beim Löschfunkensender, wo man günstigstenfalls mit 2000 Stößen pro Sekunde rechnen kann. Nach jedem einzelnen Stoß wird die Eigenschwingung des erregten Schwingungskreises allmählich infolge dessen Dämpfung abklingen, bis ein neuer Stoß erfolgt und sie wieder verstärkt. Ist die Zeit zwischen zwei aufeinander-

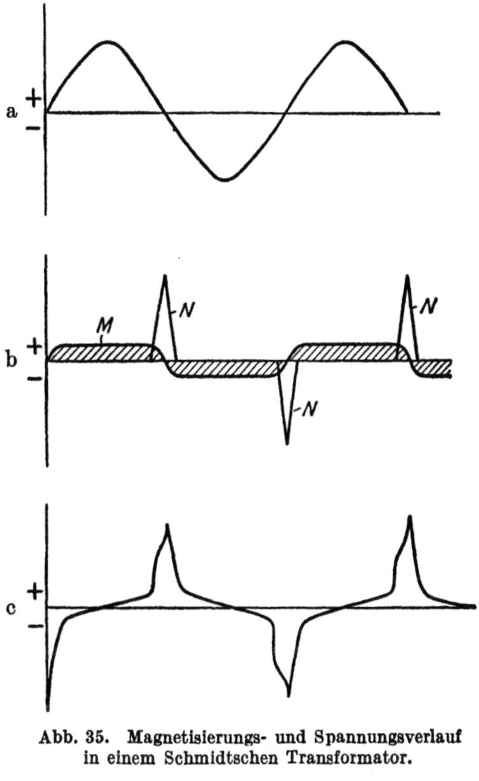

Abb. 35. Magnetisierungs- und Spannungsverlauf in einem Schmidtschen Transformator.

folgenden Stößen **kurz**, so wird die Amplitude der erregten Eigenschwingung kaum geschwächt, so daß sie den Charakter einer ungedämpften Schwingung hat. Es ist nun nicht möglich, an den Frequenztransformator einen Schwingungskreis einer **beliebigen** Frequenz anzuschließen, weil eine ungedämpfte Schwingung nur dann durch Stoßentladung dauernd aufrechterhalten werden kann, wenn die einzelnen Stöße stets **gleichphasig** mit der erregten Eigenschwingung erfolgen. Unter Zugrundelegung einer Stoßkurve, wie sie in Abb. 35c wiedergegeben ist, ist diese Voraussetzung, wie wir aus der Abb. 36 u. 37 erkennen können, nur vorhanden, wenn der an den Frequenztransformator angeschlossene Schwin-

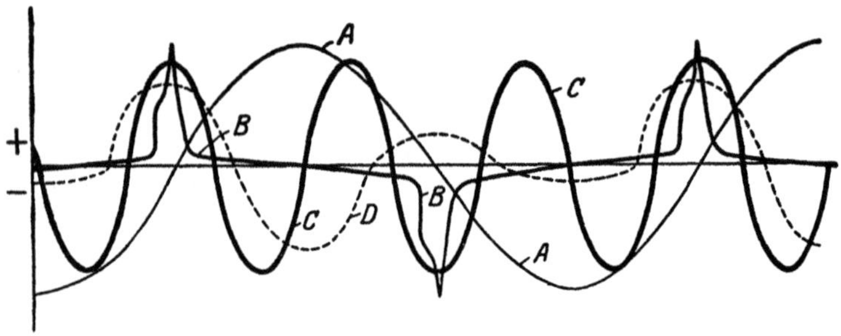

Abb. 36. Verdreifachung der Grundfrequenz.

gungskreis auf ein **ganzes ungerades Vielfache** der Grundfrequenz der Maschine abgestimmt ist. Es ist demnach nach diesem Verfahren nur eine Frequenzsteigerung auf das Dreifache, Fünffache, Siebenfache usw. der Grundfrequenz möglich.

In Abb. 36 sind die Verhältnisse bei einer **Verdreifachung** der Grundfrequenz wiedergegeben. *A* ist die Frequenz des von der Maschine gelieferten Wechselstromes, *B* stellt die durch den Wechselstrom bei der Ummagnetisierung entstehende Spannungskurve, und *C* den dadurch entstehenden Wechselstrom der **dreifachen** Frequenz dar. Die bei dem 1. Spannungsstoß entstehende Eigenschwingung des an den Transformator angeschlossenen Schwingungskreises würde allmählich schwach gedämpft abklingen, wenn nicht bereits nach einer ganzen Schwingung der Schwingungskreis durch den Spannungsstoß 2 erneut angestoßen, und so die schon vorhandene Schwingung verstärkt würde. Diese Verstärkung ist, wie aus der Abb. 36 ersichtlich, nur möglich, wenn der Spannungsstoß 2 **gleichphasig** mit der Schwingung erfolgt. Wäre z. B. der an den Transformator angeschlossene Schwingungskreis auf die doppelte Frequenz der Maschine abgestimmt, so würde eine Schwingung entstehen, die in der Kurve *D* wiedergegeben ist. Auch hier würde zunächst bei dem Spannungsstoß 1 der Schwingungskreis zu Eigenschwingungen angestoßen, die ebenfalls schwach gedämpft abklingen würden, wenn nicht der Spannungsstoß 2 genau entgegengesetzt wäre und die Schwingung also vernichten würde. Das gleiche gilt auch für jede andere Schwingung, deren Frequenz ein geradesVielfaches der Grundfrequenz beträgt. In Abb. 37 sind die verschiedenen Strom- und Spannungskurven bei einer Ver-

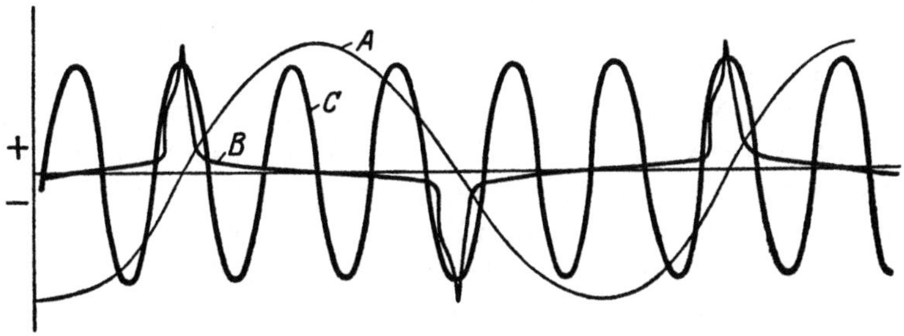

Abb. 37. Versiebenfachung der Grundfrequenz.

siebenfachung der Grundfrequenz dargestellt. Auch hierbei wird die bei dem ersten Spannungsstoß entstehende Hochfrequenzschwingung bis zum zweiten Spannungsstoß in ihrer Amplitude noch kaum geschwächt werden, also nach außen ungedämpft erscheinen, obwohl die vervielfachte Frequenz sich über den Transformator entlädt und man deshalb annehmen müßte, daß derselbe infolge seines Eisenkernes eine starke Dämpfung der Schwingung bewirken würde. Diese Dämpfung tritt jedoch deswegen nicht ein, weil das Eisen infolge der großen Amplitude des primären Wechselstroms während des Abklingens der vervielfachten Frequenz sehr hoch gesättigt und deshalb magnetisch unwirksam ist, so daß auch eine Dämpfung der Schwingung durch das Eisen nicht verursacht werden kann. Die Art der Stoßerregung, wie wir sie in diesem System vor uns haben, hat gegenüber der Stoßerregung, wie sie bei dem Löschfunkensender vorhanden ist, vor allem den Vorteil, daß die Stoßfolge vollkommen regelmäßig eintritt und der einzelne Stoß in seiner Stärke nicht abhängig ist von der Jonisierung einer Gasstrecke, die immer Unregelmäßigkeiten aufweist, wie die Verhältnisse beim Löschfunkensender zeigen. Dazu kommt noch, daß die Anzahl der Stöße bei Verwendung einer 8000periodigen Wechselstrommaschine wenigstens 16000 pro Sekunde beträgt, und somit außerhalb des Hörbereiches liegt. Während, wie schon bemerkt, bei einer nicht zu hohen Frequenztransformation die Schwingung zwischen zwei aufeinanderfolgenden Spannungsstößen kaum abklingt, tritt dieses Abklingen schon bedeutend stärker hervor, wenn man hohe Vervielfachungen erreichen will. Die Schwingung verläuft dann nicht mehr ungedämpft, sondern hat einen mehr oder weniger gedämpften Charakter, wobei das Abklingen der Schwingungsamplitude um so stärker wird, je höher die Frequenz der vervielfachten Schwingung ist. Nehmen wir eine Grundperiode der Maschine von 10000 an, was einer Wellenlänge von 30000 m entspricht, und wollen wir z. B. die 75. Oberschwingung, also eine Welle von 400 m erhalten, so wird in dem Zeitraum von je zwei aufeinanderfolgenden Spannungsstößen die entstehende Welle 37,5 Schwingungen ausführen. Die Dämpfung dieses Schwingungskreises läßt sich nun kaum so niedrig halten, daß nicht ein starkes Abklingen der Amplitude dieser Schwingung in Erscheinung tritt; die Schwingung also einen gedämpften Charakter annimmt. K. Schmidt hat diesen Übelstand dadurch beseitigt, daß er er an den Frequenztransformator noch einen Nebenkreis anschloß, der auf eine Zwischenfrequenz abgestimmt ist und so die Anzahl der Stöße erhöht und das starke Abklingen der erregten Eigenschwingung aufhebt.

In Abb. 38 ist $S_1S_2S_3C_1$ der primäre Schwingungskreis, der auf die Frequenz der Maschine W abgestimmt ist. An dem Transformator T liegt ferner in Sparkreisschaltung der Schwingungskreis C_5S_5 und der Kreis C_4S_4. Alle drei Kreise haben die Transformatorenwicklung S_3 gemeinsam. Der Kreis $C_5S_5S_3$ wird auf die Frequenz abgestimmt, die man durch Vervielfachung der Grundfrequenz erhalten will, und $C_4S_4S_3$ auf eine Zwischenfrequenz. Nehmen wir, wie in unserem obigen Beispiel, die Grundperiode der Maschine zu 10000 an und wünschen wir die 75. Oberschwingung zu erhalten, so müßte man den Kreis $S_1S_2S_3C_1$ auf die Wellenlänge 30000 m, den Kreis $S_3C_5S_5$ auf die Wellenlänge von 400 m und den Kreis $C_4 S_4 S_3$ auf eine Zwischenwellenlänge, z. B. die 5fache Oberschwingung der Grundfrequenz, auf die Wellenlänge von 6000 m abstimmen. Der Kreis $C_4 S_4 S_3$ muß möglichst dämpfungsfrei sein, damit hohe Stromamplituden in ihm entstehen können. Der Vorgang in dem Frequenztransformator ist dann folgender. Durch die von der primären Grundfrequenz verursachten Spannungsstöße entsteht sowohl die 5. als auch die 75. Oberschwingung. Die 5. Oberschwingung wird bis zum nächsten Spannungsstoß kaum abklingen, während sich

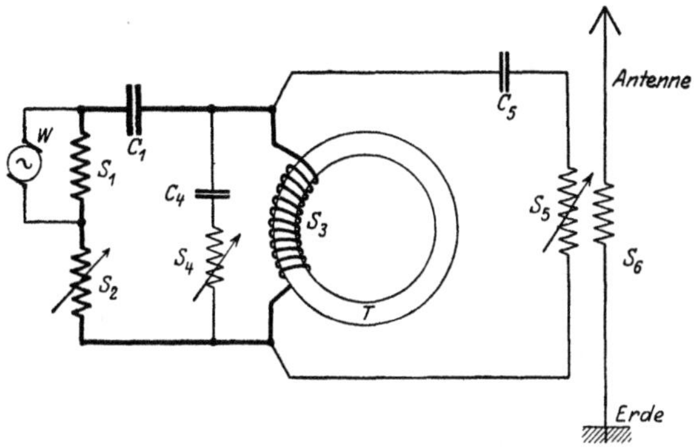

Abb. 38. Schaltung einer Schmidtschen Hochfrequenzmaschine für kurze Wellen.

die Amplitude der 75. Oberschwingung bis zum nächsten Spannungsstoß normalerweise stark verkleinern würde. Ist nun die Amplitude der 5. Oberschwingung sehr stark und beträgt sie ein Vielfaches des Sättigungsstroms des Transformators, so müssen auch bei der Ummagnetisierung des Eisenkerns durch diesen Strom genau wie durch den Strom der Grundfrequenz Spannungsstöße entstehen. Zwischen zwei aufeinanderfolgende Spannungsstößen der Grundfrequenz fallen also noch 4 Spannungsstöße der 5. Oberschwingung, so daß sich demnach die Gesamtstoßzahl von 20000 auf 5 × 20000 auf 100000 Stöße pro Sekunde erhöht. Das bedeutet aber für den Schwingungskreis $S_3 C_5 S_5$, daß er nicht 20000mal pro Sekunde, sondern 100000mal pro Sekunde angestoßen wird, und daß bei ihm zwischen zwei aufeinander folgenden Spannungsstößen nicht 37,5, sondern nur 7,5 Schwingungen liegen. Die Schwingung wird demnach in dem Zeitraum zwischen zwei Spannungsstößen ebenfalls kaum abklingen. Durch den angewandten Kunstgriff des Nebenkreises erhält man deshalb für die entstehende ungedämpfte Schwingung einen verhältnismäßig guten Wirkungsgrad auch bei kurzen Wellen von einigen Hundert Metern. Wenngleich auch die Lösung, die vor allem K. Schmidt für die Frequenzvervielfachung gefunden hat, in ihrer Art vom physikalischen Standpunkte aus verblüffend einfach ist, so sind doch noch große technische Schwierigrigkeiten zu überwinden, bis dieses System auch in der Praxis betriebsicher verwandt werden kann. Die Hauptschwierigkeit besteht in der Dimensionierung und zweckmäßigsten Konstruktion des Frequenztransformators. Zur Vermeidung von Verlusten wird als Eisen bei längeren Wellen isolierter Eisendraht von 0,05 mm Stärke, und bei kürzeren Wellen Eisennickelblech von 0,006 mm Stärke, das nach einem besonderen Verfahren von Prof. Hausrath gewonnen wird, verwandt. Zur Kühlung sitzt der Transformator in einem Ölbad. Weiter hat die Erfahrung gezeigt, daß es einerseits nicht praktisch ist, den Schwingungskreis $S_1S_2C_1S_3$ genau auf die Maschinenfrequenz abzustimmen, und daß es andererseits zweckmäßiger ist, die Maschine nicht in Serie mit den Spulen $S_1S_2S_3$ zu legen, sondern parallel zu der Spule S_1. Die erste Maßnahme der Abstimmung des Schwingungskreises auf eine Frequenz unterhalb des Resonanzpunktes wird durch Stabilitätsgründe gefordert, da ja bekanntlich bei genauer Abstimmung eines Schwingungskreises auf Resonanz schon die geringsten Frequenzänderungen starke Amplitudenschwankungen zur Folge haben, die aber weniger in Erscheinung treten, wenn man sich nicht auf der obersten Spitze der Resonanzkurve befindet, sondern mehr oder weniger auf dem ansteigenden oder abfallenden Ast der Resonanzkurve. Die zweite Maßnahme, das Parallellegen der Maschine zu der Spule S_1 hat ihren Grund darin, daß man von der Maschine die hohen wattlosen Ströme, die in dem primären Schwingungskreis dadurch entstehen, daß der Maschinenstrom gegen die durch ihn bewirkten Spannungsstöße stark in der Phase verschoben ist, fernhalten will; denn diese wattlosen Ströme würden eine starke Erwärmung der Maschine zur Folge haben. Durch dieses Parallellegen der Maschinenwicklung zu einem Teil der Selbstinduktion des primären Schwingungskreises wird nun, worauf wir hier nicht näher eingehen wollen, erreicht, daß in dem primären Schwingungskreis eine Art Stromresonanz entsteht, und daß dabei in der Maschine Spannung und Strom in Phase bleiben, so daß die Maschine also reinen Wattstrom liefert. Es ist deshalb auch bei den größten Maschineneinheiten nicht nötig, besondere Kühlmittel anzuwenden. Da man als Maschinenfrequenz eine Frequenz von 6000—8000 Perioden verwendet, so können hierfür normale Hochfrequenzmaschinen benutzt werden, wie sie unsere heutige Technik auch für die größten Leistungen selbst bei einer Tourenzahl von 3000 pro Minute betriebssicher herzustellen vermag. Für diese Hochfrequenzmaschinen war jedoch noch ein weiteres wichtiges Problem zu lösen, nämlich die Konstanthaltung der Tourenzahl; denn nur bei konstanter Tourenzahl bleibt auch die Frequenz und damit der Wirkungsgrad der gesamten Anordnung konstant. Namentlich bei der Erzeugung von kurzen Wellen muß verlangt werden, daß die Tourenzahl der Maschine bis auf Bruchteile eines Promilles konstant gehalten wird, was wir ohne weiteres aus einer einfachen Rechnung erkennen können. Wir nehmen an, die Umlaufsgeschwindigkeit der Maschine betrage 3000 pro Minute; dabei möge durch den Frequenztransformator eine Welle von 300 m entstehen, was einer Periodenzahl von 1000000 entspricht. Wenn sich die Tourenzahl der Maschine in einer Minute um 1 Einheit auf 3001 Umdrehungen, oder in Prozenten ausgedrückt um 0,033% oder 0,33‰ erhöht, so muß sich auch entsprechend die Wellenlänge von 300 m auf 299,9 m ändern. Während 300 m einer Frequenz von 1000000 entspricht, beträgt die Frequenz der Wellenlänge von 299,9 m 1000333, unterscheidet sich also um 333 Frequenzen von der letzteren. Die Frequenz 333 liegt aber im Hörbereich. Wollte man nun die ungedämpfte Welle von 300 m = 1000000 Perioden mit Hilfe einer Überlagerungswelle von 299,86 m = 1000500 Perioden, wodurch ein Ton von der Frequenz 500, der im Telephon hörbar ist, entsteht, empfangen, so ist dies nur möglich, wenn die Welle von 3000 m absolut konstant bleibt. Ändert sich jedoch die Welle durch Beschleunigung der Tourenzahl auf 299,9 m so wird sich der Überlagerungston von der Frequenz 500 um 333 auf den Ton von der Frequenz 167 ändern. Da sich solche Änderungen nicht momentan vollziehen, so wird je nach den Schwankungen der Tourenzahl der Maschine, auch wenn dieselbe, wie hier gezeigt, nur Bruchteile eines Promilles beträgt, ein dauernd auf- und abwärts gehender Überlagerungston im Telephon entstehen. Das ist aber sowohl für Telegraphie als auch Telephonieempfang absolut unzulässig. K. Schmidt ist es nun ebenfalls geglückt, mit der Maschine einen Drehzahlregler zu verbinden, der meist eine gute Konstanz der Schwingungen gewährleistet. Dieser Drehzahlregler, der als Zentrifugalregler wirkt, schließt automatisch bei zu schnellem Lauf der Maschine einen Kontakt, wodurch die Regelorgane des die Hochfrequenzmaschine antreibenden Motors betätigt werden. Bei der Kontaktschließung wird in den Stromkreis des Motors für gewöhnlich ein Widerstand eingeschaltet, wodurch die Stromzufuhr verringert wird, so daß der Motor und damit auch die Hochfrequenzmaschine, die auf derselben Achse sitzt, langsamer läuft.

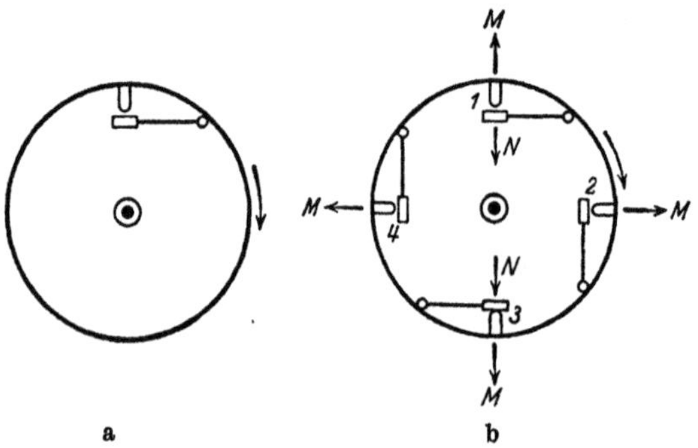

Abb. 39a u. b. Der Schmidtsche Zentrifugalregler zur Konstanthaltung der Tourenzahl.

Bei langsamerem Lauf wird der Kontakt gelöst und so der Widerstand ausgeschaltet, so daß die Maschine wieder schneller läuft, bis eine abermalige Kontaktgebung erfolgt usw. Je schneller nun diese Kontaktgebungen erfolgen, desto weniger kann die Tourenzahl der Maschine beschleunigt oder verlangsamt werden, desto schneller wird jede Änderung der Tourenzahl wieder ausgeglichen. Der Schmidtsche Regler besteht gemäß Abb. 39a in einer Stahlfeder, die einseitig eingespannt ist, und einem verstellbaren Kontaktbolzen, der der Feder gegenübersteht. Der Kontaktbolzen und die Stahlfeder sind auf eine Scheibe montiert, welche fest mit dem Anker des Antriebsmotors verbunden ist und mit diesem rotiert. Durch die bei der Rotation auftretende Zentrifugalkraft wird bei einer bestimmten Umlaufsgeschwindigkeit die Feder nach auswärts gebogen und kommt dann mit dem Kontaktbolzen in Berührung. Die dadurch bedingte Einschaltung eines Widerstandes vermindert wieder die Umlaufsgeschwindigkeit der Maschine, so daß dann durch die verminderte Zentrifugalkraft der Kontakt wieder freigegeben wird. Die Kontaktgebung erfolgt nun mit einer gewissen Zwangsläufigkeit derart, daß bei jeder Umdrehung der Maschine einmal eine Kontaktgebung erfolgt. Daß dies regelmäßig geschieht, wird durch das Zusammenwirken der Schwerkraft der Erde und der Zentrifugalkraft der Maschine erreicht. Da die Kontaktfeder frei beweglich ist, so wirkt auf sie die Schwerkraft der Erde derart, daß sie dauernd in Richtung des Pfeiles *N* (Abb. 39b) nach unten gezogen wird. Die Zentrifugalkraft wirkt andererseits bei der Rotation stets in Richtung der Pfeile *M*. Nehmen wir nun an, die Feder und der Kontaktbolzen befänden sich in Stellung 1, dann wirkt die Zentrifugalkraft der Schwerkraft entgegen, so daß sie sich teilweise aufheben und eine Kontaktgebung nicht erfolgen kann. Befindet sich jedoch die Feder und der Kontaktbolzen in Stellung 3, so wirken sie auf die Feder in der gleichen Richtung, so daß der Kontakt geschlossen wird. In Stellung 2 und 4 treten Mittelwerte auf. Je nach der Schnelligkeit, mit der die Maschine rotiert, wird die Kontaktgebung zwischen Stellung 2 und 3 früher oder später erfolgen und zwischen Stellung 3 und 4 früher oder später wieder gelöst werden, so daß also auch der Widerstand mehr oder weniger lang eingeschaltet bleibt. Nehmen wir eine Umdrehungszahl von 3000 pro Minute an, so wird der Kontakt in jeder Sekunde 50mal geschlossen und geöffnet. Da ferner die Eigenschwingung der Stahlfeder weit über der sekundlichen Umdrehungszahl der Maschine liegt, ist ein Versagen oder eine falsche Kontaktgebung ausgeschlossen. Dieser Drehzahlregler hat sich, soweit bisher Erfahrungen vorliegen, auch in der Praxis bei Dauerbetrieb im großen ganzen bewährt, so daß eine gute Konstanz der Schwingungen auch bei kurzen Wellen, wie beispielsweise die Versuche mit der 250 m-Welle gezeigt haben, gewährleistet sein soll. Auf die Verwendung des Lorenzschen Systems im Rundfunk kommen wir im Abschnitt 5 zu sprechen.

B. Der Lichtbogensender.

Schon in den ersten Entwicklungsjahren der Radiotechnik, noch bevor man die Überlegenheit der ungedämpften Wellen über die gedämpften erkannt hatte, war es dem englischen Physiker W. Duddell (1899) gelungen, mit einem elektrischen Lichtbogen solche ungedämpfte Schwingungen zu erzeugen. Diese Versuche erlangten jedoch für die Praxis erst durch die grundlegenden Arbeiten von V. Poulsen (1902/03) Bedeutung. Wenn auch die ersten größeren Erfolge auf dem Gebiete der Radiotelephonie bereits 1906 von R. Fessenden mit einer eigens dafür gebauten Hochfrequenzmaschine erzielt wurden, so fand das Telephonieproblem doch erst auf Grund der Versuche, die Poulson vor allem im Jahre 1908 in Kalifornien durchführte, die erste praktische Lösung. Die Folge davon war, daß tatsächlich bis zum Aufkommen des Röhrensenders der Lichtbogensender für Zwecke der Radiotelephonie konkurrenzlos dastand. Hätte sich ferner bei den Telephoniesendern die Entwicklung nicht in Richtung der kurzen Wellen vollzogen, so würde seine Bedeutung auch heute noch eine weit größere sein; denn der Lichtbogen stellt in seiner jetzigen Form, sofern nicht Wellen unter etwa 1000 m Wellenlänge in Betracht kommen, eines der einfachsten und betriebssichersten Systeme zur Erzeugung ungedämpfter Schwingungen dar, die wir besitzen. Da es zur Zeit nur noch wenige Lichtbogen-Telephoniesender gibt, so werden wir dementsprechend dieses System nur kurz behandeln.

1. Die physikalischen Vorgänge im Lichtbogen bei der Schwingungserzeugung.

Wie wir in Abschnitt 1 ausführten, ist jedes Stromsystem, das einen negativen Widerstand enthält, zur Schwingungserzeugung geeignet. Als typischstes Beispiel eines solchen negativen Widerstandes hatten wir die Gasstrecke zwischen den Kohlen einer brennenden Bogenlampe behandelt, wobei wir gemäß Abb. 22 die Anordnung zugrunde legten, die W. Duddell bei seinen ersten Versuchen zur Erzeugung von ungedämpften Schwingungen benutzte. Mit dieser Anordnung war es zunächst nicht möglich, Schwingungen hoher Frequenzen und großer Energie herzustellen. Dies liegt im Lichtbogen selbst und seinem Verhalten gegenüber Wechselstrom und Gleichstrom begründet; denn in beiden Fällen ist die Abhängigkeit der Spannung von dem Strome, oder die Lichtbogencharakteristik eine verschiedene. Die Gleichstromcharakteristik eines Lichtbogens ist in Abb. 40 wiedergegeben. Aus ihr ist zu erkennen, daß innerhalb eines bestimmten Bereiches A—B mit wachsendem Strom J die Spannung E stark abfällt. Der Lichtbogenwiderstand ist also hier negativ und innerhalb dieses Stromspannungsbereiches zur Schwingungserzeugung geeignet. In dem rechts anschließenden Teile B—C hat die Charakteristik keinen fallenden Charakter mehr; demnach ist auch hier eine Schwingungserzeugung unmöglich. Bezüglich des Kurventeiles A—D ist folgendes zu bemerken. Wenn die beiden Lichtbogenelektroden z. B. einen Abstand von 1 mm voneinander haben, so kann der Lichtbogen dadurch zum Zünden gebracht werden, daß man die Gleichspannung so lange steigert, bis zwischen den Elektroden ein Funke überspringt. Durch diesen Funken wird die Lichtbogenstrecke leitend und ihr Widerstand sinkt momentan auf einen verhältnismäßig kleinen Wert herab. Die Spannung, die erforderlich ist, um die Lichtbogenstrecke zu überbrücken, bezeichnet man als Zündspannung, die in der Abb. 40 durch den Punkt D gekennzeichnet ist. Während der Lichtbogen normalerweise bei 50—100 Volt brennt, kann diese Zündspannung je nach den Betriebsverhältnissen mehrere tausend Volt betragen. Da der Spannungsabfall von D nach A momentan erfolgt, so ist auch dieser Teil der Charakteristik für die Schwingungserzeugung ohne Bedeutung.

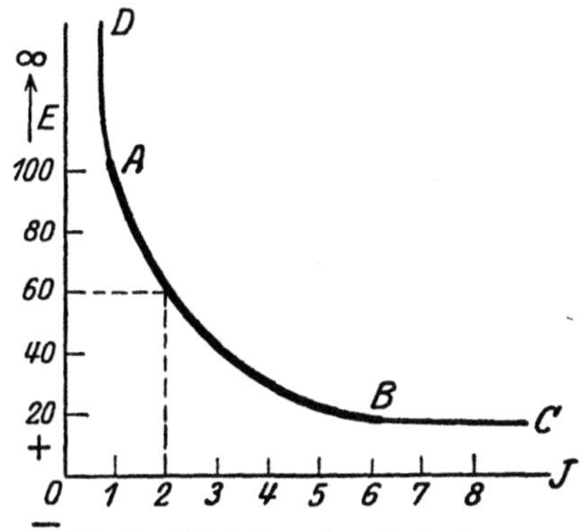

Abb. 40. Gleichstromcharakteristik des Lichtbogens.

Wir nehmen nunmehr an, der Lichtbogen werde nicht mit Gleichstrom, sondern mit sinusförmigem Wechselstrom gespeist. Bei den diesbezüglichen Messungen der Abhängigkeit von Stromstärke und Spannung kommt man zu ganz andern Resultaten, die in graphischer Darstellung als dynamische Charakteristik in Abb. 41 wiedergegeben sind. Hieraus ist ersichtlich, daß nur in dem Bereiche A—B und C—D die Charakteristik einen fallenden Charakter hat. Ferner erkennen wir, daß beim Wechselstrombetrieb Strom und Spannung in der Phase gegeneinander verschoben sind; denn der Strom hat z. B. bei der Spannung von 0 Volt noch eine Größe von 0,5 Ampere. Weiter entspricht demselben Wert der Spannung beim Anstieg ein anderer Wert der Stromstärke als beim Abstieg. So beträgt z. B. beim Anstieg die Stromstärke bei der Spannung von 80 Volt 1 Ampere und beim Abstieg bei der Spannung von 20 Volt ebenfalls 1 Ampere. Unter Anlehnung an ähnliche Erscheinungen, die bei der Magnetisierung von Eisen durch einen wechselnden Strom auftreten, was man als Hysterese bezeichnet, spricht man auch hier von einer Lichtbogenhysterese. Je ausgeprägter diese Lichtbogenhysterese ist, desto mehr verliert die Charakteristik ihren fallenden Charakter und desto weniger ist der Lichtbogen zur Schwingungserzeugung geeignet. Die Lichtbogenhysterese ist nun um so ausgeprägter, je höher die Frequenz des Wechselstromes ist. Sie hat ihren Grund in der Eigenschaft des Lichtbogens als Gasstrecke, bei der die Leitfähigkeit dadurch zustande kommt, daß sich durch die aus den Elektroden beim Zünden des Bogens austretenden Elektronen positive und negative Gasionen bilden, die die Stromleitung übernehmen. Die Zahl der positiven und negativen Gasionen, die maßgebend ist für die Stärke des Stromes, steigt und fällt mit der Höhe der Spannung. Nun erfolgt aber die Zu- und Abnahme der Gasionen nicht momentan und proportional den Spannungsänderungen, sondern bleibt stets etwas dagegen zurück. Die Stromstärke ist beim Spannungsabfall größer, als der jeweiligen Spannung beim Spannungsanstieg entsprechen würde, so daß z. B., wie aus der Abb. 41 ersichtlich ist, sowohl der Spannung von 80 wie auch von 20 Volt eine Stromstärke von 1 Ampere entspricht. Dieses

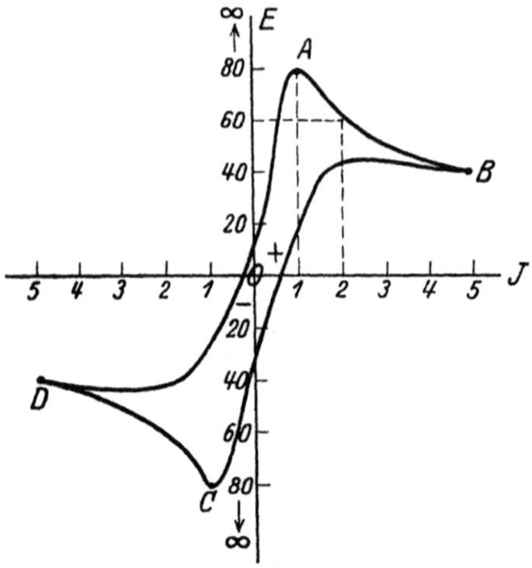

Abb. 41. Wechselstrom- oder dynamische Charakteristik des Lichtbogens.

Nachhinken des Stromes hinter der Spannung macht sich um so stärker bemerkbar, je höher die Frequenz des Wechselstromes ist.

2. Die drei Arten der auftretenden Schwingungen.

Die physikalischen Vorgänge im Lichtbogen haben wir bisher getrennt, einmal für den Fall der Gleichstromspeisung und einmal für den Fall der Wechselstromspeisung, behandelt. Die Kombination von beiden führt erst zu den tatsächlichen bei der Schwingungserzeugung gültigen Verhältnissen. Wenn wir die in Abb. 42 wiedergegebene Schaltung zugrunde legen, so ergibt sich, daß sowohl der Gleichstrom als auch die entstehende Schwingung ihren Weg über die Lichtbogenstrecke L nehmen müssen, da die beiden Drosseln D_1 und D_2 der Schwingung den Weg über die Batterie B versperren. Wir nehmen einmal an, der Lichtbogen brenne bei einer Gleichstromspannung von 60 Volt mit einer Stromstärke von 2,5 Ampere. Wie sich aus Abb. 40 ergibt, befinden wir uns dann auf dem mittleren abfallenden Teil der Charakteristik. Brennt der Lichtbogen absolut konstant, so wird durch das Zuschalten des Schwingungskreises $S_1 C_1$ (Abb. 42) zunächst noch keine Schwingung entstehen, sondern der Kondensator C_1 wird sich lediglich bis zur Höhe der Betriebsspannung aufladen; dann herrscht wieder vollkommene Ruhe in dem System. Tritt aber gewollt oder durch irgendeinen Zufall eine Störung des Gleichstromes ein, steigt z. B. die Stromstärke auf 3 Ampere an, so sinkt die Spannung an den Elektroden auf etwa 40 Volt. Das hat zur Folge, daß sich der auf 60 Volt aufgeladene Kondensator C_1 durch die Lichtbogenstrecke entlädt. Hierdurch steigt zunächst die Stromstärke weiter an und die Spannung sinkt entsprechend weiter. Ist der Kondensator entladen, so sinkt die Stromstärke wieder, und die Spannung steigt an. Der Kondensator C_1 wird nun nicht allein entladen, sondern lädt sich infolge des Verhaltens der Selbstinduktion S_1 sogar entgegengesetzt auf. Der entgegengesetzt aufgeladene Kondensator entlädt sich nun abermals durch

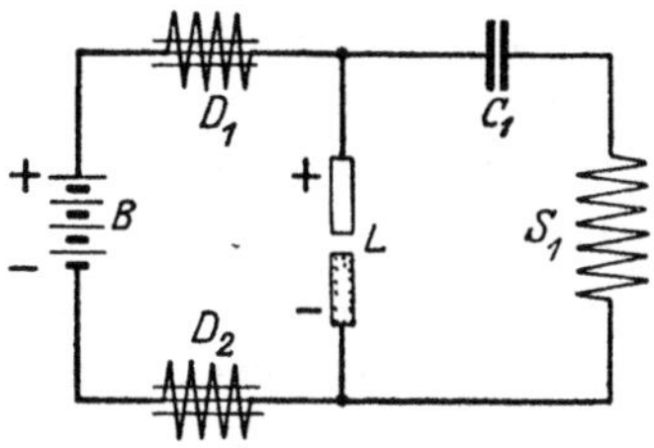

Abb. 42. Schwingungserzeugung beim Lichtbogen.

den Lichtbogen, wobei sich in ihm automatisch dieselben soeben beschriebenen Vorgänge abspielen, und zwar so lange, wie der Lichtbogen brennt. Die Schwingung müßte an und für sich infolge von Energieverlusten gedämpft abklingen. Da aber jeder Energieverlust aus der Gleichstromquelle wieder ersetzt wird, so hat sie einen ungedämpften Charakter. Ist die Schwingungsamplitude der entstehenden Schwingung bedeutend kleiner als die Gleichstromamplitude, so ist die Schwingung sinusförmig, da der Gesamtstrom des Lichtbogens nur auf einem kleinen Teil der Charakteristik (Abb. 40) auf und ab schwankt, und ein solch kleiner Teil einer Kurve als eine gerade Linie betrachtet werden kann. Diese Schwingungen, bei denen die Gleichstromamplitude größer ist als die Wechselstromamplitude, bezeichnet man als Schwingungen 1. Art. Da ihre Energie äußerst gering ist, so haben sie für die praktische Radio-Telegraphie und -Telephonie keine Bedeutung.

Ohne geeignete Hilfsmittel ist es nicht möglich, die Energie der Schwingungen 1. Art zu steigern, da mit wachsender Stromamplitude die Lichtbogenhysterese, die der Schwingungserzeugung entgegenwirkt, immer größer wird. Auf diese Hilfsmittel werden wir noch weiter unten eingehen. Zunächst nehmen wir jedoch an, es sei auf Grund dieser Hilfsmittel möglich, Schwingungen zu erzeugen, deren Amplitude größer ist als die Amplitude des den Lichtbogen speisenden Gleichstromes. Die dann auftretenden Spannungs- und Stromverhältnisse können wir uns am besten an Hand der Abb. 43a und b klarmachen. Wir setzen den idealen Fall voraus, daß die Stärke des Gleichstromes J_1 während der ganzen Dauer des Brennens des Lichtbogens konstant sei. Diesem Gleichstrom überlagert sich bei der Entladung des Kondensators der entstehende Wechselstrom J_2. Der Gesamtstrom, der den Lichtbogen durchfließt, ist dann gleich $J_1 + J_2$, wie es in der entsprechenden Kurve der Abb. 43a wiedergegeben ist. Dieser Gesamtstrom wird, wie wir sehen, bei dem Punkte A gleich Null, so daß also der Lichtbogen erlöschen muß. Im Moment des Erlöschens hat die Wechselspannung E_2, die in ihrer Phase um 90^0 gegen den Wechselstrom J_2 verschoben ist, wie aus Abb. 43b hervorgeht, gerade ihr negatives Maximum überschritten. Würde der Lichtbogen nicht erlöschen, so würde der Strom $J_1 + J_2$ entsprechend der gestrichelt gezeichneten Kurve M.

und die Spannung E_2 entsprechend der gestrichelt gezeichneten Kurve N verlaufen. Um den Lichtbogen wieder zum Brennen zu bringen, muß die Spannung an den Elektroden wieder bis zur Zündspannung ansteigen. Dieser Spannungsanstieg von W_1 nach W_2 erfolgt während des Zeitraumes T_2. Ist die Zündspannung erreicht, so beginnt der Lichtbogen wieder zu brennen und der Gesamtstrom $J_1 + J_2$ beginnt von Punkt B an wieder zu fließen. Je größer die maximale Amplitude des Wechselstromes J_2 gegenüber dem Gleichstrom J_1 ist, desto länger bleibt der Lichtbogen erloschen. Diese Art der Schwingungen bezeichnet man als Schwingungen 2. Art. Bezüglich der Frequenz und der Form dieser Schwingungen ist folgendes zu bemerken. In dem Zeitintervall M—N, also während der Dauer T_1 ist die Schwingung sinusförmig. In dem zweiten Zeitintervall N—P, während dessen der Lichtbogen erloschen ist, ist die Dauer T_2 der Schwingung abhängig von der Zeit, die der Kondensator des Schwingungskreises bis zu seiner Aufladung auf die Zündspannung braucht. Diese Zeit ist um so länger, je höher die Zündspannung, je größer die Kapazität und je kleiner der Ladestrom ist. Je nach der Dimensionierung dieser Größe kann die Dauer von T_2 um ein Vielfaches größer sein, als die Dauer von T_1, so daß in diesem Falle der Lichtbogen länger erloschen bleibt, als er brennt. Die Folge davon ist, daß der Schwingungskreis nur stoßweise Energie erhält, also eine ähnliche Erregungsart besteht, wie bei der Löschfunkenmethode. Derartige Schwingungen haben aber keine allzu große Resonanzschärfe und enthalten alle möglichen Oberschwingungen. Möglichst sinus

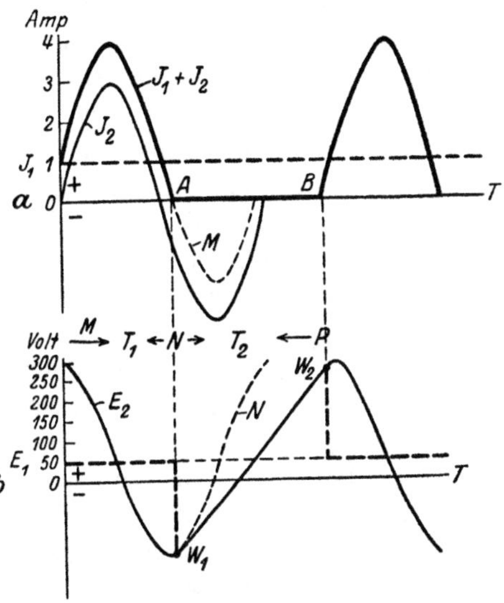

Abb. 43. Strom- und Spannungsverhältnisse beim Lichtbogen im Falle der Schwingungserzeugung.

förmige und oberwellenfreie Schwingungen wird man nur erhalten können, wenn die Zeitdauer T_2 klein ist gegenüber der Dauer T_1, und wenn die Schwingungsamplitude nur wenig größer als die Gleichstromamplitude ist. Die Forderung, T_2 kleiner als T_1, ist um so schwieriger zu erfüllen, je kleiner T_1 an und für sich schon ist. Kleines T_1 bedeutet aber hohe Frequenz, kurze Welle. Auch hierin liegt demnach wieder ein Grund für die großen Schwierigkeiten, die bei der Erzeugung von kurzen Wellen nach der Lichtbogenmethode auftreten.

Das Entstehen der Schwingungen 2. Art ist an die Bedingung geknüpft, daß der Lichtbogen während eines kleinen Zeitintervalles erlischt. Da nun aber beim „Erlöschen“ nicht alle Gasionen aus der Lichtbogenstrecke sofort verschwinden, so kann der Fall eintreten, daß der Lichtbogen durch die negative Wechselspannung im Punkte W_1 (Abb. 43b) sofort wieder in umgekehrter Richtung erneut zündet. Das hat zur Folge, daß sich der Kondensator des Schwingungskreises noch bevor er auf seine Maximalspannung aufgeladen ist, durch den Lichtbogen entlädt, wobei die Entladung genau wie bei einer Funkenstrecke in einer Reihe allmählich gedämpft abklingender Schwingungen erfolgt. Diese Art der Schwingungen bezeichnet man als Schwingungen 3. Art. Sie treten besonders dann auf, wenn der Gleichstrom J_1 sehr klein ist gegenüber der maximalen Schwingungsamplitude und der Zündspannung. Da diese Schwingungen für die Praxis bedeutungslos sind, so wollen wir hier nicht näher darauf eingehen.

3. Die Mittel zur Erzeugung von Schwingungen zweiter Art.

Von den drei Arten von Schwingungen, die wir nach der Wahl der Bedingungen im Lichtbogen erhalten, scheiden für die Praxis die Schwingungen 1. und 3. Art aus, und zwar die Schwingungen 1. Art wegen ihrer äußerst geringen Energie und die Schwingungen 3. Art wegen ihres gedämpften Charakters. Diese Schwingungen müssen demnach auf jeden Fall unterdrückt werden. Die Schwingungen 1. Art sind durch Wahl einer hohen Zündspannung zu vermeiden, so daß ein Erlöschen des Lichtbogens und damit die wesentlichste Bedingung für die Entstehung der Schwingungen 2. Art gegeben wird. Da das Erlöschen des Lichtbogens jedoch, wie wir oben ausführten, möglichst kurz sein soll, so darf man die Gasionen in der Lichtbogenstrecke nicht sich selbst überlassen, sondern muß dafür sorgen, daß die Wiedervereinigung der positiven und negativen Ionen zu neutralen Molekülen und damit die Leitfähigkeit der Lichtbogenstrecke sehr schnell abnimmt. Von allen Gasionen erfolgt diese Wiedervereinigung am schnellsten bei Wasserstoffionen, weshalb man den Lichtbogen in einem abgeschlossenen Raume, der sogenannten Flammenkammer, die ein wasserstoffhaltiges Gas enthält, brennen läßt. Um die Entionisierung der Lichtbogenstrecke noch mehr zu beschleunigen, wandte V. Poulsen noch zwei weitere Mittel an, einerseits das Verbringen des Lichtbogens in ein starkes Magnetfeld und andererseits eine gute Kühlung der Lichtbogenstrecke und der Flammenkammer. Da ein stromdurchflossener Leiter beim Verbringen in ein Magnetfeld aus diesem herausgetrieben wird, so muß auch ein Lichtbogen, der zwischen zwei Magnetpolen brennt, aus diesem Magnetfeld herausgetrieben werden. Durch das magnetische Gebläse werden demnach die Gasionen sehr schnell aus der Lichtbogenstrecke entfernt. Die Kühlung der Lichtbogenelektroden wirkt ebenfalls entionisierend; denn in einem Lichtbogen werden sich um so mehr Ionen bilden, je höher die Temperatur der Elektroden ist, da bei hoher Temperatur von der negativen Elektrode mehr Elektronen ausgesandt werden, als bei niedrigerer Temperatur. Je mehr Elektronen aber vorhanden sind, desto mehr neutrale Gasmoleküle werden auch durch Elektronenstoß in Ionen verwandelt. Da die größte Erhitzung am positiven Pole auftritt, da sie am stärksten dem Bombardement der aus der Kathode austretenden Elektronen ausgesetzt ist, so verwendet man hier anstatt Kohle Kupfer, da dieses ein gutes Wärmeleitvermögen besitzt und im Innern leicht durch fließendes Wasser gekühlt werden kann. Auch das magnetische Gebläse, das wie ein Luftstrom wirkt, sorgt für eine weitere Kühlung. Zudem besitzt auch das Wasserstoffgas ein sehr gutes Wärmeableitungsvermögen. Durch das Herausblasen des Lichtbogens wird ferner erreicht, daß die Neuzündung nicht immer an derselben Stelle der Lichtbogenelektroden erfolgt, und so ein ungleichmäßiges Abbrennen derselben eintritt. Das gleichmäßige Abbrennen wird noch dadurch begünstigt, daß man die Elektroden um ihre eigene Achse, aber in entgegengesetzter Richtung rotieren läßt. Durch die Entionisierung des Lichtbogens wird auch ein Zünden in entgegengesetzter Richtung und damit das Auftreten der Schwingungen 3. Art vermieden. Wenn auch die hier angeführten Mittel im allgemeinen für eine gute Entionisierung der Lichtbogenstrecke genügen, so wird diese Entionisierung jedoch immer schwieriger, je größer die Energie und damit die Erhitzung des Lichtbogens und je höher die Frequenz der Schwingung wird. Darin liegt es begründet, daß Wellen unter 1000 m Wellenlänge für große Energien nicht herzustellen sind. Sowohl die Schwingungsfrequenz als auch die Energie sind hier nicht **konstant** genug, um den Anforderungen, die sowohl bei Telegraphie als auch Telephonie hier gestellt werden müssen, zu entsprechen. Für den normalen Rundfunkbereich ist deshalb der Lichtbogensender bedeutungslos. Für längere Wellen, wie z. B. 2000—3000 m Wellenlänge, genügt er jedoch vollkommen den Bedingungen, die an einen Telephoniesender gestellt werden müssen, wie es ja auch die Praxis z. B. bei dem Lichtbogen-Telephoniesender der C. Lorenz A.-G. in Eberswalde gezeigt hat.

4. Lichtbogensender-Schaltungen.

Die technische Ausbildung der Lichtbogensender liegt in Deutschland namentlich in den Händen der C. Lorenz A.-G., Berlin, in England der Firma C. F. Elwell und in Amerika der Federal Telegraph Co. Bei allen diesen Systemen ist dieselbe grundsätzliche Schaltung verwandt, die in Abb. 44 wiedergegeben ist. Der Lichtbogen L liegt hierbei direkt im Antennenkreis. Die Abstimmung der Antenne erfolgt durch das Variometer V. C_1 und C_2

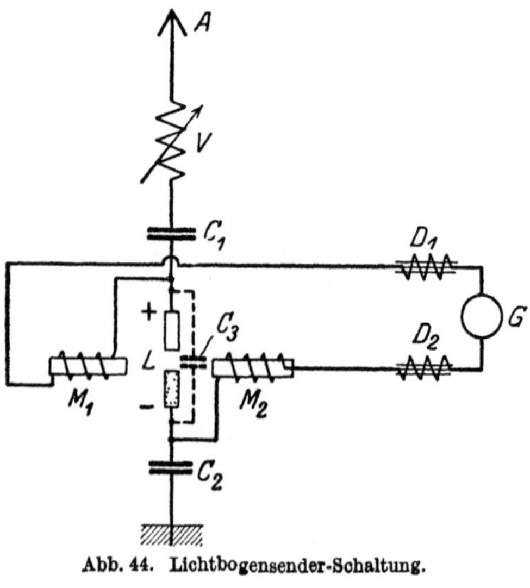

Abb. 44. Lichtbogensender-Schaltung.

sind zwei feste Kondensatoren. Der für den Lichtbogen benötigte Gleichstrom wird von der Gleichstrommaschine G über die beiden Drosselspulen D_1 und D_2 geliefert. In diesem Gleichstromkreise liegen auch die beiden Magnetspulen M_1 und M_2, zwischen denen sich der Lichtbogen L befindet. Diese beiden Magnete bilden das magnetische Gebläse, das sich je nach der Stärke des durch den Lichtbogen fließenden Gleichstromes selbsttätig reguliert. Wie gerade aus dieser Schaltskizze ersichtlich ist, stellt der Lichtbogensender ein wirklich einfaches

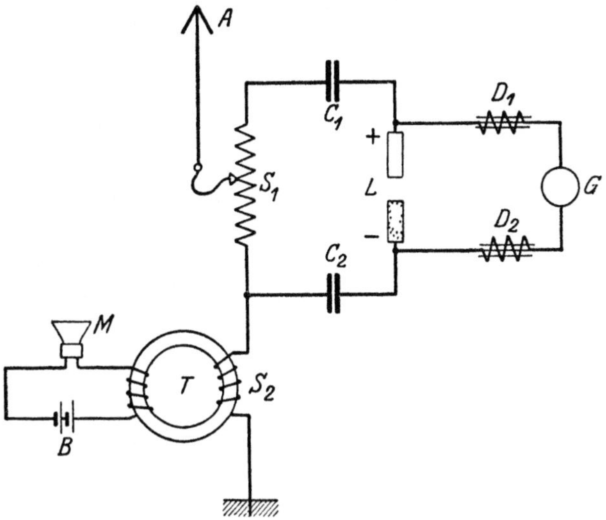

Abb. 45. Lichtbogensender-Schaltung der C. Lorenz A.-G.

und leicht zu handhabendes Sendesystem dar, wobei vor allem gegenüber den Maschinensendern der Vorteil besteht, daß die Wellenlänge kontinuierlich geändert werden kann. Die Schaltung hat lediglich den Nachteil, daß der Wirkungsgrad verhältmäßig niedrig ist, und nur etwa 25% beträgt, da die Antennenschwingungen bei ihrem Weg zur Erde stets den stark dämpfenden Weg über die Lichtbogenstrecke nehmen müssen. Dieser Nachteil wurde durch L. F. Fuller in Amerika dadurch behoben, daß er parallel zum Lichtbogen einen großen Ölkondensator C_3 legte, der in Abb. 44 gestrichelt gezeichnet ist. Die Schwingungen können nun zum Teil ihren Weg über diesen Kondensator nehmen, wodurch der Wirkungsgrad auf etwa 60% erhöht wird. Bei der C. Lorenz A.-G. wurde durch R. Hartenstein und R. Herzog derselbe Effekt dadurch erzielt, daß die Antenne variabel mit der Spule S_1 gemäß Abb. 45 gekoppelt wurde. Auch hier können sich die Antennenschwingungen zur Erde ausgleichen, ohne den Weg über die Lichtbogenstrecke L nehmen zu müssen. Die Schaltung 45 gibt außerdem eine Anordnung wieder, wie sie für Telephoniezwecke von der C. Lorenz A.-G. ausgebildet wurde. Die in dem Antennen-Erdungskreis liegende Spule S_2 stellt hierbei die eine Wicklung und die Spule S_3 die andere Wicklung eines Transformators T dar. Die Spule S_3 ist über die Batterie B mit dem Mikrophon M verbunden. Bei Besprechen des Mikrophons ändert sich der durch die Spule S_3 fließende Gleichstrom und damit die Magnetisierung des Eisenkernes des Transformators T. Entsprechend dieser Magnetisierungsänderung wird auch der scheinbare Widerstand der Spule S_2 geändert und die Antennenenergie im Rhythmus von Sprache und Musik gesteuert. Auf dieses von L. Pungs in die Radiotechnik eingeführte Steuerverfahren kommen wir bei der Behandlung der Telephonieschaltungen von Maschinensendern in Abschnitt 5 noch zu sprechen.

C. Der Röhrensender.

Die Einführung der Elektronenröhre in die Radiotechnik stellt nicht allein für das Empfangs- und Verstärkerproblem eine befriedigende Lösung dar, sondern führte auch bezüglich des Sendens eine vollkommene Umwandlung herbei. Da es mit der Elektronenröhre möglich ist, Schwingungen von den niedrigsten bis zu den höchsten Frequenzen, Wellen von Tausenden von Metern bis zu wenigen Zentimetern Wellenlänge herab zu erzeugen, und da solche Wellen, sowohl was ihre kontinuierliche Änderung als auch ihre Konstanz anbelangt, mit keinem anderen bisher bekannten System herzustellen sind, so fand der Röhrensender ungemein schnell weiteste Verbreitung. Seine Einführung stellte den endgültigen Sieg des ungedämpften Systems über das gedämpfte dar. Wenn auch mit Maschinen- und Lichtbogensendern schon vor dem Aufkommen des Röhrensenders bemerkenswerte Ergebnisse auf dem Gebiete der Radiotelephonie erzielt wurden, so wurde doch erst durch den Röhrensender das Problem des Rundfunks gelöst. Ohne Röhrensender wären ferner heute noch Kurzwellentelegraphie und -telephonie, die uns ungeahnte Erfolge gebracht haben, und von denen wir noch große Überraschungen erwarten, ein phantastischer Zukunftstraum.

1. Die Eignung der Elektronenröhre als Hochfrequenzgenerator.

Legen wir an eine Elektronenröhre genau wie an die Elektroden einer Lichtbogenstrecke eine Gleichstrombatterie, und zwar derart, daß der Pluspol der Batterie an die Anode und der Minuspol an die Kathode zu liegen kommt, und bringen wir die Kathode zum Glühen, so daß Elektronen von ihr ausgehen, so fließt durch das Innere der Röhre ein Strom. Die Strecke zwischen Kathode und Anode können wir hierbei genau so wie beim Lichtbogen als einen Ohmschen Widerstand auffassen. Wir sehen hierbei zunächst von dem normalerweise in der Röhre sich befindenden Gitter ab. Gemäß unsern früheren Darlegungen in Abschnitt 1 kann ein solcher Ohmscher Widerstand, der wie im Falle der Röhre ein Gleichstromverbraucher ist, als Wechselstromgenerator wirksam sein, wenn er eine fallende Charakteristik hat, wenn einer Stromerhöhung an ihm eine Spannungserniedrigung entspricht. Diese Voraussetzung ist zunächst bei dem inneren Widerstand der Röhre nicht vorhanden; denn wenn wir die Abhängigkeit des Anodenstromes von der Anodenspannung betrachten, so ergibt sich, daß bei einer bestimmten Heizstromstärke der Kathode mit wachsender Anodenspannung E_a der Anodenstrom J_a zunächst langsam, dann sehr schnell ansteigt, um endlich bei hohen Anodenspannungen einen konstanten Wert zu erreichen. Die graphische Darstellung dieser Verhältnisse ist in der Röhrencharakteristik (Abb. 46) wiedergegeben. Diese Charakteristik hat in keinem Punkte einen fallenden Charakter.

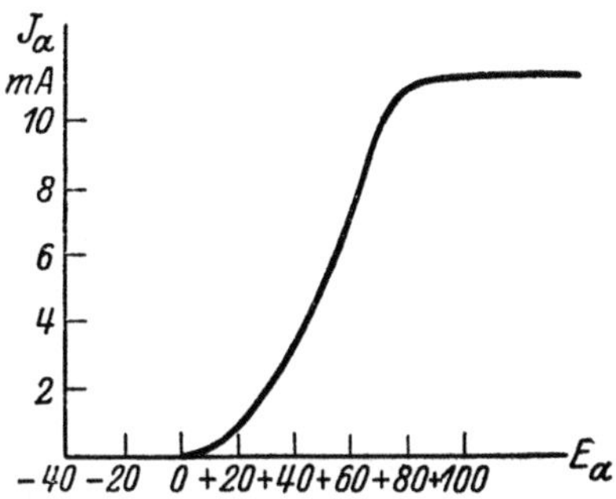

Abb. 46. Röhrencharakteristik. Abhängigkeit des Anodenstromes von der Anodenspannung.

Die Elektronenröhre ist demnach in dieser Form zur Schwingungserzeugung ungeeignet. Auch wenn wir in die Röhre eine dritte Elektrode, das sogenannte Gitter einführen, wird hierdurch physikalisch bezüglich des inneren Röhrenwiderstandes noch nichts geändert. Zwar kann der innere Röhrenwiderstand durch Änderung des Gitterpotentials beliebig geändert werden, er behält jedoch nach wie vor seinen positiven Charakter bei. Damit sich die Eingitterröhre zur Schwingungserzeugung eignet, müssen die äußeren Schaltelemente derart angeordnet werden, daß der innere Röhrenwiderstand durch sie den Charakter eines negativen Widerstandes erhält. Dieses wird einerseits in der von A. W. Hull stammenden Dynatronschaltung und andererseits in der von A. Meißner in die Radiotechnik eingeführten Rückkopplungsschaltung erreicht. Beide Schaltungen sind bezüglich der physikalischen Vorgänge grundsätzlich verschieden voneinander. Beide stellen eine äußerst elegante Lösung des Schwingproblems dar. In der Praxis hat bisher die Rückkopplungsschaltung namentlich wegen ihrer Einfachheit die größere Bedeutung erlangt.

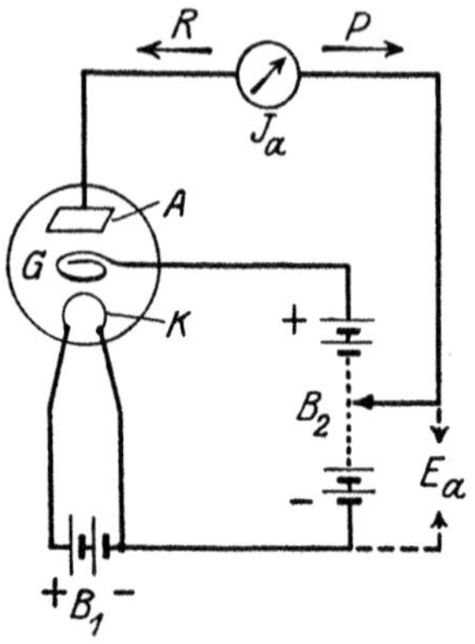

Abb. 47. Die Eingitterröhre in Dynatronschaltung.

2. Schwingungserzeugung durch Dynatronschaltung.

Wird gemäß Abb. 47 an das Gitter G der Röhre eine konstante Spannung von beispielsweise 200 Volt und an die Anode eine durch den Schleifkontakt K beliebig einstellbare Spannung E_a gelegt, so wird der durch das Instrument M fließende Strom J_a in Abhängigkeit von E_a verschiedene Werte annehmen. Zunächst ist auch hier zu erwarten, daß mit steigender Spannung E_a der Strom J_a zuerst langsam, dann immer schneller ansteigt, um endlich bei Erreichung des Sättigungsstromes trotz weiter ansteigender Spannung konstant zu bleiben. Die experimentelle Untersuchung der Abhängigkeit des Stromes J_a von der Spannung E_a ergibt jedoch, wie Abb. 48 zeigt, ein anderes Bild.

Zunächst steigt mit wachsender Spannung E_a der Strom J_a erst allmählich, dann steil an; erreicht aber bei einer bestimmten Spannung A ein Maximum, um dann fast geradlinig sogar über den Nullpumkt B hinaus bis C abzufallen. Wird die Spannung E_a noch weiter gesteigert, so steigt auch der Strom J_a wieder über D bis E an. Die Charakteristik der Röhre hat also bei dieser Schaltung innerhalb des Bereiches A—C einen fallenden Charakter, da einer Spannungserhöhung eine

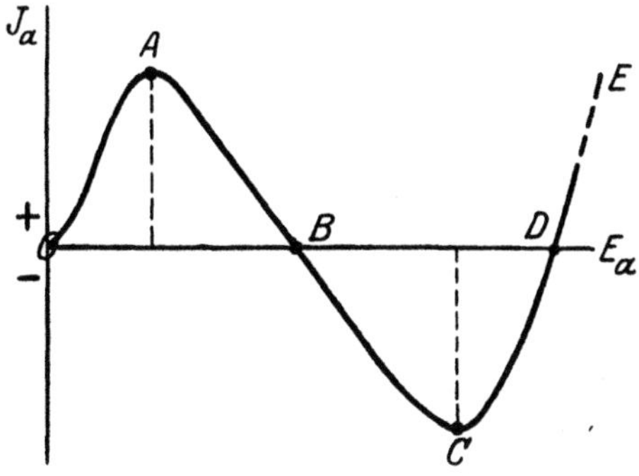

Abb. 48. Charakteristik des Dynatrons.

Stromerniedrigung entspricht. Infolgedessen ist auch in diesem Bereiche der innere Röhrenwiderstand negativ. Es muß demnach auch in einer ähnlichen Schaltung wie beim Lichtbogensender ohne weiteres möglich sein, einen angeschlossenen Schwingungskreis C_1 L_1 (Abb. 49) in seiner Eigenschwingung zu erregen und diese Schwingungen ungedämpft aufrechtzuerhalten, da ja jeder Energieverlust aus der Gleichstromquelle wieder kompensiert wird. Hierauf brauchen wir nicht näher einzugehen, da es sich hier um analoge Verhältnisse wie beim Lichtbogen handelt und diese Verhältnisse bezüglich der physikalischen Vorgänge bei Behandlung des Lichtbogens schon hinreichend diskutiert wurden. Wir wollen

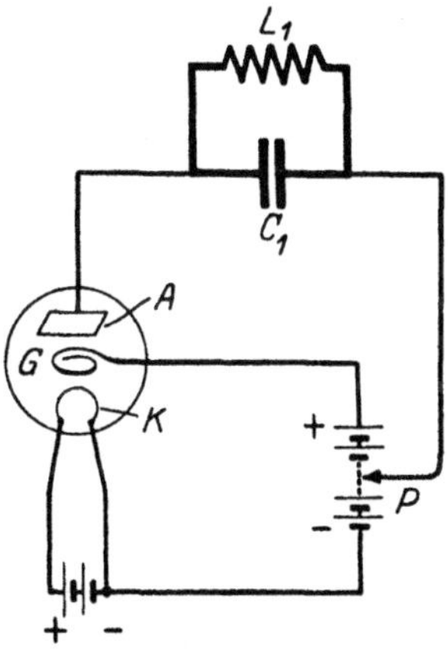

Abb. 49. Schwingungserzeugung durch Dynatronschaltung.

jedoch noch kurz erläutern, wieso der innere Widerstand der Röhre in dieser von Hull als Dynatron bezeichneten Schaltung in einem bestimmten Strom-Spannungsbereich einen negativen Wert annimmt. Wenn an dem Gitter der Röhre eine hohe positive Spannung liegt, so werden die von der Kathode K

ausgesandten Elektronen mit großer Geschwindigkeit zum Gitter hingezogen. Ein Teil dieser Elektronen wird nun durch die Gittermaschen hindurch zu der Anode A gelangen. Ist die Spannung zwischen Kathode und Anode = Null, so wird durch das Instrument M kein Strom fließen. Hat sie kleine positive Werte, so werden die zur Anode gelangenden Elektronen durch das Instrument M zur Kathode abfließen, und zwar wird der Strom J_a hierbei zunächst immer größer, je höher die Spannung E_a wird. Bei dem Aufprall der von der Kathode durch das Gitter mit großer Geschwindigkeit fliegenden Elektronen auf die Anode A tritt nun aber eine Erscheinung auf, die von L. W. Austin und H. Starke bereits 1902 beim Aufprallen von Kathodenstrahlen auf eine Metallplatte beobachtet wurde. Solche Kathodenstrahlen, die ja nichts anderes wie Elektronen sind, können nämlich beim Aufprall auf eine Metallplatte in dieser neue Elektronen, sogenannte Sekundärelektronen auslösen, die mit einer gewissen Geschwindigkeit die Metallplatte verlassen. Dabei kann ein Primärelektron unter Umständen etwa 20 Sekundärelektronen auslösen. Die Geschwindigkeit und Zahl dieser Sekundärelektronen ist um so größer, je größer die Geschwindigkeit der Primärelektronen ist. Diese Erscheinung von Sekundärelektronen muß nun auch in einer gemäß Abb. 47 geschalteten Röhre auftreten. Die von der Kathode ausgehenden Primärelektronen werden in der Platte A Sekundärelektronen auslösen, die, da sie negativ geladen sind, zu dem positiv geladenen Gitter G hingezogen werden, so daß durch das Instrument M ein Strom in Richtung des Pfeiles R fließt, der dem in Richtung des Pfeiles P fließenden normalen Anodenstrom entgegenwirkt, ihn also schwächt. Je höher nun die Spannung E_a wird, desto höher wird die Geschwindigkeit der Primärelektronen. und desto größer die Zahl der in A ausgelösten Sekundärelektronen. Trotz steigender Spannung wird demnach der durch M fließende Gesamtstrom J_a immer kleiner, erreicht weiter den Wert Null, wenn die Zahl der Primär- und Sekundärelektronen gleich ist (Punkt B der Abb. 48), und nimmt sogar negative Werte an, wenn die Zahl der Sekundärelektronen überwiegt. Steigt die Anodenspannung E_a noch weiter an, wird sie also gegenüber der Kathode immer positiver, so wird es für die in der Anode A ausgelösten negativen Sekundärelektronen immer schwieriger, zu dem Gitter zu gelangen, sie werden immer mehr in der positiven Anode zurückgehalten. Dieses ist im Endeffekt gleichbedeutend mit einer Verringreung des Sekundärelektronenstromes. Der Gesamtstrom muß also bei hohen Anodenspannungen wieder ansteigen, wie das Kurvenstück *C—E* (Abb. 48) erweist. Da die Röhrencharakteristik nur in dem Bereiche *A—C* einen fallenden Charakter hat, so muß bei der Schwingungserzeugung die Anodenspannung so gewählt werden, daß man sich in dem mittleren, fallenden Teil der Charakteristik befindet. Nach der Dynatronschaltung ist es ohne weiteres möglich, Schwingungsenergien bis zu einigen hundert Watt zu erhalten. Bei größeren Energien treten allerdings Schwierigkeiten auf, die wir jedoch hier nicht näher erörtern wollen, da die Dynatronschaltung in der Praxis längst nicht die Verbreitung gefunden hat, wie die Rückkopplungsschaltung.

3. Schwingungserzeugung durch Rückkopplung.

Wird dem Gitter einer Elektronenröhre eine Wechselspannung zugeführt, so wird durch die Änderung dieser Wechselspannung der Anodenstrom geändert; dabei entspricht einer geringen Änderung der Gitterspannung eine große Änderung des Anodenstromes. Auf dieser Tatsache beruht die Verstärkerwirkung der Röhre. Wird beispielweise dem Gitter der Röhre (Abb. 50) über den Transformator T_r eine Wechselstromenergie zugeführt, so wird in dem im Anodenkreis liegenden Instrument *M* diese Wechselstromenergie in verstärktem Maße zur Geltung kommen. Man könnte nun diese Verstärkerwirkung noch weiter erhöhen, indem man die in dem Anodenkreis auftretende Energie durch Kopplung der Spule L_1 mit der Spule L_2 dem Gitter nochmals zuführt. Hierbei ist lediglich zu beachten, daß die dem Gitterkreis über den Transformator T_r zugeführte Energie gleichphasig ist mit

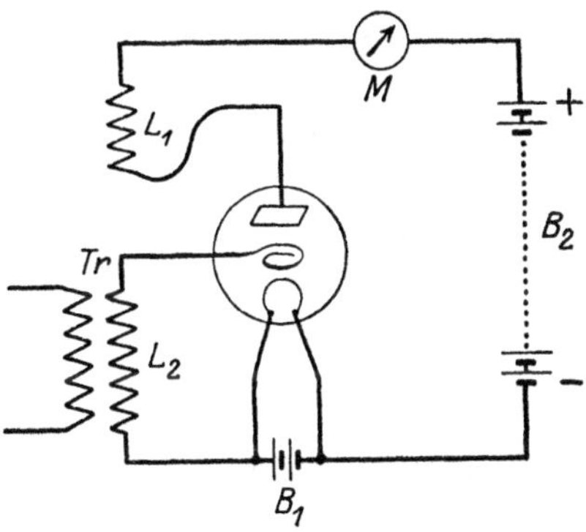

Abb. 50. Die Rückkopplung bei der Eingitterröhre.

der von dem Anodenkreis dem Gitter zugeführten. Theoretisch wäre hiernach eine fast unbegrenzte Verstärkung möglich. Von dieser Verstärkungserhöhung durch Kopplung des Anodenkreises mit dem Gitterkreise (Rückkopplung) macht man ja auch bekanntlich bei den Empfängern weitestgehend Gebrauch. Handelt es sich insbesondere um Telephonie-Empfang, so zeigt es sich, daß diese Rückkopplung nur bis zu einer bestimmten Grenze getrieben werden darf. Bei Überschreitung dieser Grenze beginnt nämlich die Röhre in der Eigenfrequenz der angeschlossenen Schwingungskreise zu schwingen, wodurch jeder Telephonie-Empfang unmöglich wird. Wir sehen hieraus, daß durch Rückkopplung eine Röhre auf einfache Weise zur Schwingungserzeugung herangezogen werden kann. Das große Verdienst, diese Art der Schwingungserzeugung als erster in die praktische Radiotechnik eingeführt zu haben, gebührt A. Meißner von der Telefunkengesellschaft. Dabei soll allerdings nicht verkannt werden, daß bereits früher Lee de Forest das Prinzip der Rückkopplung zur Schwingungserzeugung bei Laboratoriumsversuchen verwandt hatte. Wenn demnach eine Röhre durch Rückkopplung zum Schwingen gebracht werden kann, so müssen wir rückwärts schließen, daß dann der innere Widerstand der Röhre durch die Rückkopplung einen fallenden Charakter erhalten muß, oder, was gleichbedeutend ist, daß bei einer Erhöhung der Anodenspannung der Anodenstrom sinken muß. Wieso dies durch die Rückkopplung erreicht wird, können wir am besten an Hand der Abb. 51 erkennen, Hiernach ist der Schwingungskreis $L_1 C_1$ durch die Sple L_2 mit dem Gitter der Röhre gekoppelt. Wird der Schalter S geschlossen, so wird der Schwingungskreis $L_1 C_1$ durch den beim Schließen des Schalters entstehende Stromstoß in seiner Eigenschwingung angestoßen. Wäre die Spule L_2 nicht vorhanden, so würde diese Eigenschwingung gedämpft abklingen. Ist jedoch L_2 mit L_1 gekoppelt, so wird ein Teil der auftretenden

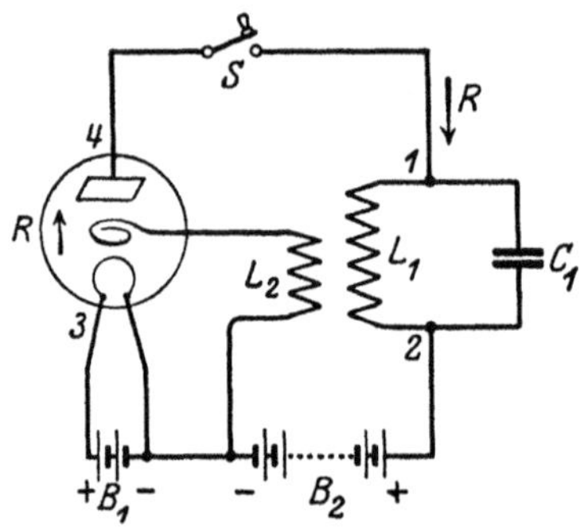

Abb. 51. Schwingungserzeugung durch Rückkopplung.

Schwingungsenergie auf das Gitter der Röhre übertragen und tritt verstärkt im Anodenstromkreise wieder auf, wodurch der Schwingungskreis $L_1 C_1$ erneut in seiner Eigenschwingung erregt wird. Dem Schwingungskreis wird demnach auf dem Umweg über das Gitter immer mindestens soviel Schwingungsenergie wieder zugeführt, als er durch eigene innere Dämpfung oder durch Strahlung nach außen verliert. Ist die Kopplung von L_1 mit L_2 jedoch sehr lose, so wird die dem Anodenkreis zugeführte Energie geringer sein, als die in dem Schwingungskreis verbrauchte Energie, so daß auch dann die Schwingung gedämpft abklingt. Auch bei fester Kopplung von L_1 mit L_2 kann der Fall eintreten, daß eine Schwingungserzeugung nicht eintritt, und zwar dann, wenn der Wicklungssinn der Spulen L_1 L_2 derart ist, daß die im Anodenkreis verstärkt auftretende Hochfrequenzenergie nicht die gleiche Phase hat, wie die im Schwingungskreis $L_1 C_1$ vorhandene. Die Rückkopplung muß eben so beschaffen sein, daß tatsächlich in dem Momente, in welchem an der Röhre die Spannung steigt, der durch die Röhre fließende Strom sinkt, da ja auch nur dann der innere Widerstand der Röhre, der als der eigentliche Wechselstromgenerator angesehen werden muß, einen negativen Wert besitzt. Die an der Röhre liegende Gesamtspannung, die sich aus der Gleichspannung E_1 und der Wechselspannung E_2 zusammensetzt, muß demnach gegen den durch die Röhre fließenden Gesamtstrom, der aus dem Gleichstrom J_1 und dem Wechselstrom J_2 besteht, um 180^0 in der Phase verschoben sein. Wenn wir hier von einem durch die Röhre fließendem Wechselstrom sprechen, so müssen wir bedenken, daß dieser Wechselstrom J_2 (Abb. 52) nur ein sogenannter einseitiger Wechselstrom ist, ein Wechselstrom, der einem Gleichstrom J_1 überlagert ist. Ein solcher einseitiger Wechselstrom ist demnach nichts anderes, wie ein veränderlicher Gleichstrom. Wenn kein Gleichstrom vorhanden wäre, könnte ein reiner Wechselstrom J_3 (Abb. 52) nicht in beiden Richtungen durch die Röhre fließen, da die Röhre den Strom nur in Richtung

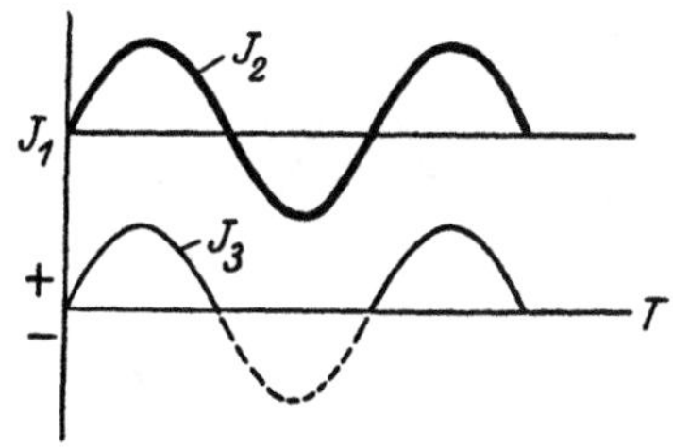

Abb. 52. Der bei der Schwingungserzeugung im Anodenkreis fließende Wechselstrom.

Kathode—Anode durchläßt. In diesem letzteren Falle würde die gestrichelt gezeichnete Wechselstromphase unterdrückt werden. Die für die Schwingungserzeugung notwendigen Phasenverhältnisse zwischen dem durch die Röhre fließenden Gesamtstrom und der an der Röhre liegenden Gesamtspannung sind in der Abb. 53a u. b wiedergegeben. J_1 ist der die Röhre normalerweise durchfließende Gleichstrom, J_2 der bei Erregung der Eigenschwingung von $L_1 C_1$ entstehende Wechselstrom, der sich dem Gleichstrom überlagert, so daß der Gesamtstrom $J_1 + J_2$ entsteht, der den Charakter eines veränderlichen Gleichstromes hat. In der Abb. 53b sind die Verhältnisse für die entsprechende Gleichstromspannung E_1 und die ihr überlagerte Wechselspannung E_2 wiedergegeben, wobei E_2 gegen J_2 um 180° in der Phase verschoben sein muß, damit auch der Gesamtstrom $J_1 + J_2$ um 180° in der Phase gegen die Gesamtspannung $E_1 + E_2$ verschoben ist. Wenn wir bei der Röhre das Gitter außer acht lassen, so ist mit wachsender Anodenspannung ein wachsender Anodenstrom und umgekehrt verbunden. Soll nun trotz steigender Anodenspannung ein Sinken des Anodenstromes, wie es für die Schwingungserzeugung erforderlich ist, eintreten, so kann dies nur durch entsprechende äußere Schaltelemente möglich gemacht werden. Wir wissen nun, daß eine Vergrößerung der Gitterspannung ein Steigen des Anodenstromes und ein Sinken der Gitterspannung, ein Fallen des Anodenstromes zur Folge hat. Wir können demnach bei steigender Anodenspannung ein Sinken des Anodenstromes dadurch erreichen, daß wir die Gitterspannung entsprechend erniedrigen. Mit anderen Worten:

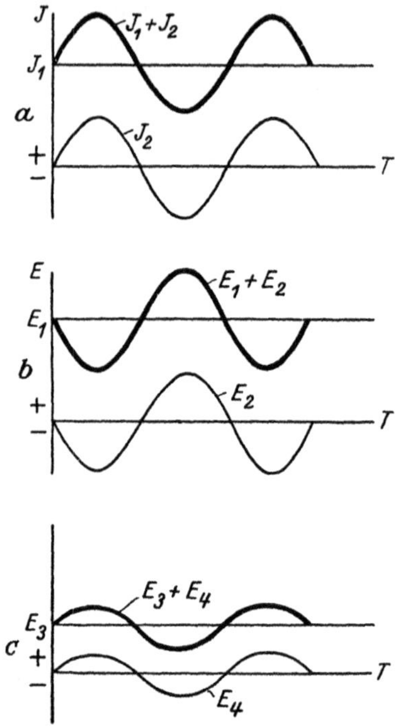

Abb. 53. Phasenverhältnisse der im Anoden- und Gitterkreis bei der Schwingungserzeugung entstehenden Wechselströme und Wechselspannungen.

der innere Röhrenwiderstand kann dadurch **negativ** gemacht werden, daß man dem Gitter immer genau die entgegengesetzte Spannung gibt, wie der Anode, daß also die Gesamtspannung $E_3 + E_4$ am Gitter (Abb. 53c), die sich ebenfalls aus einer Gleich stromspannung E_3 und einer überlagerten Wechselspannung E_4 zusammensetzt, um 180° in der Phase gegenüber der Gesamtspannung $E_1 + E_2$ an der Anode verschoben ist.

4. Röhrensenderschaltungen.

So wie zwei Schwingungskreise miteinander entweder **induktiv**, **galvanisch** oder **kapazitiv** gekoppelt werden können, so ergibt sich auch sinngemäß auf die Schwingungserzeugung durch

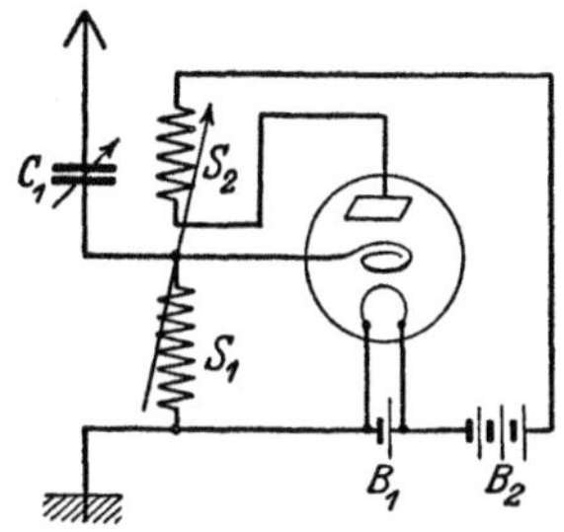

Abb. 54. Induktion, Rückkopplung.

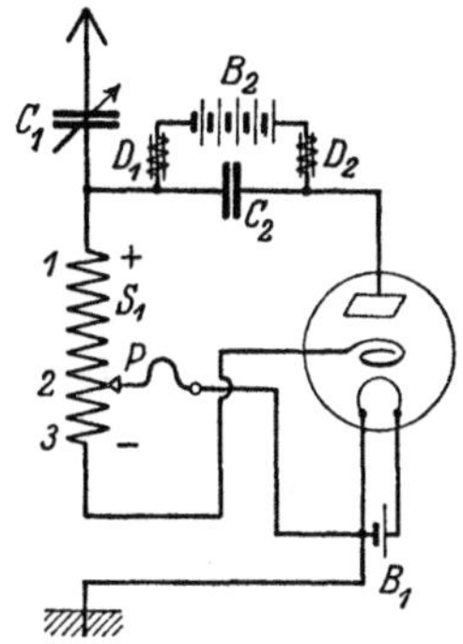

Abb. 55. Galvanische Rückkopplung, Dreipunktschaltung.

die Röhre angewandt, eine dreifache Art der **Rückkopplung**, eine **induktive**, **galvanische** und **kapazitive**. Durch alle drei Rückkopplungsarten wird hierbei **zwangsweise** der an sich **positive** innere Röhrenwiderstand in einen **negativen** verwandelt. Die am meisten in der Praxis verwandte Schaltung ist eine solche **induktiver** Art. Wenden wir diese Art der Rückkopplung nicht, wie es die Abb. 51 zeigt, auf einen **geschlossenen** Schwingungskreis, sondern auf einen **offenen**, einen **Antennenkreis** an, so ergibt sich die in Abb. 54 wiedergegebene Schaltung. Der Antennenabstimmkondensator C_1 und die Spule S_1 liegen in Serie. Die Rückkopplung des Anodenkreises auf das Gitter erfolgt durch die Spule S_2. Bei größeren Energien und demnach höheren Spannungen nimmt man vielfach an Stelle des Drehkondensators C_1 wegen der Durchschlagssicherheit einen festen Kondensator, und an Stelle der festen Spule S_1 ein Variometer: Anstatt den Antennenkreis, wie hier, direkt an die Röhre zu legen, kann man ihn auch induktiv, wie dies meistens bei den Telephoniesenderschaltungen, die in Abschnitt V besprochen werden, geschieht, mit dem Gitterkreis koppeln.

Eine Senderschaltung auf Grund einer Art galvanischer Rückkopplung, die man auch als Spannungsteilerschaltung oder Dreipunktschaltung bezeichnet, zeigt Abb. 55. Die Spule S_1 liegt mit ihrem oberen Ende (1) über die Anodenbatterie B_2 an der Anode der Röhre und mit ihrem unteren Ende (3) an dem Gitter der Röhre. Um nun zu erreichen, daß die dem Gitter zugeführte Spannung eine Phasenverschiebung von 180^0 gegen die Anodenwechselspannung erhält, muß die Kathode der Röhre mit einem Punkte (2) der Spule S_1 verbunden werden. Der Teil 1—2 der Spule S_1 ist dann die Anodenkreisspule und der Teil 2—3 die Gitterkreisspule. Beide Kreise sind also, da sie Teile ein und derselben Spule darstellen, galvanisch miteinander gekoppelt. Die gegenseitige Kopplung kann durch Verschieben des Gleitkontaktes P beliebig geändert werden. Ist die an der Spule liegende Wechselspannung z. B. in einem bestimmten Moment derart gerichtet, daß am Punkte (1), also an der Anode, eine positive Spannung auftritt, so entsteht am Punkt (3), also am Gitter, eine negative Spannung. Es ist demnach die Anodenwechselspannung jeweils um 180^0 gegen die Gitterwechselspannung verschoben und damit die grundlegende Bedingung für die Schwingungserzeugung erfüllt. Durch das Überkreuzen der Gitter und Kathodenzuleitungen zu der Spule S_1 wird somit dasselbe erreicht, wie durch das Koppeln zweier Spulen mit entgegengesetztem Wicklungssinn. Durch diese Spannungsteilerschaltung kann eine Röhre äußerst leicht und bequem zum Schwingen gebracht werden. Damit die Hochfrequenzenergie nicht den Weg über die dämpfende Anodenbatterie zu nehmen braucht, liegen parallel zu der Batterie der Blockkondensator C_2 und in den Anodenstromzuführungen die Drosselspulen D_1 und D_2.

Eine Röhrensenderschaltung mit kapazitiver Rückkopplung ist in Abb. 56 wiedergegeben. Hierbei ist die Gleichstromseite zunächst vollkommen von der Hochfrequenzseite dadurch getrennt, daß einerseits in den Anodenstromzuführungen die beiden Drosselspulen D_1 und D_2 und andererseits in der Zuführung zum Schwingungskreis der Blockkondensator C_2, der groß sein muß gegenüber den anderen in dem Schwingungskreise verwandten Kapazitäten, liegt. Die Hochfrequenzenergie wird demnach durch die Drosselspulen von der Gleichstromseite und die Gleichstromenergie durch den Blockkondensator von der Hochfrequenzseite ferngehalten. Die Antennenspule S_1 und der Antennen- und zugleich Rückkopplungskondensator C_1 liegen in Serie, so daß beide von ein und demselben Wechselstrom durchflossen werden. Wie ohne weiteres ersichtlich ist, wird durch diese Kombination erreicht, daß die Anodenwechselspannung jeweils um 180° in der Phase gegen die Wechselspannung zwischen Gitter und Kathode verschoben ist. Ist der obere Teil der Spule S_1 in einem bestimmten Momente positiv, so wird das Gitter am unteren Teil der Spule und die obere Belegung des Kondensators C_1 negativ und die untere Belegung positiv. Die Spannungen an der Spule und die Spannungen am Kondensator sind demnach beim Durchfließen ein und desselben Wechselstromes stets um 180° in der Phase gegeneinander verschoben. Damit die bei der Schwingungserzeugung entstehenden Gittergleichströme und die Aufladungen des Gitters zur Kathode abfließen können, wird parallel zu dem Kondensator C_1 für gewöhnlich eine Drosselspule D_3 mit hoher Selbsinduktion gelegt, die eine Ableitung für den Gleichstrom ermöglicht, die Hochfrequenzschwingung jedoch nicht durchläßt. Der Grad der Rückkopplung wird durch Änderung der Kapazität des Kondensators C_1 eingestellt. Diese Rückkopplungsschaltung ist namentlich während des Krieges sehr viel bei Telegraphiesendern verwandt worden.

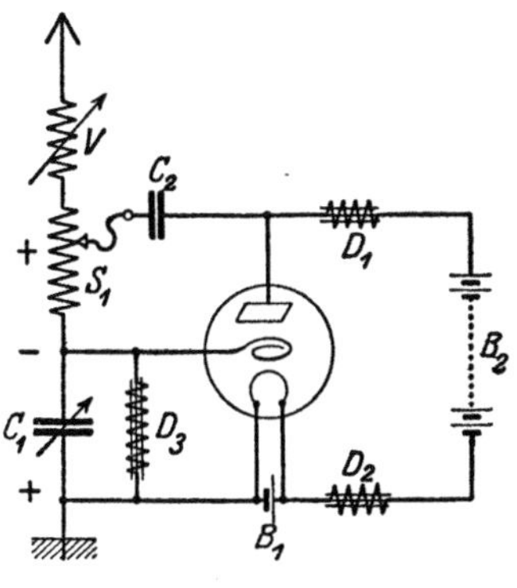

Abb. 56. Kapazitive Rückkopplung.

Eine andere Art von kapazitiver Rückkopplung stellt die von L. Kühn bei der Firma Huth, Berlin, entwickelte Röhrensenderschaltung dar, die in ihrer grundsätzlichen Form in Abb. 57 wiedergegeben ist. Wir haben hierbei zwei getrennte Schwingungskreise, den Antennen- und Anodenkreis I und den Gitterkreis II zu unterscheiden. Beide Kreise sollen jeweils aufeinander abgestimmt sein, sollen also jeweils dieselbe Eigenfrequenz besitzen. Damit eine Schwingung entsteht, muß der Kreis I in irgendeiner Form mit dem Kreis II gekoppelt werden. Die Kopplung der beiden Kreise erfolgt nun durch die Röhre selbst; denn das Gitter und die Anode der Röhre, die beide metallische Gebilde sind, zwischen denen sich als Dielektrikum das Vakuum befindet, stellen nichts anderes dar als einen Kondensator, der der Übersichtlichkeit halber als Kondensator C_4 in die Röhre eingezeichnet ist. Durch diesen Kondensator erfolgt demnach eine **kapazitive Rückkopplung** des Anodenkreises mit dem Gitterkreis. Je genauer die beiden Kreise I und II aufeinander abgestimmt sind, eine desto geringere kapazitive Rückkopplung ist erforderlich, um die einmal entstandene Schwingung dauernd aufrechtzuerhalten. Die Kapazität zwischen Gitter und Anode ist namentlich bei Senderöhren so groß, daß sie hierfür vollkommen genügt. Den Mechanismus dieser **inneren kapazitiven Rückkopplung** kann man sich auch noch folgendermaßen veranschaulichen: Wird der Anodenkreis beispielsweise durch den Schalter T geschlossen, so fließt ein Strom durch die Röhre, so daß auch an das Gitter der Röhre Elektronen gelangen, die den Gitterkondensator C_3 aufladen, der sich jedoch sofort wieder durch die Spule S_2 entlädt. Bei dieser Entladung wird die Eigenfrequenz des Kreises II erregt, wodurch eine periodische Änderung der Spannung zwischen Kathode und Gitter eintritt. Entsprechend diesen Gitterspannungsschwankungen tritt auch eine periodische Änderung des Anodenstromes, der durch die Spule S_1 fließt, auf. Diese Änderung wird um so stärker und um so ausgeprägter sein, je genauer sie mit der Eigenfrequenz des Kreises II übereinstimmt, je genauer demnach der Kreis I auf den Kreis II abgestimmt ist. Durch die im Kreise I entstehenden Schwingungen, die gleichbedeutend mit einer periodischen Änderung des durch die Röhre fließenden Gleichstromes sind, wird das Gitter und damit auch der Kondensator C_3 perio-

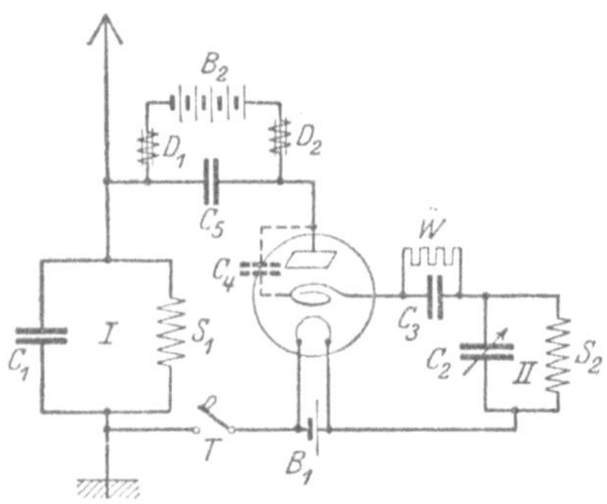

Abb. 57. Kühnsche Rückkopplungsschaltung.

disch aufgeladen und entladen, so daß die im Kreise II einmal entstandene Eigenschwingung dauernd aufrechterhalten wird, wodurch wieder eine verstärkte Beeinflussung des Anodenstromes und damit der Schwingung im Kreise I auftritt. Infolge der steten Energiezufuhr, die letzten Endes aus der Gleichstrombatterie B_2 stammt, treten demnach im Gitterkreis und Anodenkreis ungedämpfte Schwingungen auf. Damit auch in dieser Schaltung der entstehende Gittergleichstrom zur Kathode abfließen kann, ist der Kondensator C_3 durch einen hochohmigen Widerstand, der entsprechend der jeweils verwandten Röhrengröße und Röhrentype dimensioniert wird, überbrückt.

Auf die technische Ausbildung der Röhrensender und die Verwendung der hier in ihren Grundzügen wiedergegebenen verschiedenen Schaltungsmöglichkeiten in der Radiotelephonie werden wir später in Abschnitt V eingehen.

5. Schwingungserzeugung durch Fremderregung. Der Steuersender.

Anstatt in der Antenne entsprechend den im vorigen Kapitel beschriebenen Schaltungen die Schwingungen direkt durch Rückkopplung zu erzeugen, kann man auch noch eine andere Schal-

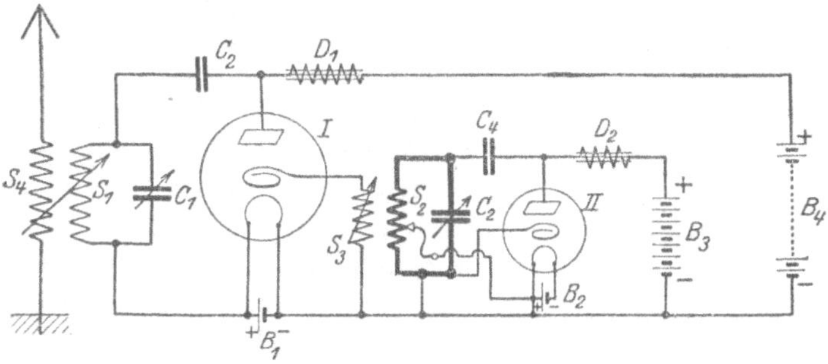

Abb. 58. Steuersenderschaltung.

tungsart verwenden, bei der die eigentliche, auf die Antenne arbeitende Senderöhre nicht selbst Schwingungen erzeugt, sondern die Schwingungen eines anderen meist kleineren Röhrensenders aufnimmt, **verstärkt** und dann dem Antennenkreis zuführt. Eine derartige **Steuersenderschaltung** ist in Abb. 58 wiedergegeben. Die Senderöhre I ist über den Blockkondensator C_2 mit dem

Schwingungskreis $S_1 C_1$ verbunden. Die Gitterspule S_3 ist mit der Spule S_2 gekoppelt. Die Steuerröhre II erzeugt in Rückkopplungsschaltung ungedämpfte Schwingungen, deren Frequenz durch die Größe von S_2 und C_2 bestimmt wird. Diese Schwingung wird auf die Spule S_3 und damit auf das Gitter der Röhre I übertragen. Die Schaltung der Röhre I ist lediglich eine Hochfrequenzverstärkerschaltung, so daß also die in den Gitterkreis aufgenommene Energie in verstärktem Maße in dem Schwingungskreis S_1 C_1 zur Geltung kommt und durch die Antenne ausgestrahlt wird. Die Röhre II steuert mithin die Röhre I. Außer für Telegraphie, hat diese Schaltung auch für Telephonie vielfach Verwendung gefunden.

6. Schwingungsform und Leistung vom Röhrensender.

Dem durch die Röhre fließenden Anodengleichstrom überlagert sich im Falle der Schwingungserzeugung ein Wechselstrom, so daß als Endeffekt ein periodisch an- und abschwellender Gleichstrom oder, wie man auch sagt, ein einseitiger Wechselstrom entsteht. Dieser Strom ist nun einerseits durch den Sättigungsstrom der Röhre und andererseits durch den Wert Null begrenzt. Da die Größe des Anodenstromes ferner von der Gitterspannung abhängig ist, so wird je nach der Höhe der Gitterspannung der Anodenstrom seine Grenzwerte erreichen oder zwischen seinen Grenzwerten mehr oder weniger hin- und herschwanken. Diese Verhältnisse können wir uns am besten an Hand der Abb. 59 und 60 klarmachen. Abb. 59 stellt die Charakteristik der Röhre, die Abhängigkeit des Anodenstromes J von der Gitterspannung V dar. Bei der negativen Gitterspannung V_2 wird der Anodenstrom = Null, und bei der positiven V_3 erreicht er seinen Sättigungswert J_2, um dann bei noch höheren positiven Gitterspannungen konstant zu bleiben. Wir nehmen nun an, das Gitter habe eine positive Vorspannung V_1, so daß durch die Röhre ein Anodenstrom von der Größe J_1 fließt. Wird nun dem Gitter bei der Rückkopplung durch

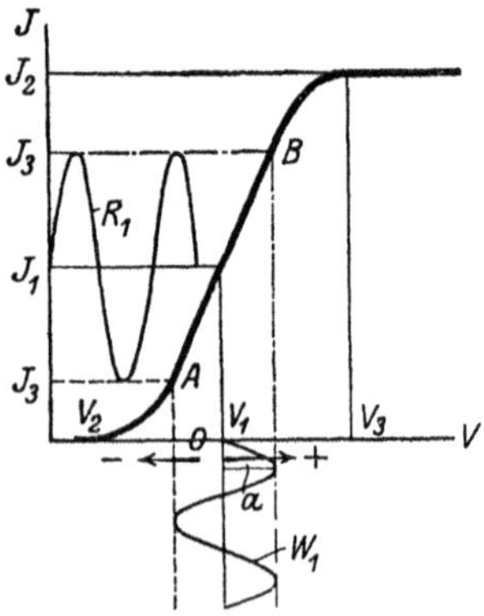

Abb. 59. Charakteristik eines Röhrensenders bei sinusförmiger Schwingung.

die von dem Anodenstromkreis übertragene Wechselspannung eine periodische Wechselspannung W_1 von der Amplitude a aufgeprägt, so wird der Anodenstrom entsprechend dieser Wechselspannung zwischen dem unteren und oberen Wert von J_3 hin- und herschwanken. Da man sich hierbei auf dem geradlinigen Teile A—B der Charakteristik bewegt, so ist der entstehende Wechselstrom R_1, der sich dem Anodenruhestrom J_1 überlagert, sinusförmig. Da der an die Röhre angeschlossene Schwingungskreis (Antennenkreis) seine Hochfrequenzenergie aus dem Anodengleichstrom erhält, so wird auch die in diesem Schwingungskreis entstehende Schwingung von der gleichen Form sein wie der in der Röhre dem Anodengleichstrom überlagerte Wechselstrom. Mit anderen Worten: Bewegt sich die Änderung des Anodengleichstromes, wie es in Abb. 59 wiedergegeben ist, auf dem geradlinigen Teile der Charakteristik, ist also der dem Geichstrom überlagerte Wechselstrom sinusförmig, so muß auch die von der Antenne ausgestrahlte Hochfrequenzschwingung sinusförmig sein. Die ausgestrahlte Schwingung erhält jedoch eine andere Form, wenn, wie dies in Abb. 60 dargestellt ist, die dem Gitter durch die Rückkopplung aufgedrückte Wechselspannung W_2 eine größere Amplitude, beispielsweise die Amplitude a_1, besitzt. Der Anodenstrom wird dann in Abhängigkeit von der Gitterspannung sowohl seinen Nullwert als auch seinen Sättigungswert J_2 erreichen. Er bewegt sich demnach nicht mehr auf dem geradlinigen Teile der Charakteristik, so daß der Anodenwechselstrom die in der Kurve R_2 angegebene Form annimmt. Diese Kurve ist in ihrem oberen und unteren Teile abgeflacht und mithin nicht mehr rein sinusförmig. Wie wir früher an Hand der Abb. 33 gezeigt haben, enthält eine Schwingung, die nach

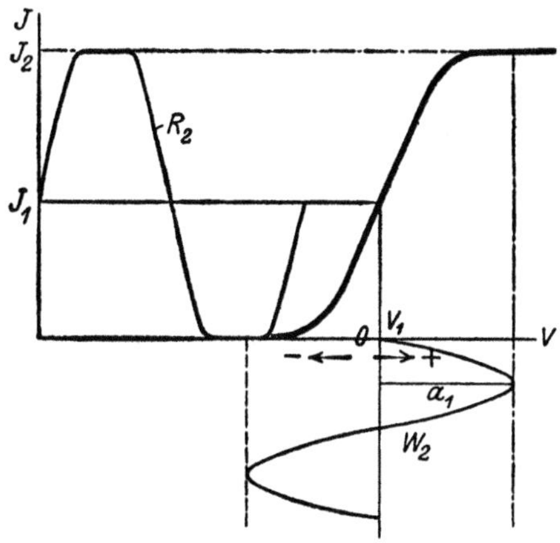

Abb. 60. Charakteristik eines Röhrensenders bei nicht sinusförmiger Schwingung.

der Kurvenform R_2 verläuft, neben der Grundfrequenz alle möglichen Oberschwingungen, insbesondere die ungeraden Harmonischen. Die Form der Anodenstromänderung gemäß Kurve R_2 prägt sich, genau wie in unserem vorhergehenden Beispiel, auch der Schwingung auf, die in dem an die Röhre angeschlossenen Schwingungskreis (Antennenkreis) entsteht. Diese Schwingung ist deshalb auch nicht mehr rein sinusförmig und einwellig, sondern enthält mehr oder weniger Oberschwingungen. Diese Oberschwingungen machen sich besonders bei Röhrensendern mit großen Energien unangenehm bemerkbar. Macht man nämlich die Rückkopplung oder bei Steuersendern die Steuerung derart schwach, daß der Anodenstrom sich nur auf dem geradlinigen Teil der Charakteristik auf- und abbewegt, so ist zwar die Schwingung rein sinusförmig, die Energieausbeute aber sehr gering. Eine größere Energieausbeute ist nur zu erzielen, wenn die Verhältnisse gemäß Abb. 60 gewählt werden. Durch Einschaltung von Zwischenkreisen zwischen dem Schwingungskreis der Röhre und dem Antennenkreis läßt sich zwar die Energie der Oberschwingungen bedeutend herabmindern. Sie sind jedoch bei dem heutigen äußerst empfindlichen Überlagerungsempfang oft noch in einer Entfernung von Hunderten von Kilometern von der betreffenden Sendestation nachzuweisen. Daher kommt es auch, daß man z. B. bei Telephoniesendern sogar in größerer Entfernung vom Sender nicht allein Telephonieempfang auf der Grundwelle, sondern auch auf allen möglichen anderen Wellen, die ein ganzes Vielfache der Grundwelle darstellen, erhält. Auf die weitere Möglichkeit der Entstehung von Kombinationsschwingungen usw. wollen wir hier nicht näher eingehen. Wenn die Gitterspannungsschwankungen noch stärker sind, wie in Abb. 60 wiedergegeben ist, so nimmt der Anodenstrom und demnach auch die von der Antenne ausgestrahlte Schwingung eine Kurvenform gemäß Abb. 61 an. Der obere Teil der Kurve zeigt eine mehr oder weniger starke Einbuchtung, die auf folgendes zurückzuführen ist: In Abhängigkeit von der Gitterspannung tritt nicht allein eine Änderung des Anodenstromes, sondern auch eine Änderung des Gitterstromes ein. Gitterstrom + Anodenstrom ergeben den durch die Röhre fließenden Gesamtstrom, dessen Maximalwert der Sättigungsstrom der Röhre ist. In Abhängigkeit von der Gitterspannung steigen nun sowohl der Anodenstrom als auch der Gitterstrom an, bis beide bei einer bestimmten Gitterspannung konstant werden. In diesem Augenblick ergibt Anodenstrom + Gitterstrom den Sättigungsstrom der Röhre, so daß also auch bei einem weiteren Steigen der Gitterspannung sowohl der Anodenstrom als auch der Gitterstrom zunächst nicht weiter ansteigen können. Wird jedoch die Gitterspannung noch weiter gesteigert, so kann der Moment eintreten, wo die Gitterspannung auf die von der Kathode austretenden Elektronen einen größeren Einfluß ausübt als die Anodenspannung, so daß also mehr Elektronen zum Gitter als durch das Gitter hindurch zur Anode gehen. Die Folge davon ist, daß der Gitterstrom ansteigt. Da Gitterstrom + Anodenstrom nur den konstanten Sättigungsstrom ergeben können, so muß demnach der

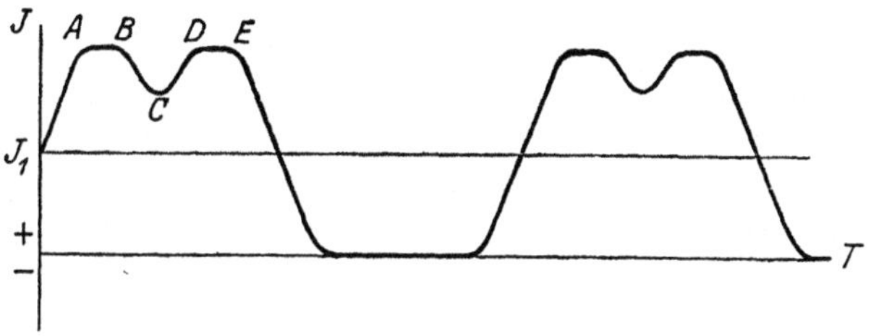

Abb. 61. Röhrensenderschwingung bei sehr starker Steuerung.

Anodenstrom sinken. Auf den Fall der Schwingungserzeugung übertragen, wird deshalb der Anodenstrom bei sehr hohen positiven Gitterspannungen zunächst von A—B (Abb. 61) konstant bleiben, um dann mehr oder weniger stark bis C abzusinken; bei der Umkehrung der Gitterspannung wird er wieder bis D ansteigen, bis E konstant bleiben und dann, entsprechend unseren Betrachtungen an Hand der Abb. 59 und 60, weiterverlaufen. Bei einer Schwingung, die eine Form dieser Art hat, sind die Oberwellen verschieden stark ausgeprägt.

Wenn man auch durch starke Aussteuerung einer Röhre verhältnismäßig hohe Schwingungsenergien entziehen kann, so sind diese Energien jedoch durch die Dimensionierung der verwandten Röhren begrenzt. Während es heute ein leichtes ist, Maschinen- und Lichtbogensender mit einer Leistung von einigen hundert Kilowatt zu bauen, ist dies bei Röhrensendern mit einer einzigen Röhre nicht möglich. Die Hauptschwierigkeiten bestehen in dem Bau des Glaskörpers, der Evakuierung der Röhre, der ungenügenden Wärmeabfuhr von den beim Betrieb in Rotglut kommenden Anodenblechen und ferner in der Beschaffung eines möglichst hohen und konstanten Gleichstromes. Gerade die Wärmeabfuhr von der Anode gestaltet sich bei den großen Röhren von über 5 kW äußerst schwierig, weshalb man auch heute noch meistens nur Röhren bis zu 5 kW Leistung baut. Telefunken verwendet zwar in neuerer Zeit sowohl bei dem Deutschlandsender in Königswusterhausen als auch bei dem neuen Wiener Rundfunksender Röhren von je 10 kW Leistung, bei denen zur Wärmeabfuhr eine Wasserkühlung der Röhren erforderlich ist. Die bisherigen Erfahrungen mit diesen Röhren scheinen gut zu sein. Im Ausland hat man verschiedentlich auch Röhren mit weitaus größeren Leistungen gebaut und auch praktisch bei Sendern verwandt. Es sei hier beispielsweise auf die im Pasteur-Institut in Paris entwickelte Holweek-Röhre hingewiesen, die bei einem Eiffelturmsender zur Verwendung kommt. Die Röhre hat eine Leistung von 32 kW bei einer Anodenspannung von 8000 Volt. Während des Betriebes wird die Röhre dauernd durch eine Molekularluftpumpe auf höchstem Vakuum gehalten. Eine ähnliche Röhre wird von der Firma Philips in Holland gebaut. Die Röhre hat zwei Heizfäden und verbraucht für einen Heizdraht bei 17 Volt Spannung 40 Amp. Die Anode befindet sich bei dieser Röhre nicht mehr im Innern der Röhre, sondern ist nach außen als Verlängerung des Glasrohres gelegt. Um eine gute Evakuierung zu erreichen, ist sie mit dem Glasrohre fest verschmolzen. Die außenliegende Anode wird in ein Kühlgefäß mit fließendem Wasser getaucht, wodurch eine gute Wärmeabfuhr ermöglicht wird. Die Anodenspannung beträgt 8000 Volt, die Röhrenleistung ca. 32 kW. Philips baut nach dem gleichen Prinzip sogar Röhren mit einer Leistung von 70 kW, die einen Wirkungsgrad von 85% haben sollen. Über die Brauchbarkeit dieser Röhre in der Praxis liegen Veröffentlichungen nicht vor.

Zur Erzeugung der Anodenspannungen verwendet man bei Röhrensendern kleinerer Leistung Gleichstrommaschinen, bei Röhrensendern großer Leistung meistens gleichgerichteten Wechselstrom, weil Gleichstrommaschinen für hohe Spannungen nur schwer zu bauen und zu warten sind. Zur Gleichrichtung des Wechselstromes werden sog. Kenotrons, Elektronenröhren ohne Gitter verwandt.

Für Röhrensender großer Leistung muß man mehrere Röhren parallelschalten. Dieses Parallelschalten von Röhren macht an und für sich keine besonderen Schwierigkeiten, da man nur die entsprechenden Kathoden, Gitter und Anoden der Röhren miteinander zu verbinden braucht. Um zu vermeiden, daß noch andere störende Wellen erzeugt werden, müssen diese Verbindungsleitungen sehr sorgsam geführt werden.

Ob in Zukunft auch zur Überbrückung von sehr großen Entfernungen Energien von einigen Kilowatt erforderlich sind oder ob man mit wesentlich geringeren Energien auskommt, ist heute noch nicht voll geklärt. Die überaus günstigen Ergebnisse, die man jedoch in dieser Richtung bei Verwendung von kurzen Wellen sowohl bei Telegraphie als auch bei Telephonie erzielt hat, berechtigen zu der Hoffnung, daß man hier einstmals mit Energien von einigen hundert Watt und weniger auskommen wird. Da der Röhrensender z. Zt. das einzige System ist, mit dem kurze ungedämpfte Wellen unter 100 m bis zu wenigen Zentimetern Wellenlänge herab hergestellt werden können, so ergibt sich für ihn noch eine große Zukunft; denn in der Kurzwellentelegraphie und Telephonie erschließt sich uns nunmehr ein Gebiet, auf dem wir noch große Überraschungen zu erwarten haben.

III. Das Problem der Radio-Telephonie vom Standpunkt der Akustik und Hochfrequenztechnik.

Der heutige Rundfunk, nach seinem ureigensten Ziel und Zweck betrachtet, stellt an und für sich nichts wesentlich Neues dar; denn Rundfunk ist ja nichts weiter als Nachrichtenverbreitung im weitesten Sinne des Wortes. Der Redner an dem Pulte, die Schauspieler und das Orchester im Theater haben in dieser Hinsicht schon „Rundfunktechnik“ betrieben, als man noch nichts von der Existenz der elektrischen Wellen wußte. Das gesprochene Wort, der Klang der Instrumente, die durch mechanische Bewegungen materieller Teilchen entstehen, erzeugen in der umgebenden Luft Schallwellen, die sich durch die Luft nach allen Richtungen hin fortpflanzen, das Ohr der Zuhörer erreichen und durch Übertragung auf das Nervensystem Empfindungen auslösen, die wir mit Sprache und Musik bezeichnen. Bei diesem, wollen wir sagen, „akustischen Rundfunk“ haben wir als eigentliches Agens die Schallwellen und als Träger für diese Wellen die Luft. Der Wirkungsbereich dieses Rundfunks ist, wie die Erfahrung zeigt, klein, da die Schallwellen zu schnell in der Luft verklingen. Man hat deshalb zu anderen Wellen, und zu einem anderen Träger für diese Wellen gegriffen, um einen allgemeinen Nachrichtenaustausch auf große Entfernungen, auf Entfernungen, in denen die Schallwellen versagen, zu erreichen. Diese Wellen sind die elektrischen Wellen, und ihr Träger ist der den ganzen Raum erfüllende Äther, den sie nach allen Richtungen Tausende von Kilometern weit mit ungeheurer Geschwindigkeit durcheilen. Obwohl der Mechanismus dieses „elektrischen Rundfunks“, wenn wir ihn so nennen wollen, der Form nach dem „akustischen“ gleicht, stellt er doch wieder etwas Neues dar, und zwar deswegen, weil einerseits die mechanischen Schwingungen, auf Grund deren Sprache und Musik entsteht, nicht direkt, sondern erst auf dem Umwege über die Schallwellen in elektrische Schwingungen verwandelt werden und weil andererseits der Mensch kein Organ zur direkten Wahrnehmung von elektrischen Schwingungen hat, sondern auch hier wieder der Umweg über die akustischen Schwingungen gewählt werden muß. In diesen vielfachen Umwandlungen sind auch die technischen Schwierigkeiten begründet, die zu überwinden sind, um die naturgetreue Wiedergabe der an einem bestimmten Ort entstehenden Sprache und Musik, an einer anderen unter Umständen weit entfernten Stelle im Raume zu erreichen. Die hierbei zu lösenden Probleme sind sowohl akustischer, als auch hochfrequenztechnischer Art, Probleme, die zu den interessanten gehören, an deren Lösung heute Menschengeist und Menschenhand arbeitet. Diese Probleme wollen wir jedoch hier nur insoweit behandeln, als sie die reine Sendetechnik betreffen.

A. Das Problem der drahtlosen Übertragung von Sprache und Musik vom Standpunkte der Akustik.

Bei der drahtlosen Übertragung von Sprache und Musik müssen auf der Sendeseite Schallwellen in elektrische Wellen umgewandelt werden. Diese Umwandlung geht in zwei Stufen vor sich. Zunächst werden die Schallwellen durch ein Organ, das wir mit Mi-

krophon bezeichnen, in elektrische Stromänderungen verwandelt, dann werden diese Stromänderungen ihrerseits zur Steuerung der vom Sender erzeugten und von der Sendeantenne ausgestrahlten Hochfrequenzschwingungen benutzt. Wie diese elektrischen Stromänderungen und die ausgestrahlten Hochfrequenzschwingungen beschaffen sein müssen, erkennen wir am besten, wenn wir die bei Sprache und Musik entstehenden Schallschwingungen einer genaueren Betrachtung unterziehen.

1. Der Frequenzbereich von Sprache und Musik.

Schlagen wir eine Stimmgabel an, so werden die Zinken derselben regelmäßige periodische Bewegungen ausführen, die in der umgebenden Luft Verdünnungen und Verdichtungen, Schallwellen erzeugen, durch deren Auftreffen auf das menschliche Trommelfell ein bestimmter Ton empfunden wird. Je schneller die mechanischen Bewegungen der Stimmgabel erfolgen, desto höher, je langsamer sie erfolgen, desto tiefer ist der Ton. Nehmen wir z. B. eine Stimmgabel, die den willkürlich festgesetzten Kammerton a^1 erzeugt, so zeigt es sich, daß die Zinken der Stimmgabel 435 mal in der Sekunde hin- und herschwingen. Der Kammerton a^1 hat demnach die Frequenz von 435 pro Sekunde. Jeder höhere oder tiefere Ton hat eine entsprechend andere Frequenz. Dabei ist es ganz gleichgültig, ob der betreffende Ton von der Stimmgabel, den menschlichen Stimmbändern oder einer Orgelpfeife usw. erzeugt wird. Entsteht ein Ton einer bestimmten Höhe, so müssen mithin immer mechanische Teile periodische Bewegungen der betreffenden Frequenz ausführen. Bei der Stimmgabel sind es die Zinken, bei der Sprache die Stimmbänder, beim Klavier die Saiten usw. Die einzelnen Töne unterscheiden sich ferner außer durch ihre Frequenz noch durch ihre Stärke. Je stärker der Anschlag der Klaviersaite, desto lauter ist der Ton, je schwächer er ist, desto leiser ist er. Diese Unterscheidungen sind vollkommen eindeutig und physikalisch genau definiert. Und doch wissen wir aus der Erfahrung, daß der von der Stimmgabel erzeugte Ton etwas anderes ist, als der von einer Flöte erzeugte, daß der von einer Männerstimme gesungene Ton a^1 anders klingt, als der von einer Frauenstimme gesungene, auch dann, wenn beide Töne genau dieselbe Höhe und genau dieselbe Stärke haben. Die einzelnen Töne unterscheiden sich demnach noch durch etwas anderes, durch die sogenannte Klangfarbe. Man war lange Zeit im unklaren, auf welchen physikalischen Gesetzen dieser Unterschied in der Klangfarbe beruht. Noch mehr war man im unklaren, wie die Schallschwingungen der Konsonanten zustande kommen. Auf diese Klangfarbe von Sprache und Musik werden wir weiter unten noch eingehen. Hier wollen wir zunächst festlegen, wie weit schon der akustische Frequenzbereich auch ohne Berücksichtigung der Klangfarbe der einzelnen Töne und Laute geht. Dieser Frequenzbereich ist in der nachstehenden Tabelle 3 für einige der wichtigsten Musikinstrumente, für die menschliche Sprache und den Gesang wiedergegeben. Die angeführten Werte sind teilweise als Durchschnittswerte zu betrachten.

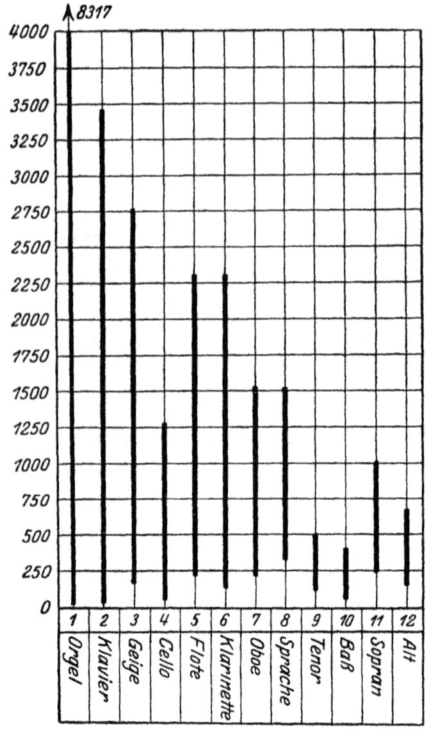

Abb. 62. Frequenzbereich von Sprache und Musik.

Tabelle 3.

Lfd. Nr.	Art des Tonerzeugers	Tiefster Ton	Höchster Ton	Frequenzbereich in Perioden pro Sekunde
1	Orgel	C_2	c^6	16—8317
2	Klavier	A_2	a^4	27,19—3480
3	Geige	g	f^4	193,8—2762
4	Cello	C	e^3	64,66—1304
5	Flöte	h	d^4	244,1—2323
6	Klarinette	e	d^4	162,9—2323
7	Oboe	h	g^3	244,1—1550
8	Sprache	f^1	g^3	345,3—1550
9	Tenor	c	c^2	129,3—517,3
10	Baß	F^1	f^1	86,31—345,3
11	Sopran	c^1	c^3	258,7—1035
12	Alt	f	f^2	172,6—690,5

Der besseren Übersicht halber sind diese Werte in der Abb. 62 graphisch dargestellt.

Hiermit ist allerdings der akustische Frequenzbereich an und für sich noch nicht erschöpft, insbesondere was die Grenze nach oben anbelangt: Wenn wir auch den tiefsten „Ton“ der Orgel mit 16 Schwingungen pro Sekunde angegeben haben, so wird dieser „Ton“ von dem Ohre jedoch nicht mehr als Ton empfunden, sondern nur noch als Geräusch. Erst eine Schwingung von 24 Perioden pro Sekunde kann als Ton angesprochen werden. Hiermit ist der Musikbereich nach unten begrenzt. Die absolute Grenze nach oben ist schwerer festzustellen. Während der normale Musikbereich, wie schon bemerkt, bis ca. 4000 Schwingungen pro Sekunde geht, liegen beispielsweise manche Vogelstimmen noch wesentlich höher. Weiter kann man auch durch Rotation eines Zahnrades, gegen welches man eine Karte hält, außerordentlich hohe Töne erhalten. Bezüglich der Wahrnehmbarkeit dieser Töne durch das menschliche Ohr sind zahlreiche Versuche von den verschiedensten Forschern angestellt worden. Während Chladni die obere Grenze der Hörbarkeit bei etwa 8000 Schwingungen pro Sekunde annahm, konnte M. Th. Edelmann den Nachweis erbringen, daß von einzelnen Personen noch Töne wahrgenommen werden können, deren Frequenz bis zu 50000 pro Sekunde beträgt. Wenn auch diese hohen Frequenzen bei der Übertragung von Sprache und Musik durch den Rundfunk nicht in Betracht kommen, so ist doch auch andererseits mit der Frequenz von etwa 4000 pro Sekunde die äußerste Grenze nicht festgelegt, selbst dann nicht, wenn nur Instrumente zur Verfügung ständen, die keinen höheren Grundton als den mit der Frequenz 4000 erzeugen könnten; denn wie wir schon eingangs bemerkten, haben die von verschiedenen Instrumenten erzeugten Töne einen verschiedenen Klang. Diese Klangfärbung bedingt nun eine weitere bedeutende Erweiterung des Frequenzbereiches.

2. Die Schwingungen von Vokalen, Konsonanten und Klängen.

Wenn von einer Schallquelle, z. B. einer Stimmgabel, ein Ton mit nur einer Frequenz ausgeht, so werden die dadurch in Mitleidenschaft gezogenen Luftteilchen auch nur eine einfache harmonische Bewegung ausführen, so daß die entstehende Wellenform eine Sinuslinie darstellt. Gehen jedoch von einer Schallquelle,

z. B. einem Orchester, zu gleicher Zeit eine Reihe von Tönen mit den verschiedensten Frequenzen aus, so werden die einzelnen Luftteilchen von mehreren Bewegungszentren Stöße in verschiedenen Richtungen erhalten, die sich gemäß dem Parallelogramm der Bewegungen zu einer einzigen kompliziert verlaufenden Bewegung zusammensetzen, und dementsprechend auch eine äußerst komplizierte Wellenform ergeben. Auf diese Superposition von Schwingungen sind wir bereits auf Seite (12) eingegangen. Aus der Abb. 9 können wir beispielsweise ersehen, welche Wellenform IV entsteht, wenn zwei Sinusschwingungen I und III, von denen die eine die doppelte Frequenz, wie die andere hat, zusammenwirken. Akustisch betrachtet würde das bedeuten, daß z. B. zwei Stimmgabeln, von denen die eine den Kammerton $a^1 = 435$ Schwingungen pro Sekunde, und die andere den Ton $a^2 = 870$ Schwingungen pro Sekunde hat, zu gleicher Zeit angeschlagen würden, wobei dann noch der Ton a^2 halb so stark sein soll, wie a^1. Wirken noch mehr reine Sinusschwingungen mit verschiedenen Frequenzen und Amplituden zusammen, so können sich Schwingungsgebilde ergeben, die etwa eine Form haben, wie die in Abb. 63 wiedergegebene Kurve. Umgekehrt kann aber auch jede noch so komplizierte Schwingungskurve wieder in ihre Komponenten zerlegt werden, da nach einem mathematischen Satze von Fourier jede periodische Bewegung, gleichgültig welcher Form, sich als die Summe von einfachen harmonischen Bewegungen ergibt. Was nach Fourier auf mathematischem und konstruktivem Wege geschieht, besorgt z. B. das menschliche Ohr in der Praxis. Die Untersuchungen von Helmholtz haben gezeigt, daß das Ohr tatsächlich nur harmonische Luftbewegungen als Töne wahrnimmt, daß es aber andererseits befähigt ist, jede zusammengesetzte Schwingung in einfache harmonische Schwingungen zu zerlegen. Nach unseren bisherigen Betrachtungen müßten wir annehmen, daß jeder Ton, sei es von der menschlichen Stimme oder der

Abb. 63. Akustische Schwingungskurve.

Flöte usw., ein rein sinusförmiges Schwingungsgebilde darstellt, und daß erst durch Zusammenwirken dieser verschiedenen Töne von verschiedenen Instrumenten sich ein Schwingungsgebilde ergibt ähnlich dem in Abb. 63 wiedergegebenen. Das ist ein Irrtum, wie die zahlreichen Versuche, auf die wir weiter unter noch zu sprechen kommen, die namentlich in den letzten Jahren in systematischer Form angestellt wurden. Der Vokal der menschlichen Stimme, der gesungene oder gespielte Ton von einer bestimmten Höhe stellt nicht eine sinusförmige Schwingung einer ganz bestimmten Frequenz dar, sondern ist an sich schon ein kompliziertes Gebilde, und enthält zahlreiche Töne anderer Frequenzen und anderer Amplituden. Schon Helmholtz führte die Klangfarbe der einzelnen Töne verschiedener Instrumente auf die in ihnen enthaltenen Teiltöne zurück. Die von ihm und seinen Nachfolgern angestellten Experimente bestätigten seine Theorie. Weiter unten werden wir noch zeigen, daß die Klangfarbe der einzelnen Instrumentaltöne daher kommt, daß jeder Ton mehr oder weniger Oberschwingungen besitzt. Zunächst wollen wir das Gebiet der Sprachklänge näher betrachten. Hier ist es erst vor wenigen Jahren gelungen, die Beschaffenheit der Vokale und Konsonantem vollkommen aufzuklären. Die diesbezüglichen Untersuchungen verdanken wir in erster Linie dem deutschen Physiologen Stumpf und dem Amerikaner Miller, die beide ganz unabhängig voneinander zu denselben Ergebnissen gelangten. Die Beschreibung der Methoden, auf Grund deren sie eine vollkommene Klanganalyse der Vokale und Konsonanten durchführten, würde hier zu weit führen, wir wollen uns deshalb nur mit den Ergebnissen dieser Forschungen befassen. Hiernach kommt der eigentümliche Klang eines Vokales dadurch zustande, daß durch die Stimmbänder und in der Mundhöhle Luftschwingungen entstehen, welche mehrere Töne von ganz bestimmter Tonhöhe ergeben, die sich dann superponieren und zu einem Vokalklang vereinigen. Diesen Beitönen, welche den Vokal bilden, formieren, wurde von Hermann der Name Formant gegeben. Sie liegen harmonisch zu dem Grundton, auf dem der Vokal aufgebaut ist und verschieben sich automatisch mit diesem nach oben oder nach unten, je nachdem der Vokal von einer hellen Sopranstimme oder einer tiefen Baßstimme ausgesprochen wird. Nun ist aber derselbe Vokal auf dem gleichen

Grundton aufgebaut, aber von zwei verschiedenen Stimmen, z. B. zwei verschiedenen Baßstimmen, gesprochen, doch noch nicht derselbe, obwohl bei beiden die gleichen Formanten zusammenwirken. Diese „Färbung“ der Vokale, dieser verschiedene Vokalklang, der für die einzelnen Personen charakteristisch ist,

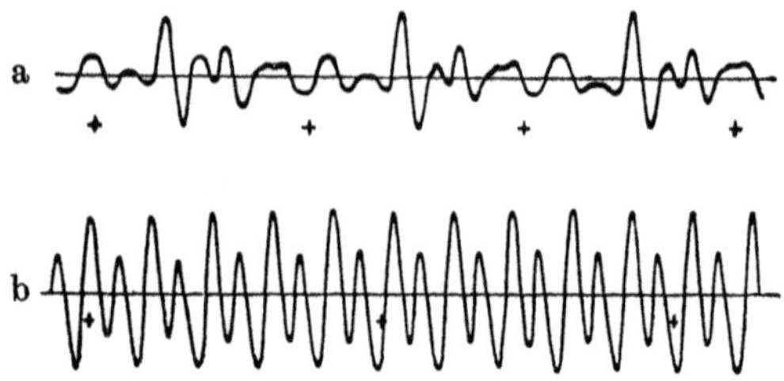

Abb. 64. Schwingungskurven des Vokales *A*.

kommt daher, daß der Vokal außer seinen Formanten auch noch zahlreiche Obertöne verschiedener Frequenz und Stärke enthält. Zwei in verschiedener Höhenlage gesungene Vokale *A* sind in der Abb. 64 wiedergegeben, und zwar in Abb. 64a für eine Baßstimme und in Abb. 64b für eine Sopranstimme. Schon aus dieser graphischen Darstellung ergibt sich, daß zwischen beiden ein wesentlicher Unterschied besteht. Der von der Baßstimme gesungene Ton ist auf den Grundton *Fis* = 91 Schwingungen pro Sekunde und der von der Sopranstimme gesungene auf den Grundton b^1 = 488 Schwingungen pro Sekunde aufgebaut. Dabei ist es interessant festzustellen, daß die Hauptenergie der Schwingung nicht bei dem Grundton, sondern bei einer höheren Frequenz, etwa bei der Frequenz 900 pro Sekunde liegt. In der Abb. 65 ist graphisch

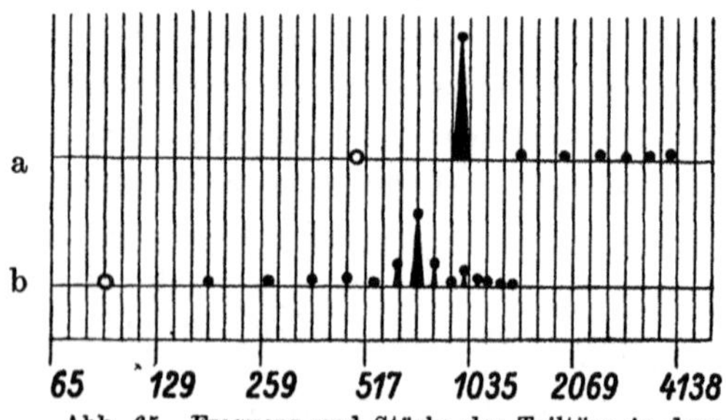

Abb. 65. Frequenz und Stärke der Teiltöne in dem Vokal *A*.

dargestellt, welche Frequenzen beim Singen des Tones *A* sowohl bei der Sopran- (Abb. 65a) als auch der Baßstimme (Abb. 65b) auftreten. Die Energie der betreffenden Frequenzen ist durch die Höhenlage der angegebenen Punkte bezeichnet. Der Grund-

[1]) Die Abb. 64, 65, 66, 67, 68 sind den Veröffentlichungen von K.W. Wagner über die Stumpfschen Versuche entnommen (E. T. Z. 1924. Heft 19, S. 451).

ton, auf dem der Vokal *A* aufgebaut ist, ist mit einem kleinen Kreis bezeichnet. Es ist nun charakteristisch, daß jeder Vokal, ganz gleich, auf welchem Grundton er aufgebaut ist, stets seine maximale Schwingungsenergie in einem ganz bestimmten Frequenzbereich entwickelt. In der Tabelle 4 sind für die einzelnen Vokale die Formantengebiete wiedergegeben, bei denen auch die maximale Schwingungsenergie auftritt. Die Hauptformanten sind fettgedruckt.

Tabelle 4.

<table>
<tr><th>Lfd. Nr.</th><th>Bezeichnung des Vokales</th><th colspan="2">Formantenbereiche bei den Frequenzen</th></tr>
<tr><td>1</td><td>A, helles, der Kinderstimme</td><td>1035</td><td></td></tr>
<tr><td>2</td><td>A, dunkles, Stimme des Erwachsenen</td><td>910</td><td></td></tr>
<tr><td>3</td><td>E, kurzes, wie in „Bett“</td><td>690 und 1950</td><td></td></tr>
<tr><td>4</td><td>E, langes, wie in „Beet“</td><td>460 und 2500 und</td><td rowspan="2">{3100
3900
6200}</td></tr>
<tr><td>5</td><td>I</td><td>320 und 3100 und</td></tr>
<tr><td>6</td><td>O</td><td>460</td><td></td></tr>
<tr><td>7</td><td>U</td><td>320</td><td></td></tr>
<tr><td>8</td><td>Ä</td><td>780 und 1840</td><td></td></tr>
<tr><td>9</td><td>Ö</td><td>460 und 1750</td><td></td></tr>
<tr><td>10</td><td>Ü</td><td>320 und 1950</td><td></td></tr>
</table>

Wie aus der Tabelle ersichtlich ist, liegen bei einzelnen Vokalen noch Nebenformanten bei außerordentlich hohen Frequenzen. So treten z. B. bei dem Vokal *I* noch Nebenfrequenzen von 6200 Schwingungen auf.

Flüstern und lautes Sprechen der Vokale unterscheiden sich dadurch voneinander, daß beim Flüstern nur die Formanten, beim lauten Sprechen außerdem noch die Grundtöne auftreten, die im Kehlkopf erzeugt werden. Diese Grundtöne liegen zwischen etwa 130—260 Schwingungen pro Sekunde. In der Tabelle 3 hatten wir angegeben, daß der Frequenzbereich der Sprache etwa zwischen den Frequenzen 345—1550 liegt. Wie die Tabelle 4 ergibt, gilt dieser Bereich für die Hauptformanten. Würden nun bei der drahtlosen Übertragung nur die Frequenzen von 345—1550 übertragen, so wäre zwar die Sprache noch einigermaßen verständlich, die Klangfarbe der Vokale ginge jedoch vollkommen verloren. Gerade die Nebenformanten geben dem Vokale die nötige Abrundung. Wenn wir auch nur die Vokale der Sprache in Betracht ziehen, so erstreckt sich auf Grund der Nebenformanten der Frequenzbereich der Sprache schon von 130 bis 6200 Schwingungen pro Sekunde. Daß die einzelnen Vokale tatsächlich aus den hier erwähnten Teiltönen bestehen, ist besonders durch Stumpf experimentell glänzend bestätigt worden. Ihm gelang es, künstlich genau denselben Vokal herzustellen, wie er

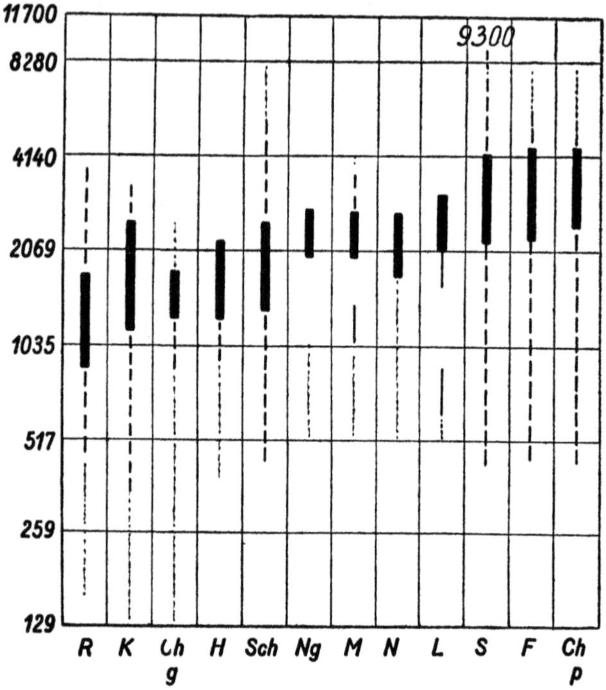

Abb. 66. Formantgebiete der Konsonanten.

natürlich von der menschlichen Stimme wiedergegeben wird, indem er die einzelnen Formanten des Vokales durch einfache Pfeiftöne erzeugte und zusammensetzte. Auch von einem geübten Beobachter konnten diese künstlichen Vokale nicht von den natürlichen unterschieden werden, wodurch auch die alte Theorie der Klanganalyse von Helmholtz eine glänzende Bestätigung fand.

Noch schwieriger als bei den Vokalen ist die Klanganalyse der Konsonanten, namentlich bei den Konsonanten K, P, T, bei denen die erzeugte Schwingung äußerst kurz ist. Auch bei den Konsonanten kann man Haupt- und Nebenformanten unterscheiden. Ein anschauliches Bild hiervon gewinnen wir an Hand der Abb. 66. Die stark ausgezogenen Linien stellen die Hauptformanten dar. Die gestrichelt und punktiert gezeichneten zeigen die Nebenformanten; ch_g bedeutet den Konsonanten wie in dem Worte „ach“, und ch_p den entsprechenden Konsonanten wie in dem Worte „ich“. Auch hier ist der Konsonant schon verständlich, wenn die Hauptformanten übertragen werden. Er wird aber erst naturgetreu, wenn auch die Nebenformanten voll zur Geltung kommen. Interessant ist z. B. der Formantbereich des Konsonanten *S*. Dieser geht bis etwa 9300 Frequenzen hinauf. Hierdurch wird es uns auch klar, warum bei der drahtlosen Übertragung gerade der Konsonant *S* meist nicht natürlich, sondern „gelispelt“ klingt, weil eben die meisten Mikrophone diese hohen Frequenzen nicht zu übertragen vermögen. Hierauf werden wir später noch zurückkommen. An dieser Stelle wollen wir auch noch ein interessantes Untersuchungsergebnis von H. Fletscher hinweisen, das bei englischen Sprachversuchen gemacht wurde. Die übertragene Sprache wurde abgehört und dabei der Prozentsatz der Hörfehler beim Abhören festgestellt, wobei künstlich durch Drosselketten bestimmte Frequenzgebiete abgedrosselt wurden. Wurde die Abdrosselung derart vorgenommen, daß keine Frequenzen über 1430 übertragen wurden, so ergaben sich Hörfehler bis zu 35%. Bei einer Abdrosselung über 2550, noch 11% und erst bei 4780 nur Hörfehler von 2%. Auch hieraus ergibt sich wieder, wie groß der Frequenzbereich sein muß, damit eine einwandfreie Übertragung der Sprache zustande kommt. Um alle Nuancen der Sprache zur Geltung bringen zu können, ist demnach die Übertragung eines Frequenzbereiches von etwa 100 —10000 Schwingungen pro Sekunde erforderlich.

Dehnen wir die bisher für Vokale und Konsonanten durchgeführte Klanganalyse auf die von den einzelnen Instrumenten erzeugten Töne und Klänge aus, so ergibt sich, daß auch hierbei neben dem Grundton noch zahlreiche Nebenschwingungen auftreten. Nach den Untersuchungen von Stumpf und Miller können wir zwei Arten von musikalischen Klängen unterscheiden, ausklingende und andauernde. Ausklingende entstehen z B. beim Anschlag des Klavieres, der Glocke, der Zupfinstrumente;

andauernde z. B. beim Anstreichen der Violinsaiten und bei den Blasinstrumenten. Beide unterscheiden sich physikalisch folgendermaßen: die ausklingenden Schwingungen stellen die Eigenschwingungen des betreffenden Instrumentes dar. Da ein Instrument, ein schwingungsfähiges Gebilde, mehrere Eigenschwingungen hat, so treten entsprechend der Anzahl dieser Eigenschwingungen neben dem Grundton noch Oberschwingungen auf. Die Frequenzen dieser Oberschwingungen liegen gewöhnlich nicht harmonisch zu dem Grundton, so daß auch die Schwingung des Gesamttones nicht mehr periodisch verläuft. Ein typisches Beispiel stellt der Klang einer Glocke dar. Die Glocke hat mehrere Eigenschwingungen, die man künstlich auf Grund von Berechnungen festlegen kann. Entsprechend der Wahl und der Zahl dieser Eigenschwingungen ist der Klang zweier Glocken, selbst wenn beide den gleichen Ton haben, verschieden. Ihr Geläut kann „freudig", kann „weinend" klingen, je nach den vorhandenen Eigenschwingungen und deren mehr oder weniger unharmonischer Zusammensetzung. Hierin ist auch die Kunst des Glockengießens begründet.

Bei den andauernden Schwingungen handelt es sich demgegenüber um periodische Vorgänge, wobei neben dem Grundton zahlreiche harmonische Oberschwingungen auftreten. Der Schwingungsmechanismus ist hier derart, daß ein schwingungsfähiges Gebilde so mit einer konstanten Kraftquelle verbunden ist, daß diese Kraftquelle dauernd die Energie nachliefert, die beim Schwingen verloren geht. Als Beispiel sei hierfür die Orgelpfeife angeführt. Sie stellt ein schwingungsfähiges Gebilde dar, welches durch eine Kraftquelle, den Luftstrom, zum Schwingen gebracht wird, und welches einen bestimmten Ton entsprechend den Dimensionen der Pfeife aussendet. Dieser Ton wird so lange aufrechterhalten, als die äußere Kraftquelle dem System konstant Energie zuführt. Zu den andauernden Schwingungen gehören neben den durch Streich- und Blasinstrumente erzeugten Tönen auch die von der menschlichen Stimme gesungenen Vokale. Auch die gesungenen Vokale enthalten zahlreiche, auf einem bestimmten Grundton harmonisch aufgebaute Obertöne. Der Klang der Töne und der Vokale ist nun je nach der Zahl und der Energie der Oberschwingungen verschieden. Hierin liegt es begründet, warum beispielsweise der Ton a^1 von einem Waldhorn erzeugt ganz anders klingt, wie der gleiche Ton auf einer Violine gespielt. Die von den verschiedensten Forschern, insbesondere aber von **Stumpf** und **Miller** ausgeführten Klanganalysen zeigen in anschaulicher Form, wie sich die Schwingungsenergie eines Tones auf die einzelnen Teiltöne verteilt. Aus den zahlreichen Untersuchungen wollen wir als besonders charakteristische die Schwingungsform und die Teiltöne eines Klarinettenklanges und eines Oboenklanges, die in den Abb. 67 und 68 wiedergegeben sind, herausgreifen.

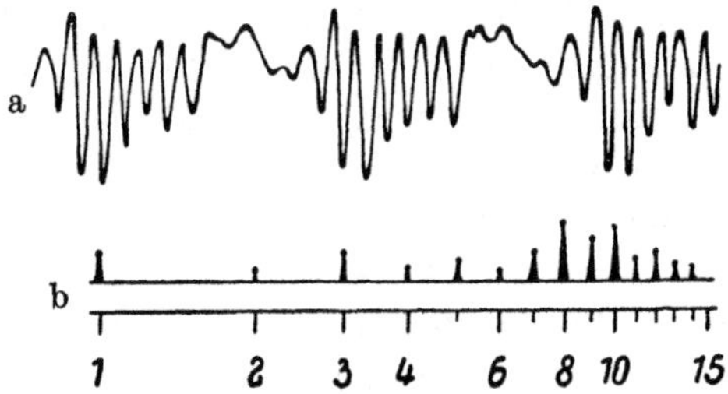

Abb. 67. Schwingungsform und Teiltöne eines Klarinettenklanges.

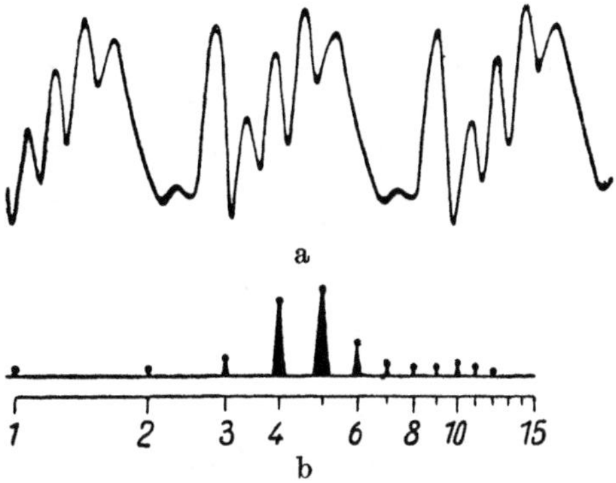

Abb. 68. Schwingungsform und Teiltöne eines Oboenklanges.

Die Schwingungsform ist, wie die beiden Kurven zeigen, periodisch, da nach einer bestimmten Zeit die gleichen Kurvenstücke mit denselben feinen Verästelungen wieder auftreten. Die Töne selbst enthalten zahlreiche Oberschwingungen. In dem hier wiedergegebenen Beispiel reichen sie bei der Klarinette bis zur 14. und bei der Oboe bis zur 12. Oberschwingung. Wenn wir für beide Instrumente den Ton a^1 mit 435 Schwingungen zugrunde legen, so ergäbe sich als höchster Teilton bei der Klarinette ein Ton von der Frequenz 6525 pro Sekunde und bei der Oboe ein Ton von der Frequenz 5220 pro Sekunde. Weiter können wir aus der Abb. feststellen, daß die Energie dieser Teiltöne sehr verschieden ist. In der Abb. 67b und 68b ist dies durch die verschiedene Höhe der Ordinaten angedeutet. Bei der Klarinette enthalten die 8., 9. und 10. Oberschwingung fast 50%, und bei der Oboe die 4. und 5. Oberschwingung nahezu 75% der gesamten Schwingungsenergie des Klanges. Die Energie des Grundtones tritt hier vollkommen gegenüber der Energie der Oberschwingungen zurück. Bei anderen Tönen, z. B. denen der Flöte, hat wieder der Grundton den Hauptanteil der Schwingungsenergie, während die Oberschwingungen zwar auftreten, aber nicht allzusehr ins Gewicht fallen. Daher auch der weiche Ton der Flöte, namentlich dann, wenn sie nur leise angeblasen wird, und somit der Grundton am stärksten zur Geltung kommt. Die Klangfarbe der einzelnen Musikinstrumente ist ferner noch verschieden, je nach der Tonhöhe, und je nach der Art und Stärke, wie das Instrument zum Tönen gebracht wird. So hat beispielsweise bei der Violine der tiefe Ton der G-Saite eine ganz andere Klangfarbe wie ein sehr hoher Ton auf der E-Saite. Bezüglich der Art der Erregung des Instrumentes ergibt sich z. B., daß ein und derselbe Ton einer Violine anders klingt, wenn die Saite mit einem Violinbogen, der mit Pferdehaaren bespannt ist, angestrichen wird, als wenn sie mit einem einfachen Holzstab angestrichen wird. Ähnliche verschiedene Klangfärbungen ergeben sich bei verschiedener Stärke der Erregung. Hier wollen wir als typisches Beispiel die Flöte herausgreifen. Wird sie auf einem tiefen Tone leise angeblasen, so kommt dieser Ton rein zur Geltung. Die Energie der Oberschwingungen ist gering. Wird sie stärker angeblasen, so nimmt die Energie der Oberschwingungen, namentlich der 2. immer mehr zu. Die Klangfarbe ändert sich. Wird sie sehr stark angeblasen, so kann der Fall eintreten, daß der Grundton vollständig verschwindet, und der Ton in die höhere Oktave umschlägt. Einen außerordentlich komplizierten Verlauf haben die Schwingungen der Waldhornklänge. Hier können bei einem einzelnen Tone Teiltöne bis zur 30. Oberschwingung auftreten. Auf diese Verhältnisse wollen wir jedoch hier nicht näher eingehen, da schon die bisher erwähnten Beispiele genügen, um zu zeigen, wie außerordentlich kompliziert die Schwingungsform von Sprache und Musik ist, die einen Frequenzbereich von ca. 30—10000 Schwingungen pro Sekunde umfaßt.

B. Das Problem der drahtlosen Übertragung von Sprache und Musik vom Standpunkte der Hochfrequenztechnik.

1. Modulation durch Amplitudenänderung.

Durch das Mikrophon wird die akustische Schwingung in gleichartige elektrische Stromänderungen umgewandelt.

Graphisch dargestellt haben deshalb diese Stromänderungen genau dieselbe Kurvenform wie die akustische Schwingung. Da die akustische Schwingung niederfrequenter Natur von ca. 30 bis 10000 Perioden pro Sekunde ist, so ist auch dementsprechend der in dem Mikrophon entstehende Strom ein niederfrequenter Wechselstrom der gleichen Periodenzahl. Dieser niederfrequente Wechselstrom wird bei der gewöhnlichen Telephonie durch den Draht übertragen, bei der drahtlosen muß er von den von der Antenne ausgestrahlten Hochfrequenzschwingungen übertragen werden. Die Hochfrequenzschwingungen sind demnach die Träger für die niederfrequenten Wechselströme. Wir können nun zwei Arten von Hochfrequenzschwingungen unterscheiden, gedämpfte und ungedämpfte. Von beiden eignen sich nur die ungedämpften Schwingungen für die Telephonieübertragung, wie wir an Hand der Abb. 69 erkennen können. Kurve I Abb. 69a stellt eine akustische Schwingungskurve dar, die sich gemäß unseren früheren Darlegungen aus einer Reihe von sinusförmigen niederfrequenten Schwingungen zusammensetzt. Entsprechend dieser akustischen Schwingungskurve entstehen im Mikrophon niederfrequente Wechselströme der verschiedensten Frequenzen, die in ihrer Gesamtheit von dem gleichen Typ der Kurve I sind. Diese niederfrequenten Wechselströme sollen nun durch eine Hochfrequenzschwingung übertragen werden, d. h. die Hochfrequenzschwingung, die gedämpft gemäß der Kurve II (Abb. 69b) oder ungedämpft gemäß der Kurve III (Abb. 69c) verläuft, muß so umgeformt werden, daß sie den Charakter der akustischen Sprachkurve erhält. Legen wir zunächst eine gedämpfte Hochfrequenzschwingung II, bei der die Amplitude immer kleiner wird, und bei der sich die Gesamtschwingung aus aufeinanderfolgenden Schwingungsstößen zusammensetzt, zugrunde, so erkennen wir, daß eine solche Schwingung nicht in eine Form gebracht werden kann, die der akustischen Sprachkurve I entspricht; denn wenn wir nur einmal den Zeitabschnitt 1—2 herausgreifen, so ersehen wir, daß in diesem Abschnitt überhaupt keine Hochfrequenzenergie vorhanden ist; und demnach auch der entsprechende Teil der akustischen Schwingungskurve gar nicht umgewandelt werden kann. Die Folge davon ist, daß bei der Übertragung die akustische Schwingungskurve gewissermaßen auseinandergerissen und somit Sprache und Musik verzerrt werden. Die Verhä tnisse liegen anders, wenn die Übertragung mittels ungedämpfter Schwingungen erfolgt. Da die Amplitude einer solchen Schwingung konstant ist, so ist zu jeder Zeit, wie die Abb. 69c zeigt, genügend Hochfre-

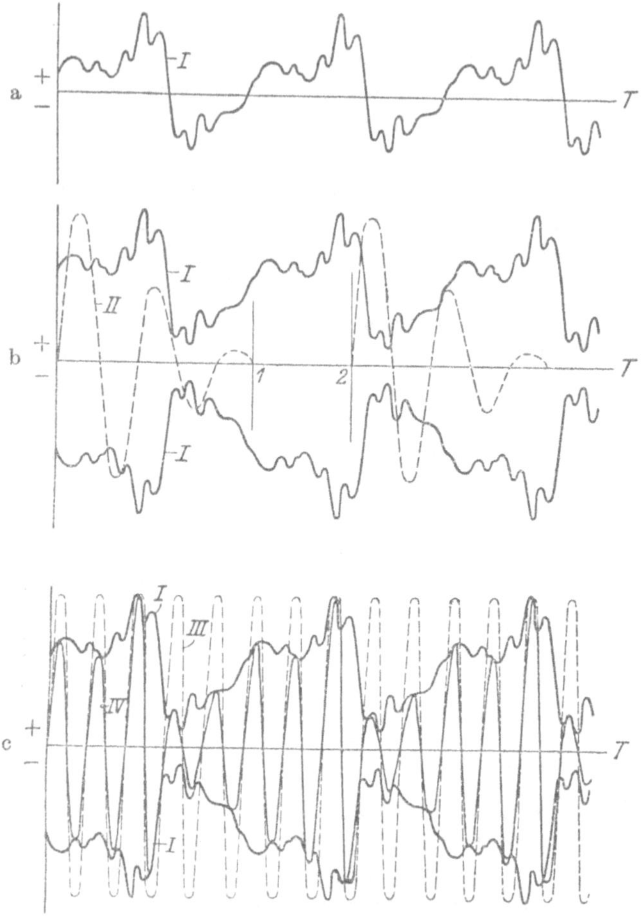

Abb. 69. Modulation elektrischer Schwingungen.

quenzenergie vorhanden, die umgewandelt werden kann. Durch die niederfrequente Schwingung I werden demnach die gestrichelt gezeichneten Amplituden der Hochfrequenzschwingung II in ständig veränderliche Amplituden umgewandelt, so daß eine Schwingung gemäß der Kurve IV entsteht. Die so modulierte ungedämpfte Schwingung erhält demnach den Charakter einer gedämpften Schwingung, da ja ihre Amplituden zeitlich veränderlich sind. Je höher die Frequenz der ungedämpften Schwingung, je kürzer also die Wellenlänge des Senders ist, desto günstiger gestaltet sich die Modulation, d. h. desto naturgetreuer werden Sprache und Musik übertragen.

Gemäß den in Abb. 69 graphisch dargestellten Verhältnissen müßte man annehmen, daß bei der als Übertragungswelle gewählten Hochfrequenzschwingung III durch die Modulation der niederfrequenten Schwingung I lediglich die Amplitude dieser Hochfrequenzschwingung geändert würde. Dieses entspricht jedoch nicht den tatsächlichen Verhältnissen; denn sowohl die theoretischen Überlegungen, als auch die experimentellen Untersuchungen ergeben, daß bei einer durch niederfrequente Modulation bedingten Amplitudenänderung zu gleicher Zeit auch eine Frequenzänderung auftritt, d. h. wenn sich die Amplitude der hochfrequenten Schwingung ändert, so ändert sich damit auch zu gleicher Zeit die Wellenlänge derselben. Dieses interessante Resultat läßt sich rechnerisch leicht beweisen. Wir nehmen an, die Hochfrequenzschwingung, die von der Antenne ausgestrahlt wird, habe die Frequenz n_1 und die Amplitude A. Die Kreisfrequenz ω_1 der Schwingung ist dann $= 2\pi n_1$. Da es sich um eine ungedämpfte Schwingung handelt, so erhalten wir unter Anlehnung an die Formel (21) auf Seite (7) für den Strom i_1 den Wert

$$i_1 = A \sin \omega_1 T, \tag{41}$$

worin T die Zeit bedeutet. Dieser Strom soll nun durch eine sinusförmige niederfrequente Schwingung von der Frequenz n_2 und der Amplitude B moduliert werden. Für den Strom i_2 dieser Schwingung erhalten wir analog der Formel (41)

$$i_2 = B \sin \omega_2 T. \tag{42}$$

Der Strom i_2 überlagert sich nun bei der Modulation dem Strome i_1. Für den so modulierten Antennenstrom J ergibt sich dann der Wert

$$J = A \cdot \sin \omega_1 T \left(1 + \frac{B}{A} \sin \omega_2 T\right). \tag{43}$$

Aus dieser Formel ist ohne weiteres der Grad der Modulation zu erkennen. Dieser hängt nämlich von der Größe des Ausdruckes $\frac{B}{A}$, die wir auch als Modulationskonstante bezeichnen können, ab.

Wird z. B. B = Null, d. h. ist überhaupt keine niederfrequente Schwingung vorhanden, so wird auch der Ausdruck $\frac{B}{A}\cdot\sin\omega_2 T$ = Null, und wir erhalten für den Antennenstrom J den Wert

$$J = A\cdot\sin\omega_1 T. \tag{44}$$

Der Antennenstrom ist also in diesem Falle einwellig. Hat jedoch B irgendeinen reellen Wert, findet somit eine Modulation statt, so bleibt die Antennenschwingung nicht mehr einwellig. Um dies zu beweisen, multiplizieren wir die Gleichung (43) aus und erhalten zunächst

$$J = A\cdot\sin\omega_1 T + B\cdot\sin\omega_1 T\cdot\sin\omega_2 T. \tag{45}$$

Es ist nun

$$B\cdot\sin\omega_1 T\cdot\sin\omega_2 T = \frac{B}{2}\cos(\omega_1+\omega_2)T + \frac{B}{2}\cos(\omega_1-\omega_2)T \tag{46}$$

ist. Setzen wir diesen Wert in die Gleichung (45) ein, so ergibt sich

$$J = A\cdot\sin\omega_1 T + \frac{B}{2}\cos(\omega_1+\omega_2)T + \frac{B}{2}\cos(\omega_1-\omega_2)T. \tag{47}$$

Aus dieser Formel können wir ersehen, daß der Antennenstrom nunmehr nicht mehr einwellig ist, sondern daß drei verschiedene Frequenzen auftreten, und zwar:

1. Die Frequenz ω_1 mit der Amplitude A,
2. Die Frequenz $\omega_1 + \omega_2$ mit der Amplitude $\frac{B}{2}$,
3. Die Frequenz $\omega_1 - \omega_2$ mit der Amplitude $\frac{B}{2}$.

Die Kreisfrequenz ω_1 ist die sogenannte Trägerfrequenz, die Grundwelle des Senders. Die Kreisfrequenzen $\omega_1 + \omega_2$ und $\omega_1 - \omega_2$ sind die Nebenfrequenzen, die rechts und links von der Trägerwelle auftreten. Diese Dreiwelligkeit der Schwingung können wir uns an einem einfachen Beispiele klarmachen. Wir legen hierfür eine Sendewelle von 300 m zugrunde. Die Kreisfrequenz dieser Schwingung ω_1 ist = 6280000, und dementsprechend die Frequenz n_1 = 1000000. Diese Welle soll nun durch den Kammerton a^1, dessen Frequenz n_2 = 435 Schwingungen pro Sekunde beträgt, moduliert werden. Bei dieser Modulation treten rechts und links von der Trägerfrequenz zwei neue Frequenzen auf, und zwar gemäß dem Ausdruck $\omega_1 + \omega_2$ eine Nebenfrequenz von 1000435 Schwingungen pro Sekunde und gemäß dem Ausdruck $\omega_1 - \omega_2$ eine Nebenfrequenz von 999565 Schwingungen pro Sekunde. Die Schwingung ist also nicht mehr einwellig, sondern dreiwellig, was sich auch experimentell feststellen läßt. In der Abb. 70 sind diese Vorgänge graphisch dargestellt. A ist die Trägerwelle von der Frequenz 1000000, die der Sender auch dann ausstrahlt, wenn er nicht besprochen wird. Sie ist einwellig. B stellt die Veränderung der Trägerwelle durch die Modulation der niederfrequenten Schwingung dar. Bei der Modulation durch den Ton a^1 treten die beiden Seitenfrequenzen C und D auf. Wird nun die Trägerwelle nicht allein durch einen Ton, sondern durch die verschiedensten Töne mit den verschiedensten Frequenzen mo-

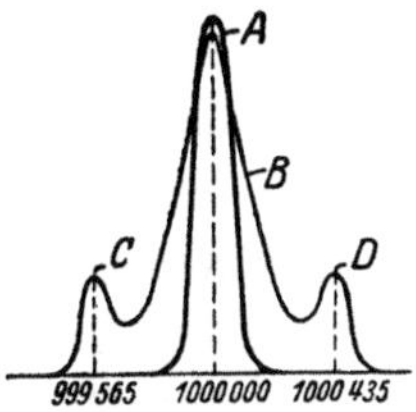

Abb. 70. Trägerfrequenz und 2 Nebenfrequenzen.

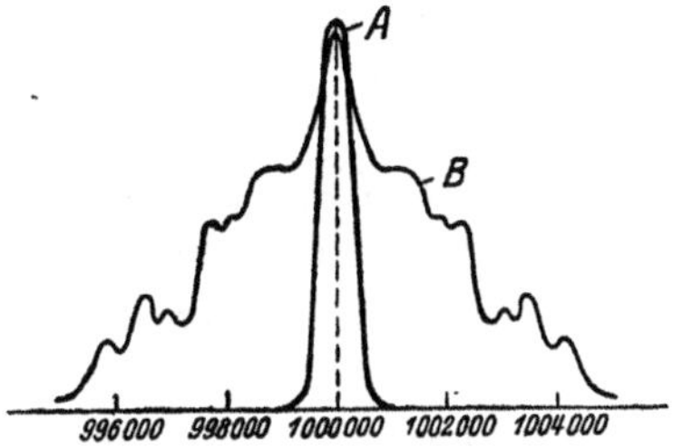

Abb. 71. Trägerfrequenz mit Seitenbändern.

duliert, so treten neben der Trägerfrequenz beiderseits eine ganze Reihe von Nebenfrequenzen auf, so daß sich etwa ein Kurvenbild gemäß Abb. 71 ergibt. Die scharfe Resonanzkurve A des Senders erleidet demnach durch die Modulation und die hierdurch bedingten „Seitenbänder“ eine merkliche Verbreiterung, so daß die Abstimmung als solche unschärfer wird.

Wie aus der Formel (47) hervorgeht, ist die Amplitude A der Trägerfrequenz unabhängig von der Amplitude B der Modulation. Mit anderen Worten kommt demnach für die Übertragung tatsächlich nur die umgeformte, d. h. die modulierte Energie in Betracht. Es ist deshalb für die Übertragung an und für sich ganz gleichgültig, ob die Trägerfrequenz des Senders eine Leistung von 20 kW, oder von 5 kW hat. Für die Reichweite ist lediglich wichtig, wieviel von dieser Hochfrequenzenergie tatsächlich umgeformt, moduliert wird. Ein 5-kW-Sender, bei dem 4 kW umgeformt würden, müßte genau dieselbe Reichweite haben als ein 20-kW-

Sender, bei dem ebenfalls nur 4 kW umgeformt würden. Auf diese Aussteuerung des Senders kommen wir im Abschnitt V noch zu sprechen. Da demnach für die Übertragung als solche die Trägerfrequenz an und für sich gar nicht notwendig ist, so wurde von verschiedener Seite, namentlich von B.W. Kendall, H. Faßbender und E. Habann der Vorschlag gemacht, die Trägerfrequenz überhaupt nicht auszusenden, sondern lediglich die Seitenbänder. Für den Empfang ist es dann allerdings wieder erforderlich, diese Trägerfrequenz auf der Empfangsseite hinzuzufügen, da sonst ein Ton nicht zustande kommt; denn den Telephonieempfang kann man auffassen als einen Interfrequenzempfang zwischen der Trägerwelle und den Seitenbändern. Auch dieses wird uns unter Zugrundelegung des oben angeführten Beispieles verständlich. Wir nehmen wieder an, der Kammerton a^1 mit 435 Schwingungen n_2 pro Sekunde solle durch die Welle von 300 m mit einer Frequenz n_1 von 1000000 pro Sekunde übertragen werden. Es entstehen dann auf der Sendeseite die Frequenzen:

Trägerwelle	linke Nebenfrequenz	rechte Nebenfrequenz
n_1	$n_1 - n_2$	$n_1 + n_2$
1000000	999565	1000435

Diese drei Frequenzen kommen auf der Empfangsseite an, und müssen nun derart interferieren, daß hier wieder die niederfrequente Schwingung n_2 entsteht, die ja übertragen und empfangen werden sollte.

Diese niederfrequente Schwingung kommt nun einmal durch Überlagerung von n_1 mit $(n_1 - n_2)$ und ferner durch Überlagerung von n_1 mit $(n_1 + n_2)$ zustande; denn es ergibt sich

1. $\left\{\begin{matrix} n_1 = 1000000 \\ n_1 - n_2 = 999565 \end{matrix}\right\}$ Als Differenz entsteht eine Schwingung von der Frequenz $n_2 = 435$,

2. $\left\{\begin{matrix} n_1 = 1000000 \\ n_1 + n_2 = 1000435 \end{matrix}\right\}$ Als Differenz entsteht eine Schwingung von der Frequenz $n_2 = 435$.

Da sich ferner auch die beiden Nebenfrequenzen $(n_1 - n_2)$ und $(n_1 + n_2)$ überlagern, so ergibt sich hierdurch folgendes:

3. $\left\{\begin{matrix} n_1 - n_2 = 999565 \\ n_1 + n_2 = 1000435 \end{matrix}\right\}$ Als Differenz entsteht eine Schwingung von der Frequenz $2n_2 = 870$.

Es entsteht also neben der Grundfrequenz n_2 noch die störende höhere Oktave $2n_2$. Wird nun die Trägerfrequenz n_1 nicht übertragen, so kann auch die in 1 und 2 wiedergegebene Überlagerung im Empfänger nicht stattfinden, d. h. die einzig und allein für die Übertragung in Betracht kommende Niederfrequenz n_2 wird nicht empfangen, sondern nur die störende Oktave $2n_2$. Will man hier wieder Empfang erzielen, so muß man auf der Empfangsseite die Trägerfrequenz n_1 erzeugen und sie im Empfänger den beiden vom Sender kommenden Nebenfrequenzen überlagern.

Wird an Stelle der beiden Nebenfrequenzen nur die eine entweder $(n_1 - n_2)$ oder $(n_1 + n_2)$ zusammen mit der Trägerfrequenz n_1 übertragen, so entsteht ebenfalls entweder gemäß 1. oder 2. die niederfrequente Schwingung n_2. Da hierbei ferner nur die eine Nebenfrequenz übertragen wird, so kann im Empfänger die störende Oktave $2n_2$ nicht auftreten. Gerade hierin liegt für die technische Weiterentwicklung des Rundfunks noch die Möglichkeit einerseits die Übertragung durch Vermeidung der Oktaven der einzelnen Töne noch naturgetreuer zu gestalten und andererseits, worauf wir weiter unten noch eingehen werden, die gegenseitige Überlagerung von Rundfunksendern noch weiter zu vermeiden, als es bisher möglich war. Auf spezielle Senderschaltungen, die entweder das Ausstrahlen der Trägerfrequenz oder des einen Seitenbandes verhindern, werden wir im Abschnitt V noch näher eingehen.

Gerade das Ausstrahlen beider Seitenbänder steht vor allem dem Aussteuern des Telephoniesenders überaus hinderlich im Wege. Vom rein energetischen Standpunkte wäre es am günstigsten, wenn die gesamte Energie der Trägerwelle in modulierte Schwingungsenergie umgeformt würde, d. h. im äußersten Falle, wenn die gesamte Energie umgewandelt werden sollte, müßte die Amplitude der Besprechung B gleich der Amplitude A der Trägerwelle sein (siehe Abb. 70, 71). In diesem Falle wäre dann eine vollständige Aussteuerung des Senders vorhanden. Dieses ist jedoch nicht durchführbar, und zwar wegen des Auftretens der störenden Oktaven der einzelnen Töne. Je näher nämlich B an A heranrückt, desto größer wird im Empfänger die Lautstärke der Oktave gegenüber dem Grundton. Sprache und Musik werden deshalb durch zu starke Aussteuerung des Senders verzerrt. Wird jedoch bei einem Sender nur die Trägerfrequenz und das eine Seitenband ausgestrahlt, so kann der Sender fast voll ausgesteuert werden. Es wird hierdurch, wie vor allem die Versuche der

Western-Electric zwischen Amerika und Europa bewiesen haben, die Übertragung bedeutend reiner; ferner wird die Lautstärke erhöht, da die gesamte Energie des Senders auf ein Seitenband konzentriert werden kann. Es sei hier noch bemerkt, daß bei unseren Ausführungen bezüglich des Auftretens der Oktave neben der Grundfrequenz im Empfänger vorausgesetzt ist, daß der Detektor im Empfänger eine quadratische Empfindlichkeit hat. Dies ist immer zu erreichen, wenn beispielsweise eine Röhre als Detektor benutzt wird, die jedoch nicht als Gitterspannungsrichtverstärker geschaltet ist, sondern bei der die übliche Audionschaltung verwandt wird.

Wie wir oben ausführten, treten bei der Modulation einer Hochfrequenzschwingung Nebenfrequenzen auf. Der Frequenzbereich dieser Seitenbänder erstreckt sich, entsprechend dem von uns angenommenen Frequenzbereich von Sprache und Musik von zirka 30—10000 Frequenzen, ebenfalls bis zu etwa 10000 Frequenzen beiderseits der Trägerwelle. Auf Grund dieser Tatsache läßt sich leicht berechnen, wie viele Rundfunksender störungsfrei nebeneinander arbeiten können. Nehmen wir z. B. eine Sendewelle von 3000 m an, deren Frequenz mithin 100000 pro Sekunde beträgt, so werden bei dieser Welle durch die Modulation Seitenbänder auftreten, deren Frequenzen unter Umständen bis 90000 und 110000 reichen. Eine Frequenz von 90000 entspräche einer Welle von 3333 m und einer Frequenz von 110000 eine Welle von 2727 m. Würde deshalb neben dem Telephoniesender auf Welle 3000 noch ein anderer Telephoniesender auf einer Welle von zirka 2700 arbeiten, und wäre dieser Sender ebenfalls moduliert, so daß eines der beiden von ihm ausgesandten Seitenbänder bis an die Welle 3000 heranreichen würde, so würden durch Überlagerung der beiden Seitenbänder Interferenzen, Töne, die im Hörbereich liegen, entstehen, die zu einer Verzerrung der übertragenen Sprache und Musik im Empfänger führen. An Hand der Abb. 72 können wir am besten diese störenden Einwirkungen der beiden Sender aufeinander erkennen.

Der eine Sender I möge auf Welle 3000 m = 100000 Frequenzen pro Sekunde arbeiten. Bei der Modulation werden seine beiden Seitenbänder II einerseits bis zur Frequenz 110000 und andererseits bis zur Frequenz 90000 heranreichen. Ist nun ein zweiter Sender III auf Welle 3333 m = 90000 Frequenzen pro Sekunde vorhanden, so reichen dessen Seitenbänder IV einerseits bis zur Frequenz 100000 und andererseits bis zur Frequenz 80000. Das linke Seitenband des Senders auf Welle 3000 überschneidet demnach das rechte Seitenband des Senders auf Welle 3333. Einzelne Frequenzen werden sich demnach überlagern. Ist z. B. der eine Sender auf Welle 3000 mit einer niederfrequenten Schwingung von der Frequenz 5000 moduliert, so daß eine Nebenfrequenz von 95000 Schwingungen pro Sekunde auftritt, und der andere Sender auf Welle 3333 durch eine niederfrequente Schwingung von 4000 Perioden pro Sekunde ebenfalls moduliert, so daß die entsprechende Nebenfrequenz bei 94000 liegt, so wird durch Überlagerung der beiden Frequenzen von 95000 und 94000 ein Differenzton von

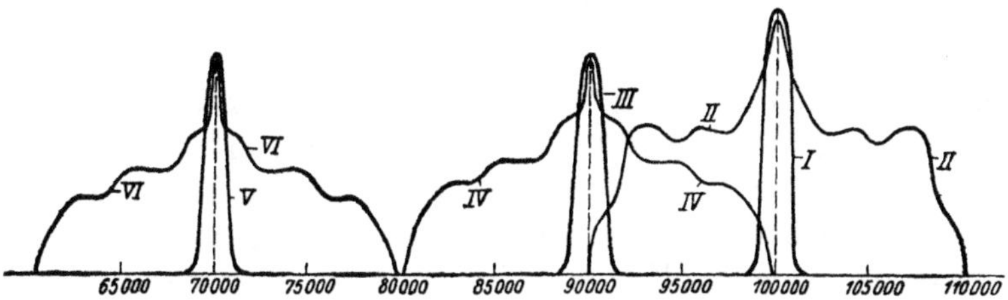

Abb. 72. Überlagerung von Telephoniesendern.

der Periode 1000 entstehen, der hörbar ist und demnach unter allen Umständen störend wirken muß. Selbst wenn wir den Frequenzbereich von Sprache und Musik nur von 30—5000 Frequenzen annehmen würden, da die hohen akustischen Frequenzen seltener und mit geringerer Energie auftreten, träten immer noch Überlagerungsstörungen auf, die ein feines Ohr als Verzerrungen empfindet. Der Abstand der Wellenlängen zweier Telephoniesender darf deshalb normalerweise unter keinen Umständen kleiner als 10000 Perioden pro Sekunde sein. Entschieden günstiger ist es jedoch, wenn die Wellenlängen zweier Sender noch weiter auseinanderliegen. Nehmen wir z. B. gemäß Abb. 72 den einen Sender III mit einer Welle von 3333 m = 90000 Frequenzen pro Sekunde, und den nächsten Sender V mit einer Welle von 4285 m = 70000 Frequenzen pro Sekunde an, so berühren sich die beiden Seitenbänder gerade eben noch. Es können also hierbei nur durch Überlagerung der hohen Frequenzen Interferenzen, die im Hörbereich liegen, auftreten. Da gerade bei Musikübertragungen solch hohe Frequenzen auftreten, so sind auch in diesem Falle Störungen in einem Empfänger beim gleichzeitigen Senden beider Stationen nicht ausgeschlossen. Erst wenn man die Wellenlängen noch weiter auseinanderlegt, so daß sie sich um zirka 30000 Frequenzen voneinander unterscheiden, wie z. B. zwischen I und V der Fall ist, liegen die Seitenbänder so weit auseinander, daß selbst im äußersten Falle, wenn die Seitenfrequenz des Bandes VI von 80000 mit der Seitenfrequenz des Bandes II von 90000 zusammenträfe, ein Überlagerungston von der Frequenz 10000 entstände, der zwar in Ausnahmefällen, aber nicht normalerweise von dem menschlichen Ohr als Ton empfunden wird. Um jedoch jede Überlagerungsstörung zu vermeiden, wird wahrscheinlich bei der Neufestsetzung der Wellenlängen der europäischen Rundfunksender der Frequenzabstand der einzelnen Sender noch höher genommen, eventuell sogar derart, daß sich zwei Sender in ihrer Wellenlänge um zirka 40000 Frequenzen voneinander unterscheiden. Dies wäre eine wirklich ideale Lösung des Problemes der Wellenverteilung. Diese Lösung wäre allerdings nicht möglich, wenn man beim Rundfunk auf die Verwendung von langen Wellen angewiesen wäre; denn wenn z. B. der eine Sender auf der Welle 3000 m arbeiten würde, so könnten den nächsten Sendern bei einem Frequenzabstand von 40000 Perioden erst die Wellen 2143, 1666, 1359, 1153, 1000 m usw. zugewiesen werden. In dem gesamten Wellenlängenbereich von 1000—3000 m wären demnach nur sechs Telephoniestationen unterzubringen. Die Ver-

Tabelle 5.

Wellenlängenbereich in Metern	Zahl der möglichen Stationen		
	bei einem Frequenzabstand von 10000 Perioden	bei einem Frequenzabstand von 20000 Perioden	bei einem Frequenzabstand von 40000 Perioden
1000—900	3	2	1
900—800	4	2	1
800—700	5	3	2
700—600	8	3	2
600—500	10	5	3
500—400	15	7	3
400—300	25	13	6
300—200	50	25	12
200—100	150	75	38
Insgesamt	270	135	68

hältnisse werden hier immer günstiger, zu je kürzeren Wellen man übergeht. In der Tabelle 5 ist die Zahl der innerhalb des Wellenlängenbereiches von 100—1000 m unterzubringemden Rundfunksender angegeben, und zwar sowohl bei dem äußerst zu fordernden Frequenzabstand von 10000 Perioden, als auch bei den Frequenzabständen von 20000 und 40000 Perioden.

Bei einem Frequenzabstand von 400000 Perioden wären also in dem Wellenlängenbereich von 100—1000 m gerade noch sämtliche größeren europäischen Rundfunksender unterzubringen. Greift man jedoch auf Wellen unter 100 m, so ist es ein leichtes, allen Forderungen gerecht zu werden. In dem Bereiche von 10 bis 100 m können z. B. bei einem Frequenzabstand von 10000 Perioden 2700 Stationen und bei einem Frequenzabstand von 40000 Perioden immer noch 675 untergebracht werden. Bei einem weiteren Einsatz von Rundfunksendern wird man deshalb unbedingt auf kurze Wellen übergehen, oder aber den Ausbau der Sender derart vornehmen müssen, daß von dem einzelnen Sender nicht beide Seitenbänder, sondern nur ein Seitenband, beispielsweise bei Zugrundelegung der Abb. 72 das rechte ausgestrahlt wird. Wie aus dieser Abb. zu erkennen ist, können dann die einzelnen Sender wieder bedeutend näher aneinander heranrücken.

Unseren bisherigen Betrachtungen lag stets die Annahme zugrunde, daß die Trägerwelle des Senders einwellig ist, d. h., daß sie selbst keine Oberschwingungen aussendet. Dieses ist leider bei dem größten Teile der heutigen Rundfunksender nicht der Fall. Sowohl die Röhrensender wie auch insbesondere der Maschinensender (System Lorenz) sind reich an Oberwellen. Es ist oft ein leichtes, die ungeraden, harmonischen, z. B. die 5., 7. und noch höhere Oberwelle nachzuweisen, und auf ihnen auch Telephonieempfang zu erhalten, da die Oberwellen natürlich genau so moduliert sind, wie die Grundschwingung. Diese modulierten Oberwellen können selbstverständlich auch zu gegenseitigen Überlagerungen führen, und in dem Empfänger zu Verzerrungen von Sprache und Musik Veranlassung geben. Hier muß unbedingt angestrebt werden, die Oberschwingungen der Rundfunksender absolut zu beseitigen. Wir erkennen auch hieraus, welche überaus wichtigen Probleme im Rundfunk auch rein hochfrequenztechnischer Art noch zu lösen sind; wir sehen, daß wir hier tatsächlich erst im Anfang der Entwicklung stehen.

2. Modulation durch Frequenzänderung.

Gemäß den Darlegungen im vorigen Kapitel wird bei der Modulation der Hochfrequenzschwingung die Frequenz der Trägerwelle konstant gehalten und ihre Amplitude dauernd im Rhythmus von Sprache und Musik geändert, wobei allerdings neben der Trägerfrequenz noch Nebenfrequenzen auftreten. Man kann nun auch die Modulation derart durchführen, daß man die Amplitude der Trägerwelle konstant hält, und ihre Frequenz um eine Mittelwelle nach oben und unten ändert. Diese Art der Modulation hat wegen der geringen Energieausbeute für den Rundfunk bisher keinerlei Bedeutung erhalten, und soll deshalb auch hier nicht näher behandelt werden.

IV. Die Mikrophone.

Wie wir im vorigen Abschnitt gesehen haben, werden durch die menschliche Stimme oder durch Instrumente Laute, Töne und Klänge erzeugt, die zu Schallwellen Veranlassung geben. Diese Schallwellen, die in Verdünnungen und Verdichtungen der Luft bestehen, stellen wegen der verschiedensten Frequenzen und Amplituden der einzelnen Schwingungen ein äußerst kompliziertes Gebilde dar. Luftschwingungen sind mechanische Schwingungen. Sollen sie auf drahtlichem oder drahtlosem Wege übertragen werden, so müssen sie in elektrische Stromänderungen überführt werden. Für diese Umwandlung von mechanischer Energie in elektrische Energie benötigen wir ein geeignetes Organ, das von dem englischen Physiker Hughes als Mikrophon bezeichnet wurde. Die Hauptanforderung, die wir an das Mikrophon stellen müssen, ist die Forderung der naturgetreuen Umwandlung der Schallenergie in die elektrische Energie, da nur dann nach der Übertragung im Empfänger auch eine verzerrungsfreie Wiedergabe gewährleistet wird. Das Mikrophon muß deshalb einerseits frequenzunabhängig sein und andererseits müssen die hervorgerufenen Stromänderungen proportional der Intensität der auf das Mikrophon treffenden Schallwellen sein. Während bei Sprachschwingungen ein Frequenzbereich von etwa 300 bis 1500 Schwingungen pro Sekunde in Betracht kommt, müssen wir bei Musik unter Zugrundelegung des Tonbereiches des Klaviers, der sich vom tiefen A_2 bis zum hohen a_4 erstreckt, zunächst mit einem Frequenzbereich von etwa 27,19 bis 3480 pro Sekunde rechnen. Da jedoch außer diesen Grundschwingungen zum mindesten die 2. zuweilen auch die 3. Oberschwingung wiedergegeben werden müssen, so ergibt sich bei Zurechnung der 2. Oberschwingung ein Frequenzbereich von 27,19 bis zirka 6960 und bei Zurechnung der 3. Oberschwingung von 27,19 bis zirka 10440. Dieser letztere Frequenzbereich stellt natürlich einen Wert dar, der nur in seltenen Fällen erreicht wird. Das Mikrophon muß jedoch wenigstens in dem Bereich von 100 bis 7000 Schwingungen pro Sekunde frequenzunabhängig sein, d. h. es muß jede Schallfrequenz dieses Bereiches gleich gut und gleich stark in entsprechende elektrische Stromänderungen umwandeln. Stellen wir uns diese Forderungen an Hand der Abb. 73 graphisch dar, indem wir unter Zugrundelegung der gleichen Schallenergie für die verschiedenen Frequenzen in senkrechter Richtung die Intensität J des durch die Schallwellen erzeugten elektrischen Stromes und in wagerechter Richtung die Frequenzen V auftragen, so erhalten wir als Charakteristik eines in dem Bereiche von 100 bis 7000 Schwingungen pro Sekunde **frequenzunabhängigen** Mikrophons die Kurve I, während z. B. die Kurve II die Charakteristik eines Mikrophons darstellt, welches lediglich die mittleren Frequenzen einigermaßen naturgetreu wiedergibt. Neben der Forderung der Frequenzunabhängigkeit muß weiter an das Mikrophon die Forderung gestellt werden, daß die in ihm durch die Schallwellen entstehenden Ströme und Stromänderungen proportional der Schallenergie sind. Während auch hier, wenn es sich lediglich um Sprache handelt, die Lautstärkedifferenzen noch nicht allzu groß sind, dürften bei Musikübertragungen die Lautstärkenunterschiede zwischen 1 und mehreren Tausend schwanken. Da exakte Messungen hierüber nicht vorliegen, solche aber dringend auch für die Konstruktion

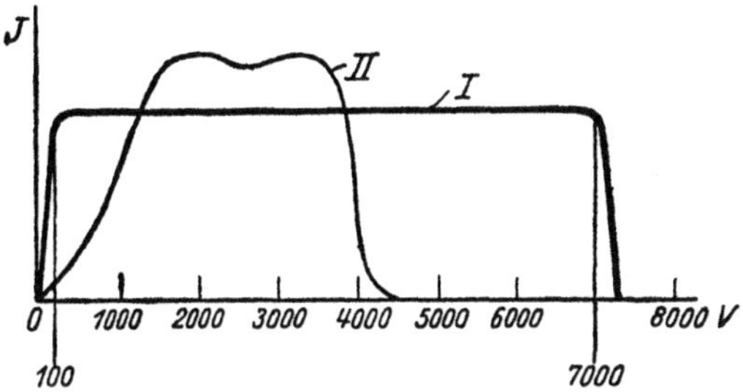

Abb. 73. Abhängigkeit der Mikrophonströme von der Frequenz.

von Mikrophonen geboten wären, so wäre es äußerst wünschenswert, wenn einmal solche Messungen in den Besprechungsräumen der Rundfunksender angestellt würden. Tragen wir, wie Abb. 74 zeigt, in senkrechter Richtung die Ströme J und in wagerechter die Schallenergien E auf, so muß bei einem guten Mikrophon die Intensitätscharakteristik von der Form der Kurve I sein und darf nicht gemäß der Kurve II verlaufen. Im folgenden werden wir sehen, inwieweit die einzelnen Mikrophone diesen Anforderungen entsprechen und inwieweit sie demnach für die Telephoniesender brauchbar sind.

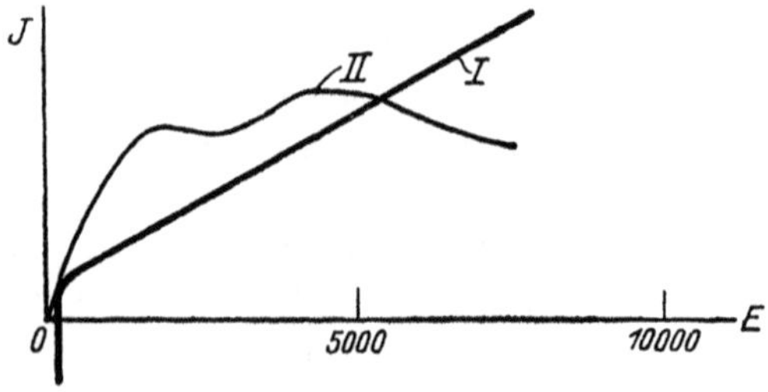

Abb. 74. Abhängigkeit der Mikrophonströme von der Schallenergie.

A. Das Kohlekörnermikrophon.

Dieses Mikrophon wurde bereits 1877 von Edison entdeckt. Seine Wirkung beruht auf der Tatsache, daß eine Schicht von lose aneinandergefügten Kohlestäbchen oder Kohlekörnchen, die für einen durchgehenden Strom einen gewissen Ohmschen Widerstand darstellt, diesen Widerstand ändert, wenn die Kohleteilchen erschüttert werden. Die grundsätzliche Anordnung ist aus Abb. 75 ersichtlich. Zwischen zwei Metallplatten R_1 und R_2 befinden sich lose geschichtete Kohlekörner. Die beiden Platten sind über den Transformator T mit der Batterie B verbunden, so daß ein dauernder Gleichstrom über das Mikrophon geht. Die vordere Platte R_1, die man als Membran bezeichnet, ist sehr dünn gehalten, so daß sie leicht durch Schallwellen, die in der Richtung des Pfeiles auftreffen, in Schwingungen versetzt wird. Durch diese Membranschwingungen werden die Kohlekörner mehr oder weniger zusammengedrückt, so daß sich dementsprechend der Ohmsche Widerstand der Schicht M

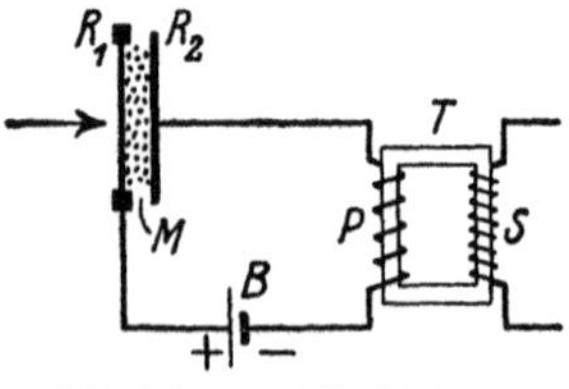

Abb. 75. Das Kohlekörnermikrophon.

und mithin auch der durch den Stromkreis fließende Gleichstrom ändert. Dieser veränderliche Gleichstrom, der auch durch die Primärwicklung P des Transformators T fließt, ruft in der Sekundärwicklung S einen Wechselstrom hervor, dessen Frequenz und Amplitude abhängig ist von der Frequenz der auf die Membran R_1 auffallenden Schallwellen. Das Mikrophon verwandelt also Schallenergie in elektrische Energie. Dabei wirkt es als Relais und gewissermaßen auch als Verstärker; denn wenn wir die von der Sekundärwicklung des Transformators abgegebene Wechselstromenergie mit der auf die Membran auftreffenden Schallenergie vergleichen, so ist unter Umständen erstere bis zu 1 Million mal größer als letztere. Als Membran R_1 wird vielfach auch statt Metall eine dünne Kohleplatte verwandt. Dieses Kohlekörnermikrophon erfüllt nicht ganz die von uns oben aufgestellten Forderungen der Frequenzunabhängigkeit und der Proportionalität zwischen elektrischer Energie und Schallenergie. Jede Membran besitzt eine gewisse Masse und damit auch bestimmte Eigenfrequenzen, so daß Schallwellen mit diesen Eigenfrequenzen stärkere Stromänderungen verursachen als Schallwellen benachbarter Frequenzen. Der Frequenzbereich, innerhalb dessen ein solches Mikrophon jedoch noch brauchbar ist, erstreckt sich von etwa 300 bis 3000, so daß es vor allem für eine Sprachübertragung noch gut zu verwenden ist. Man hat zwar, namentlich in Amerika, versucht, die Membran äußerst dünn und masselos zu machen und dabei so stark zu spannen, daß die Eigenfrequenz in der Größenordnung von etwa 10000 Schwingungen pro Sekunde liegt. Am besten bewährten sich hier Membranen aus Duraluminium, deren Dicke nur einige tausendstel Millimeter beträgt. Was die Forderung der Proportionalität zwischen Schallenergie und elektrischer Energie anbelangt, so kann sie auch durch ein Mikrophon mit Membran überhaupt nicht voll erfüllt werden; denn zum Anstoß einer Masse gehört einerseits immer eine bestimmte Minimalenergie, so daß sehr schwache Schallwellen die Membran gar nicht in Bewegung setzen werden, und andererseits werden sehr starke Schallwellen die Membran auch nicht weiter beeinflussen können, als es ihre Elastizität zuläßt. Ferner wird eine Membran infolge ihrer durch ihre Masse bedingten Trägheit sehr schnellen Frequenzen weniger gut zu folgen vermögen als langsamen Frequenzen. Dazu kommt noch weiter, daß bei einem Kohlekörnermikrophon infolge steter Umlagerung der Körner immer ein Rauschen entsteht, das sich namentlich dann unliebsam bemerkbar macht, wenn man den Mikrophonstrom vor seiner Zuführung zum Sender noch stark verstärken muß.

B. Das elektromagnetische Mikrophon.

Als Mikrophon kann ferner jedes ferromagnetische Telephon, also z. B. jeder Kopffernhörer oder Membranlautsprecher verwandt werden. Die entstehenden Ströme sind verhältnismäßig klein und bedürfen einer Verstärkung. Wenn auch das bei den Kohlekörnermikrophonen vorhandene Rauschen hier nicht auftritt, so ist jedoch auch dieses Mikrophon mit allen Mängeln behaftet, die jedes Membranmikrophon aufweist. Bei Verwendung eines Lautsprechers hat es sich als praktisch erwiesen, das Gehäuse mit Öl zu füllen, wodurch die Membran stark gedämpft und in der Ausführung von Eigenschwingungen behindert wird.

C. Das Kondensatormikrophon.

Wenn zwei Metallplatten, die sich nahe gegenüberstehen und so einen Kondensator bilden, mit einer Gleichstromquelle verbunden werden, so wird der Kondensator auf die Spannung der Gleichstromquelle aufgeladen. Die Ladung wird um so größer sein, je größer die Kapazität, und um so kleiner, je kleiner die Kapazität des Kondensators ist. Ist bei einem solchen Kondensator die eine Platte beweglich, ist sie z. B. eine äußerst dünne Membran, die beim Auftreffen von Schallwellen ihren Abstand von der zweiten Platte mehr oder weniger ändert, so tritt auch entsprechend der Änderung der Kapazität des Kondensators eine Ladungsänderung ein. Auf Grund dieser Tatsache wurden zuerst bei der Western-Electric-Company von E. C. Wente und J. B. Crandall ein Mikrophon entwickelt, das den Namen Kondensatormikrophon trägt. Die entsprechende Schaltung ist in Abb. 76 wiedergegeben. R_2 ist die feste und R_1 die bewegliche Platte des Kondensators, der eine Kapazität von etwa 0,0005 Mikrofarad hat. Der Abstand der beiden Platten voneinander beträgt einige hundertstel Millimeter. Die bewegliche Platte oder Membran ist eine äußerst dünne Stahlfolie, die straff gespannt ist, damit die Eigenfrequenz möglichst hoch liegt. Zur Luftdämpfung sind in der feststehenden Platte R_2 konzentrische Nuten D eingefräst. An den beiden Platten liegt über dem Widerstand W_1 von einigen Megohm die Gleichstrombatterie B_1 von zirka 220 Volt Spannung. Die bei der Besprechung der Membran R_1 auftretenden Ladungsschwankungen, die sehr gering sind, werden einer Verstärkeranordnung zur Verstärkung zugeführt. Es handelt sich hierbei um eine niederfrequente Widerstandsverstärkung. Zu diesem Zwecke ist die Platte R_2 mit dem Gitterkondensator C_1 und die Platte R_1 mit dem negativen Heizfaden verbunden. Zwischen Gitter und Heizfaden liegt ferner ein hochohmiger Widerstand W_2, der dem Gitter der Röhre eine negative Vorspannung erteilt. Tritt bei Besprechung des Kondensatormikrophons eine Ladungsänderung ein, so entsteht beiderseits des Widerstandes W_2 eine Spannungsänderung, die eine entsprechende Änderung des Anodenstromes zur Folge hat. In der Anodenstromleitung kann bei E ein weiterer Verstärker zugeschaltet werden. Bei diesem Mikrophon ist in einem weiten Frequenzbereich die Kapazitäts- und damit Ladungsänderung vollkommen proportional der Intensität der auftreffenden Schallwellen, so daß man hiermit eine sehr naturgetreue Wiedergabe von Sprache und Musik erhält. Zudem arbeitet es äußerst störungsfrei. Der einzige Nachteil besteht darin, daß die erhaltene elektrische Energie sehr ge-

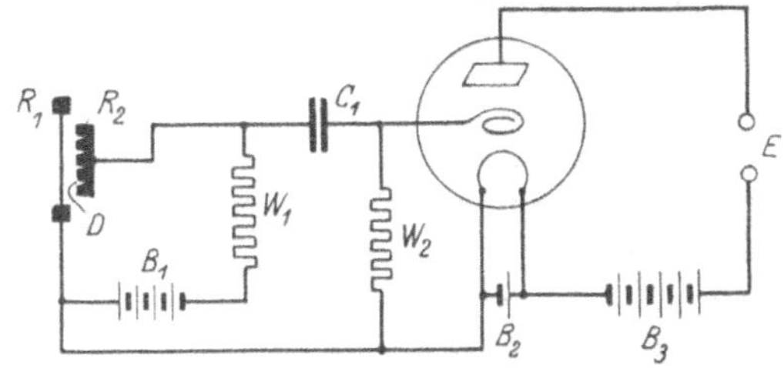

Abb. 76. Schaltung des Kondensatormikrophons.

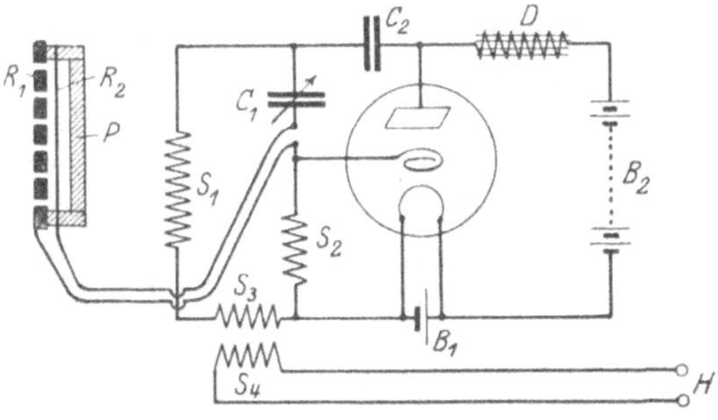

Abb. 77. Schaltung des Kondensatormikrophons.

ring ist, so daß man einen mehrstufigen Verstärker verwenden muß, um die nötige Energie zur Steuerung eines Telephoniesenders zu erhalten.

Eine andere Ausführungs- und Schaltungsform wurde dem Kondensatormikrophon von H. Riegger (Siemens & Halske) gegeben. Hierbei ist, wie Abb. 77 zeigt, eine Aluminiumfolie R_2, die eine Dicke von nur 0,0005 mm hat, auf einem Isolationskörper P ausgespannt. Der Abstand der Membran von der Rückwand dieses Isolationskörpers beträgt etwa 2 mm. Vor der Membran ist in $^1/_{10}$ mm Abstand eine Metallplatte R_1 angebracht, die mit einer Reihe von Schlitzen versehen ist. Die Schlitze haben eine Breite von 0,3 mm. Der Abstand der Schlitze voneinander beträgt 1 mm. Die Schallwellen dringen durch diese Schlitze hindurch und beeinflussen die dahinterliegende Membran, so daß sich entsprechend den Schallschwingungen die Kapazität des aus R_1 und R_2 bestehenden Kondensators ändert. Während nun bei dem Kondensatormikrophon der Western-Electric-Company die durch die Kapazitätsänderung des Mikrophons bedingte niederfrequente Ladungsänderung eine Art niederfrequente Modulation darstellt, wird bei dem Kondensatormikrophon von Riegger die Kapazitätsänderung dazu benutzt, die Frequenz eines Schwingungskreises zu ändern. Wir haben also hier zunächst eine hochfrequente Modulation. Die entsprechende Schaltung ist ebenfalls in Abb. 77 wiedergegeben. Die Röhre zeigt eine bekannte Selbsterregungsschaltung, wobei das Kondensatormikrophon in Serie mit dem Drehkondensator C_1 liegt. In dem Schwingungskreis C_1, Mikrophon, S_2, S_3, S_1 wird dann eine Schwingung von einer ganz bestimmten Frequenz erzeugt. Ändert sich bei Besprechung des Mikrophons die Kapazität desselben, so ändert sich auch die Frequenz des Schwingungskreises, und zwar jeweils entsprechend der Frequenz und Amplitude der auffallenden Schallwellen. Diese modulierte Hochfrequenz kann nun von der Spule S_3 auf die Spule S_4 übertragen und von hier einem Verstärkersystem zugeführt werden.

D. Das Mikrophon der Western-Electric-Co.

Auf demselben Prinzip wie das im vorhergehenden besprochene Kondensatormikrophon beruht das von der Western-Electric-Comp. entwickelte und in Amerika vielfach verwandte

Doppel-Kondensatormikrophon, dessen grundsätzliche Anordnung in Abb. 78 wiedergegeben ist. Die Membran M befindet sich zwischen zwei Metallplatten, so daß das Ganze gewissermaßen zwei Mikrophone mit einer einzigen Membran darstellt. Die Membran ist aus Duralaluminium äußerst dünn gewählt und so stark gespannt, daß die Frequenz der Eigenschwingung über 2500 Schwingungen pro Sekunde liegt. Ihrer Haltbarkeit wegen ist die Membran vergoldet. Die Schwingungsamplituden, die die Membran auszuführen vermag, sind verhältnismäßig klein, so daß der entstehende Wechselstrom verstärkt werden muß. Die entsprechende Schaltung ist aus Abb. 78 ersichtlich. T ist ein Transformator, der primär in der Mitte angezapft ist und über einen regulierbaren Widerstand R_1 zu der Batterie B_1 und über diese zu der Membran M führt. Die beiden an die Mikrophonkapseln angeschlossenen Stromkreise liegen vollkommen symmetrisch zueinander und können durch die beiden Widerstände R_2 und R_3 gegenseitig abgeglichen werden. Die Sekundärwicklung des Transformators führt zum Gitter und zu der Kathode der Verstärkerröhre. Diese Symmetrieschaltung des Transformators, die man auch als Gegentaktschaltung bezeichnet, gewährleistet vor allem eine verzerrungsfreie Übertragung von dem Mikrophonkreise auf die Verstärkerröhre. Das beruht im wesentlichen darauf, daß der Eisenkern des Transformators durch den durch die Primärwicklung fließenden Gleichstrom nicht vormagnetisiert wird; denn in dem oberen Teile 1 ist der Strom entgegengesetzt gerichtet dem Strom in dem unteren Teile 2, so daß sich die Magnetisierungen des Eisenkerns bei vollkommener Gleichheit der Ströme gegenseitig aufheben. Hierdurch wird weiter erreicht, daß die Spannungsübertragung von der Primärseite des Transformators auf die Sekundärseite vollkommen linear proportional verläuft, worauf wir jedoch hier nicht näher eingehen wollen.

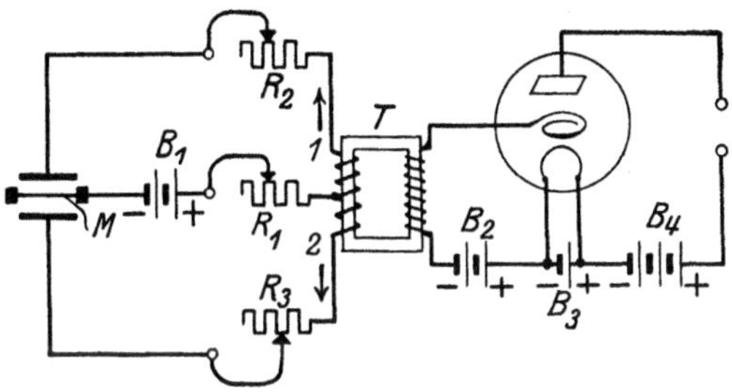

Abb. 78. Schaltung des Mikrophons der Western-Electric-Co.

E. Das Marconi-Sykes-Mikrophon.

Nach dem von Faraday entdeckten Gesetz der Induktion entsteht in einem Metalldraht, wenn er in einem Magnetfeld hin und her bewegt wird, ein elektrischer Wechselstrom, dessen Größe von der Stärke und Schnelligkeit der Bewegung abhängig ist. Auf diesem Induktionsprinzip beruht das von Sykes und Round konstruierte Mikrophon, das bei den englischen Broadcastingstationen fast ausschließlich zur Verwendung kommt. Abb. 79a zeigt im Durchschnitt einen Ringmagneten *M*, dessen innerer Pol eine Wicklung *A* trägt, die von einer Gleichstrombatterie von 8 Volt bei einer Stromstärke von 4 Ampere gespeist wird. Zwischen dem Mantel *L* und dem Kern *K* dieses Magneten entsteht dann ein starkes Magnetfeld. In diesem Magnetfeld liegt ein gemäß Abb. 79b spiralförmig gewickelter, seideumsponnener, dünner Aluminiumdraht *C*, dessen Windungen in der Abb. 79a im Durchschnitt als Punkte gezeichnet sind. Der Draht ist mit einer Lösung auf einem Papierring *D* befestigt. Das Ganze ruht auf einer Filzunterlage *E*, die mit Vaseline getränkt ist. Durch feine Baumwollfäden ist der Papierring auf dieser Unterlage befestigt.

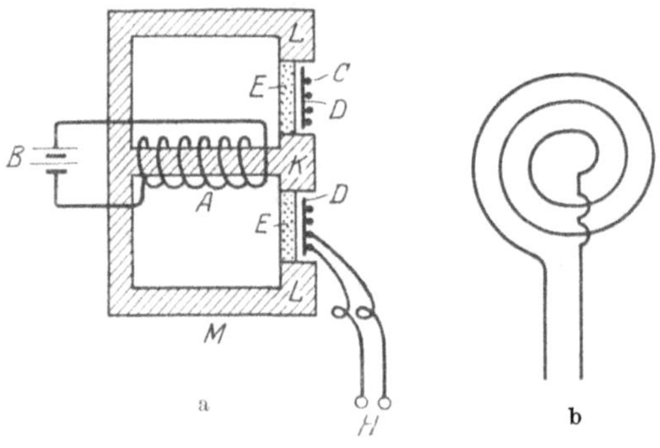

Abb. 79. Marconi-Sykes-Mikrophon.

Treffen Schallwellen auf dieses System auf, so bewegt sich die Aluminiumspirale in dem Magnetfeld, so daß in ihr durch das Schneiden der Kraftlinien elektrische Ströme auftreten, die an den Klemmen bei *H* abgenommen werden können. Die auftretenden Ströme und Spannungen sind bei der starken Dämpfung des Systems äußerst schwach und müssen ausreichend verstärkt werden. Bei dem Londoner Rundfunksender ist z. B. ein 10stufiger Verstärker eingebaut, um eine zur Steuerung des Senders nötige Energie zu erhalten. Dieses Mikrophon ist vollkommen frequenzunabhängig und ergibt eine reine und naturgetreue Wiedergabe von Sprache und Musik.

F. Das Bändchenmikrophon.

Auf dem gleichen Prinzip beruht das bei der Firma Siemens & Halske von E. Gerlach und Schottky konstruierte Bändchenmikrophon. Wie aus Abb. 80 ersichtlich ist, befindet sich zwischen den beiden Magnetpolen *N* und *S* ein dünnes Metallband *A*. Als Metall ist eine Aluminiumlegierung gewählt, die bei geringem Gewicht eine verhältnismäßig gute Leitfähigkeit besitzt. Die Stromabnahme bei dem Metallband erfolgt bei den Klemmen K_1 und K_2. Das Band ist, wie ebenfalls aus der Abbildung zu ersehen ist, mit feinen Querriffelungen versehen, wodurch es trotz seiner geringen Dicke und Masse eine gute Querfestigkeit erhält. Es kann deshalb einerseits Schwingungen von verhältnismäßig großer Amplitude ausführen und vermag auch andererseits schon den geringsten auftreffenden Schallwellen zu folgen. Durch diese Querriffelungen wird weiter erreicht, daß die Eigenschwingung des Bandes unterhalb der unteren Hör-

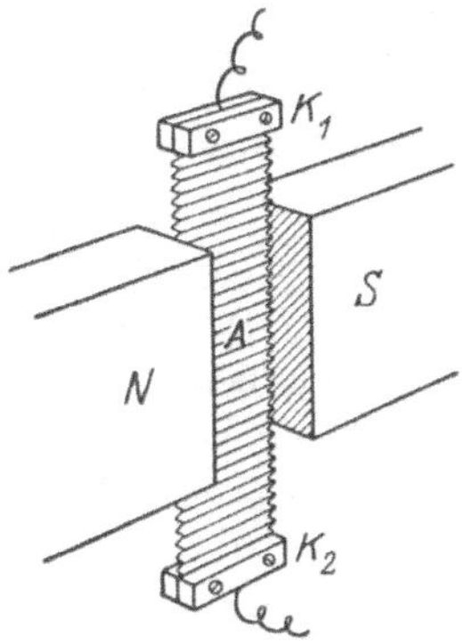

Abb. 80. Schematische Darstellung der Wirkungsweise des Bändchenmikrophons.

Abb. 81. Bändchenmikrophon.

grenze liegt. Da ferner das Band bei seinen Schwingungen durch das Magnetfeld selbst gedämpft wird, so ist praktisch eine Eigenschwingung überhaupt nicht vorhanden. Als Magnet wird ein permanenter Magnet benutzt. Das Mikrophon ist ferner, wie aus der Abb. 81 zu ersehen ist, trichterlos, was sehr günstig ist, da durch die Eigenfrequenzen eines Trichters immer Verzerrungen von Sprache und Musik auftreten. Da auch bei dem Bändchenmikrophon die direkt erhaltene Energie sehr gering ist, so muß eine ausreichende Verstärkung angewandt werden, wofür sich auch am besten ein Widerstandsverstärker ähnlich dem, wie wir ihn bei dem Kondensatormikrophon besprochen haben, eignet.

G. Das Kathodophon.

Bei den bisher beschriebenen Mikrophonen ist, wie wir gesehen haben, die Anordnung derart getroffen, daß die Schallwellen zunächst auf ein materielles Gebilde, dessen Masse mehr oder weniger groß ist, fallen und dieses in Bewegung setzen, wobei dann in irgendeiner Form elektrische Stromschwankungen auftreten. Je kleiner die zu bewegende materielle Masse ist, desto leichter spricht das Mikrophon an, und desto frequenzunabhängiger muß es sein. Auf Grund dieser Gesichtspunkte wurde von J. Massolle, Engl und H. Vogt ein Mikrophon, das sogenannte Kathodophon konstruiert, bei dem ein freier in der Luft fließender Ionenstrom direkt durch die Schallwellen beeinflußt wird. Die grundsätzliche Schaltung ist in Abb. 82 wiedergegeben. Durch den von einer Batterie B_1 gelieferten Gleichstrom wird ein Draht K bis zur Rotglut erhitzt. Ein solch glühender Draht sendet genau wie in der Elektronenröhre Elektronen aus, die ihrerseits in der umgebenden Luft die neutralen Moleküle in Ionen verwandeln, so daß also diese Luft leitend wird. Als Glühdraht wird ein mit Kalziumoxyd präparierter Körper aus Magnesia und Platin genommen, der schon bei schwacher Rotglut eine starke Elektronenemission hat und somit zu einer starken Ionenbildung in unmittelbarer Nähe des

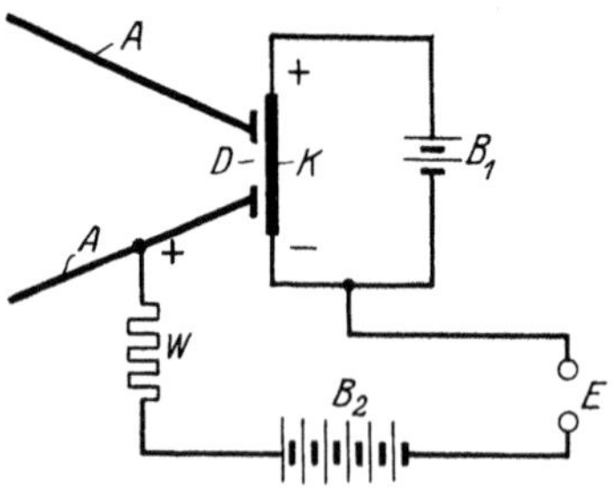

Abb. 82. Schaltung des Kathodophons.

Glühkörpers Veranlassung gibt. Gegenüber von K befindet sich in etwa $^1/_{10}$ mm Abstand in einem Metalltrichter A eine feine Düse D. Zwischen dem negativen Pol der Batterie B_1 und dem Metalltrichter liegt über einem Widerstand W von ca. 200000 Ohm eine Batterie B_2, die eine Spannung von etwa 300 bis 400 Volt hat. An der Unterbrechung dieses Stromkreises bei E kann entweder ein Telephon oder ein Verstärker angeschlossen werden.

Abb. 83. Das Kathodophon.

Da der positive Pol der Batterie B_2 an dem Trichter liegt, so fließt ein elektrischer Strom unter Überbrückung der Luftstrecke von K nach A. Es handelt sich hierbei im wesentlichen um einen Ionenstrom, um äußerst kleine elektrisch geladene Luftteilchen, die diesen Stromtransport übernehmen. Fallen nun in den Trichter A Schallwellen hinein, so entstehen entsprechend der Frequenz und Amplitude dieser Schallwellen in der Düse D Druckschwankungen der Luft. Hierdurch wird auch der zwischen *K* und *A* fließende Ionengleichstrom beeinflußt, so daß ein veränderlicher Gleichstrom entsteht, dessen Intensität und Frequenz genau mit der Intensität und Frequenz der Schallwellen übereinstimmt. Dieser veränderliche Gleichstrom kann bei *E* entweder einem Telephon oder einem Verstärker zur Steuerung des Senders zugeführt werden. Da wir es bei diesem Mikrophon mit äußerst kleinen beweglichen Massen zu tun haben, die fast trägheitslos jedem Impuls zu folgen vermögen, so ist das Auftreten von verzerrenden Eigenschwingungen vollkommen unmöglich, und spricht das Mikrophon auch bei den schwächsten Schallwellen an. Es stellt an und für sich die idealste Lösung des Mikrophonproblemes dar. Die genaue Einstellung macht allerdings erhebliche Schwierigkeiten, da schon die geringste Verunreinigung der Düse zu stärkeren Glimmentladungen führt, die eine Mikrophonwirkung illusorisch machen. Die bisherigen Versuche, die man mit diesem Mikrophon bei Rundfunksendern gemacht hat, haben gezeigt, daß es technisch noch nicht derartig durchgebildet ist, um allen Anforderungen zu genügen. In Abb. 83 ist ein solches Kathodophon wiedergegeben, wie es von der C. Lorenz-A.-G. in Berlin gebaut wird.

H. Das Reisz-Mikrophon.

Reisz, der bekannte Miterfinder der Liebenröhre, der Vorgängerin unserer heutigen Elektronenröhre, hat auf Grund eingehender wissenschaftlicher Untersuchungen des alten Kohlekörnermikrophons, diesem in jüngster Zeit eine Form gegeben, die ebenfalls allen Forderungen gerecht wird, die man an an ein gutes Mikrophon stellen muß. Er ging zunächst von der bei dem alten Kohlekörnermikrophon stets vorhandenen Membran ab und traf die Anordnung der Kohlekörnchen in der Art, wie es in Abb. 84 wiedergegeben ist. Die Kohlekörnchen *b* werden hier in einem Block aus Isoliermaterial, z. B. Marmor, in den eine Vertiefung eingemeißelt ist, gelagert. Die Zuführung der Stromleitungen erfolgt bei *c* und *d*, so daß also der Strom in horizontaler

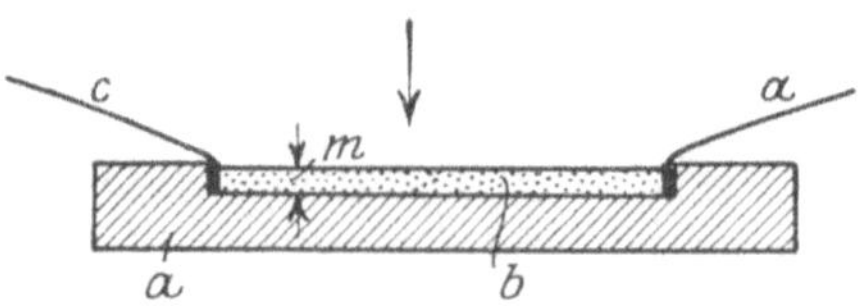

Abb. 84. Anordnung der Kohlekörner bei dem Reisz-Mikrophon.

Richtung die Kohlekörnerschicht durchfließt. Die Besprechung geschieht in Richtung des Pfeiles senkrecht hierzu. Die ersten Versuche mit einem solchen Mikrophon zeigten nun, daß die tiefen Töne durch die Kohleschicht besser hindurchgelassen wurden als die hohen Töne, so daß demnach auch die Beeinflussung des durch die Kohleschicht fließenden Stromes eine andere bei tiefen als bei hohen Tönen war. Die so unerwünschte Frequenzabhängigkeit trat also auch bei diesem membranlosen Mikrophon auf.

Unter Zugrundelegung einer bestimmten Schichtdicke erhielt man z. B. gemäß Abb. 85 für die Abhängigkeit des Stromes von der Frequenz in graphischer Darstellung die gestrichelt gezeichnete Kurve. Tiefe Töne ergeben hiernach einen geringeren Strom als hohe Töne. Bei einer anderen Schichtdicke ergab sich eine Frequenzabhängigkeit, wie sie in der punktiert gezeichneten Kurve wiedergegeben ist. Um demnach eine Mikrophonanordnung zu erhalten, die alle Frequenzen gleichmäßig in Stromschwankungen umwandelt, müßte man Mikrophone wählen, bei denen die Kohlekörnerschichten verschieden dick wären. Um das gleiche zu erreichen, wandte Reisz einen anderen Kunstgriff an. Er machte zunächst die Kohlekörnerschicht möglichst dünn, nur etwa 1 bis 2 mm stark. Dadurch wird erreicht, daß die hohen Frequenzen nicht vollständig in der Schicht absorbiert, sondern durchgelassen und sogar teilweise wie die tiefen Frequenzen an der Isolierschicht reflektiert werden. Schon hierdurch wird eine größere Frequenzunabhängigkeit erreicht. Ferner verwandte er Kohlekörner verschiedener Dicke, vom feinsten Molekularpulver bis zu den gröbsten Körnern. Dieses Kohlekörnergemisch lagert sich beim Aufschütten derart, daß die dickeren Körner zu unterst und die feinen Kohlestäubchen in den Zwischenräumen und zu oberst liegen. Es ist klar, daß hierdurch bezüglich der Frequenzabhängigkeit genau dasselbe erreicht werden muß, wie bei der Verwendung von gleichgroßen Kohlekörnern, die in verschiedener Dicke gelagert

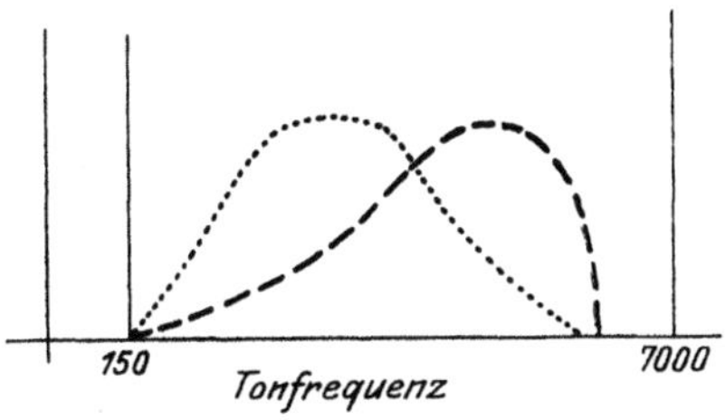

Abb. 85. Abhängigkeit des Mikrophonstromes von der Frequenz bei verschiedenen Schichtdicken.

sind. Um das Mikrophon, statt wie in der Abb. 84 wagrecht gezeichnet, auch senkrecht stellen zu können, muß natürlich die obere Schicht, um ein Herausfallen der Kohlekörner zu verhindern, abgedeckt werden. Das geschieht mittels einer feinen Gummimembran, die vollkommen aperiodisch ist, und somit keine Störung durch Eigenschwingungen verursacht. Bei einem Gleichstromwiderstand von 100 oder 300—400 Ohm, je nach der Ausführung, beträgt der durch das Mikrophon fließende Strom etwa 80 mA. Da dieser Strom schon verhältnismäßig hoch ist, so ist, um die

a

b

Abb. 86. a Rückansicht des Reisz-Mikrophons. b Vorderansicht des Reisz-Mikrophons.

nötige Steuerenergie für den Sender zu erhalten, eine so große Verstärkung wie z. B. bei dem Kathodophon oder Bändchenmikrophon nicht erforderlich, was sehr wichtig ist, da durch jede Verstärkung, auch wenn sie noch so gut ausgeführt ist, die naturgetreue Wiedergabe von Sprache und Musik leidet. Eine Ausführungsform des Mikrophons, wie es bei den meisten deutschen Rundfunksendern und auch bei vielen Sendern des Auslandes schon verwendet wird, ist in der Abb. 86a und b wiedergegeben.

V. Die Rundfunksender und ihre Einrichtungen.

Während bis vor wenigen Jahren die Radiotelephonie genau wie ihre Schwester, die Radiotelegraphie, für die Allgemeinheit noch bedeutungslos war, und sie lediglich kommerziellen und militärischen Zwecken diente, hat sich die Situation von Grund auf geändert, seitdem man vor allem in Amerika dazu überging, diese Technik auch in den Dienst eines allgemeinen Nachrichtenaustausches, im weitesten Sinne des Wortes, zu stellen. Dem Beispiele Amerikas folgend, errichtete man dann auch in anderen Ländern in kürzester Zeit zahlreiche Rundfunksender, die Unterhaltung und Belehrung in die entlegenste Hütte, in das ärmste Heim zu tragen vermögen. Die Macht, die diesem Rundfunk innewohnt, ist ungeheuer. Hier, wo die elektrische Welle die Verbindung von Mensch zu Mensch übernimmt, wo zu gleicher Zeit Millionen dem Äthermeer Sprache und Musik entnehmen können, die der ferne Rundfunksender seiner Welle anvertraut, werden Raum und Zeit gegenstandslos.

Was bei diesem Rundfunk vielen noch als unfaßbar, geheimnisvoll erscheint, ist kein Geheimnis, ist nichts als Technik, stets vorwärtsschreitende Technik. Und weil es Technik ist, die Menschengeist und Menschenhand sich schufen, Technik, die stets durch neue Ideen befruchtet wird, gerade deshalb liegen im Rundfunk noch ungeahnte Entwicklungsmöglichkeiten. Vergleichen wir nur einmal die Rundfunktechnik vor drei Jahren mit ihrem jetzigen Stand, so müssen wir anerkennen, daß schon in dieser kurzen Zeit bedeutsame Erfolge errungen, große Fortschritte erzielt wurden, die zu den größten Hoffnungen schon für die nahe Zukunft berechtigen. In zehn Jahren lacht man vielleicht über unsere heutige „kümmerliche“ Rundfunktechnik, so wie wir heute „lächelnd“ die ersten Versuche Marconis „bewundern“, die damals eine Welt in Staunen setzten.

In den vorhergehenden Abschnitten haben wir die theoretischen Grundlagen, praktischen Anforderungen und technischen Hilfsmittel, soweit sie das Sendeproblem betreffen, im einzelnen behandelt; in diesem Abschnitt wollen wir nun die dort gewonnenen Erkenntnisse zusammenfassen, und die Sendetechnik in ihrer Gesamtheit betrachten, so wie sie in den heutigen Rundfunksendern in Erscheinung tritt. Wir wollen den Weg verfolgen, den Sprache und Musik nehmen müssen, bis sie aus dem engen Besprechungsraum durch die Antenne ins freie Äthermeer gelangen. Die schematische Darstellung der Gesamtanlage eines Rundfunksenders, wie sie in Abb. 87 wiedergegeben ist, zeigt uns diesen Weg, zeigt uns die ganzen technischen Einrichtungen, die ein moderner Rundfunksender besitzen muß. Es sind hierbei die Verhältnisse zugrunde gelegt, wie sie beispielsweise beim Frankfurter Rundfunksender bestehen. *a* ist der Maschinenraum, in dem die Maschinen zur Erzeugung der für die Senderöhren und zum Laden der Akkumulatoren notwendigen elektrischen Ströme aufgestellt sind; *b* stellt den Senderaum dar, in dem sich in unserem speziellen Falle ein Röhrensender befindet, dessen Schwingungen durch die mit ihm verbundene Antenne aus-

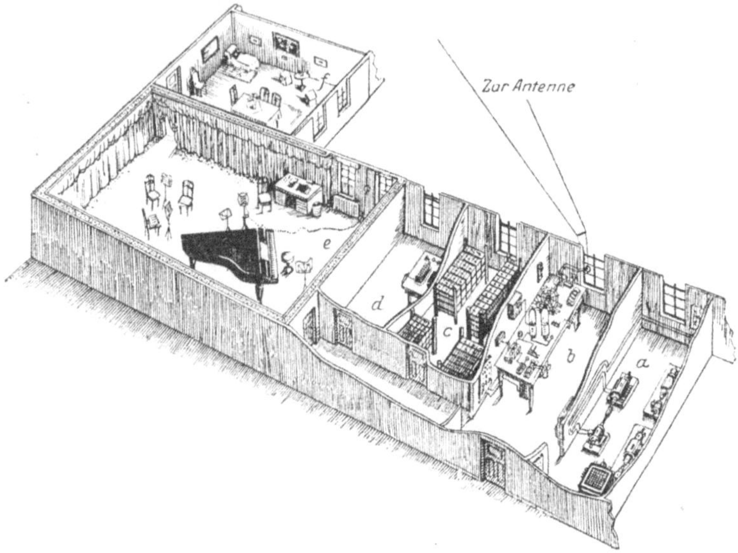

Abb. 87 [1]). Anordnung der einzelnen Räume bei einer Rundfunkanlage.

gestrahlt werden. Der Raum *c* dient zur Aufstellung der Akkumulatoren, die den Strom für die Heizung der Senderöhre und für die im Raume *d* befindlichen Verstärker liefern. Der Raum *e* ist der Besprechungs- oder Aufnahmeraum, in dem das Mikrophon aufgestellt ist, welches die akustischen Schwingungen in entsprechende elektrische Stromänderungen umwandelt. Dieser Mikrophonstrom, der für gewöhnlich zu schwach ist, um den Sender zu steuern, wird zunächst durch eine Drahtleitung in den Raum *d* geführt, und dort in einem Niederfrequenzverstärker verstärkt. Der verstärkte Strom gelangt dann in den Senderaum zu

[1]) Die Abb. 87 u. 88 sind der Radio-Umschau (Bechhold's Verlag, Frankfurt a. M.) entnommen.

der Steuerröhre, die ihrerseits die Hochfrequenzschwingung der Senderöhre im Rhythmus von Sprache und Musik steuert, die als modulierte Welle durch die Antenne ausgestrahlt wird. Der Raum f dient dem Aufenthalt des Personals. Der Besprechungsraum braucht nicht, wie hier gezeichnet, in unmittelbarer Nähe des Senderaumes zu liegen, sondern kann sich weit entfernt von ihm befinden, wobei jedoch verlangt werden muß, daß die Drahtleitung, welche den Mikrophonstrom, sei es verstärkt oder unverstärkt, der Steuerröhre des Senders zuführt, einwandfrei ist, d. h. daß sie von sich aus keine Geräusche ergibt und verzerrungsfrei arbeitet.

A. Die Aufnahmetechnik.

1. Der Besprechungsraum.

Da der Rundfunk vorwiegend dem Zwecke der Unterhaltung und Belehrung dient, so sind an die Güte der drahtlosen Sprach- und Musikübertragungen ganz andere Anforderungen zu stellen, als an die Güte der Sprachübertragung auf drahtlichem Wege. Bei der Drahttelephonie genügt es, wenn überhaupt eine Verständigung erzielt wird; zudem ist hier immer bei einer schlechten Übertragung eine Rückfrage möglich, die natürlich beim Rundfunk in Wegfall kommt. Während es deshalb bei der Drahttelephonie auch gleichgültig ist, wie der Raum beschaffen ist, in dem gesprochen wird, spielt bei der drahtlosen Übertragung der Aufnahmeraum und seine Ausstattung eine große Rolle. Das Problem, das hier zu lösen ist, ist weniger technischer als musikalischer Natur, musikalischer Natur besonders insofern, als es bei der Übertragung von Musik nicht genügt, daß die einzelnen Töne rein sind, und dieselbe Klangfarbe und relative Lautstärke besitzen, wie sie das Ohr bei der direkten Aufnahme beispielsweise im Konzertsaale empfindet, sondern daß vor allem die Raumwirkung gewahrt bleibt. Gerade von der Raumwirkung, die in der akustischen Beschaffenheit eines Raumes begründet ist, hängt ja die Güte der Musik in hohem Maße ab. Werden in einem Raume die Schallwellen an den Wänden oder an sonstigen Gegenständen nicht reflektiert, sondern absorbiert, ist der Raum also akustisch tot, so klingen die Töne der einzelnen Instrumente hart, gleichsam nebeneinandergestellt ohne innere Zusammengehörigkeit; es fehlt das weiche

Ineinanderfließen, die Mischung der Töne und Klänge, die dem Gesamten erst den Charakter der Musik verleiht. Eine Raumwirkung ist in diesem Falle nicht vorhanden. Ist demgegenüber ein Raum derart beschaffen, daß die Schallwellen an den Wänden eine zu starke, oft mehrmalige Reflexion erfahren, so daß im ungünstigsten Falle Echowirkungen auftreten, so entsteht ein

Abb. 88. Der Besprechungsraum.

Nachhallen der einzelnen Töne und Klänge, unter Umständen sogar ein unentwirrbares Tongemisch. Die Akustik des Raumes ist schlecht, die Raumwirkung übertrieben. Schon bei einer rein akustischen Übertragung von Sprache und Musik auf das menschliche Ohr wird man den Raum derart wählen oder gestalten, daß die beiden Extreme der übertriebenen Raumwirkung und der nicht vorhandenen Raumwirkung nicht in Erscheinung treten. Bei der drahtlosen Übertragung ist die Wahl oder Ausgestaltung des Raumes zur Erreichung der richtigen

Raumwirkung noch weit schwieriger, und zwar deswegen, weil in dem Besprechungsraume bei der akustischen Aufnahme an Stelle des Ohres das Mikrophon tritt. Das Ohr als Organ des menschlichen Körpers unterscheidet sich von dem Mikrophon ganz wesentlich durch seine physiologische Selbstregulierung und sein stereoakustisches Aufnahmevermögen, worauf wir später noch eingehen werden. Durch eine künstliche Dämpfung des Besprechungsraumes ist nun auch bei der drahtlosen Übertragung eine richtige Raumwirkung zu erzielen.

In Abb. 88 ist wiedergegeben, wie beispielsweise die Einrichtung des Besprechungsraumes beim Frankfurter Rundfunksender beschaffen ist, um diese künstliche Dämpfung zu erreichen. Der Fußboden *b* ist zunächst mit einer Asphaltschicht *C* bedeckt, auf welche ein zweiter Fußboden *a* aus Holz aufgelagert ist. Die Zwischenräume zwischen den einzelnen Holzbalken sind mit einer etwa 10 cm dicken Holzwollschicht ausgefüllt. Der obere Fußboden ist dann weiter mit einem schweren Teppich belegt. In ähnlicher Weise wie der Fußboden sind auch die Gipswände *e* mit einer Holzverkleidung *a* versehen und die Zwischenräume mit Holzwolle *d* ausgefüllt. Zum besseren Halt ist dann das Ganze durch einen Bezug aus Leinen überdeckt. Weiter ist der Besprechungsraum in der angegebenen Weise mit schweren Vorhängen bespannt. In einem auf diese Art ausgepolsterten Besprechungsraum ist eine merkliche Reflexion der Schallwellen an den Wänden nicht vorhanden. Obwohl in ihm bei der direkten akustischen Aufnahme Sprache und Musik inhaltlos und leer klingen, ist die drahtlose Wiedergabe klangvoll und derart, als wenn die Sprache und Musik aus einem Raume kämen, der eine normale Akustik hat, und keinerlei künstliche Dämpfung besitzt. Für Orchestermusik ist diese fast volle Dämpfung des Raumes zu stark. Da gerade bei Orchestermusik eine viel größere Raumwirkung erzielt werden muß, als bei Sprachübertragungen und dem Spiel einiger Instrumente, so dämpft man deshalb neuerdings die Besprechungsräume weniger stark ab.

Die Aufnahme gestaltet sich besonders schwierig bei der Übertragung von Konzerten aus öffentlichen Sälen, bei Opernübertragungen usw. Hier ist es unmöglich, die Räume in der gewünschten Weise abzudämpfen. Man kann hier nur durch Versuche für die Aufstellung des Mikrophons den akustisch günstigsten Platz des betreffenden Raumes aussuchen. Neben der Aufstellung des Mikrophons ist bei diesen Konzert- und Opernübertragungen noch besonders wichtig, daß die Übertragungsleitung vollkommen geräuschlos und möglichst dämpfungsfrei arbeitet.

2. Das Mikrophon und seine Aufstellung.

Für die drahtlosen Übertragungen können, wie wir bereits früher ausführten, nur solche Mikrophone Verwendung finden, die frequenzunabhängig sind und die eine geradlinige Charakteristik haben. Das gewöhnliche Kohlekörnermikrophon, wie es in der Drahttelephonie verwandt wird, erfüllt diese beiden Anforderungen nicht. Während es noch für Sprachübertragung verhältnismäßig gut geeignet ist, da es sich hier im allgemeinen nur um einen Frequenzbereich von etwa 300—1500 Schwingungen pro Sekunde handelt, ist es als Einzelmikrophon für Musikübertragungen nicht ohne weiteres zu gebrauchen, da sich bei Musik der Frequenzbereich von etwa 30—10000 Schwingungen pro Sekunde erstreckt. In diesem gesamten Bereich arbeitet das Mikrophon, da es eine Membran besitzt, die Eigenschwingungen hat, nicht frequenzunabhängig, und zudem sind für diesen gesamten Bereich die in dem Mikrophon hervorgerufenen Stromänderungen nicht proportional der Intensität der auffallenden Schallwellen. Im Anfang der Rundfunkübertragungen mußte man sich jedoch in Ermangelung von anderen brauchbaren Mikrophonen mit den Kohlekörnermikrophonen auch bei Musikübertragungen behelfen. Um hier die Eigenschwingungen der Membran möglichst zu vermeiden oder so tief zu legen, daß sie von dem Ohr nicht störend empfunden wurden, wählte man kleine dicke Membranen, die man durch einen leicht aufgepreßten Wattebelag noch künstlich weiter abdämpfte. Hierdurch wurde erreicht, daß auch bei den größten Lautstärken die Schwingungsamplituden der einzelnen Mikrophone verhältnismäßig klein blieben; weiter ergab sich, daß die Wiedergabe um so naturgetreuer war, je kleiner die Membranamplituden waren. Durch diese Maßnahmen wurde natürlich die Empfindlichkeit des einzelnen Mikrophons bedeutend herabgesetzt, so daß sich eine ausreichende Verstärkung als notwendig erwies, und man zudem mehrere Mikrophone, von denen jedes eine andere Eigenschwingung besaß, in einer einzigen großen Kapsel parallel schalten mußte. Ein derartiges Mikrophon ist z. B. in dem Besprechungsraume Abb. 88 aufgestellt. Es gelang dann in verhältnismäßig kurzer Zeit eine ganze Reihe anderer Mikrophone zu konstruieren, die, wie wir in Abschnitt IV ausführten, dem Kohlekörnermikrophon weit überlegen sind, und die fast vollkommen allen Ansprüchen genügen. Von all diesen Mikrophonen haben sich wohl am besten das Bändchenmikrophon, das Mikrophon der Western-Electric und das Reiszmikrophon bewährt.

Die Aufstellung des Mikrophons muß möglichst erschütterungsfrei sein, vor allem bei Mikrophonen, die auf dem Kohlekörnerprinzip aufgebaut sind. Man hängt deshalb solche Mikrophone an Gummibändern in einem Metallrahmen auf, wie dies z. B. bei dem in Abb. 88 wiedergegebenen Mikrophon der Fall ist. Bei der Besprechung des Mikrophons ist darauf zu achten, daß es nicht von dem direkten Luftstrom getroffen wird. Andererseits darf aber auch die Entfernung der Schallquellen von dem Mikrophon nicht zu groß sein, da sonst namentlich in einem schwach gedämpften oder nicht gedämpften Raume die von den Wänden kommende reflektierte Schallenergie unter Umständen größer ist, als die direkte Schallenergie, was zu einem Gellen der Musik Veranlassung gibt. Hier hilft nur das Ausprobieren. In manchen Fällen, wie z. B. bei Opernübertragungen wird man sogar mehrere Mikrophone aufstellen müssen, einige in unmittelbarer Nähe der Bühne und einige mehr oder weniger entfernt von ihr. Dabei hat es sich auch als notwendig erwiesen in Fällen, wo äußerst starke Lautunterschiede auftreten, das eine oder andere Mikrophon auszuschalten oder zuzuschalten. Hier liegt es ganz in der Geschicklichkeit des „drahtlosen Dirigenten", dem diese Art der Mikrophonbedienung obliegt, eine möglichst gute und naturgetreue Wirkung zu erzielen.

Was die Übertragung von Instrumentalmusik anbelangt, so hat es sich gezeigt, daß die Wiedergabe am besten beim Spiel einzelner Instrumente, wie z. B. bei der Violine, dem Cello, dem Horn und der Flöte ist. Schwieriger ist es schon bei der Klarinette, die, wie wir in Abschnitt III gesehen haben, überaus reich an Obertönen ist, wobei an das Mikrophon die größten Anforderungen gestellt werden. Auch die Übertragung der Schlaginstrumente, wie z. B. des Klaviers ist nicht ganz einfach, da im Moment des Tonanschlages die Lautstärke ganz bedeutend größer ist, als beim allmählichen Abklingen des Tones. Diese Lautstärkeunterschiede wirken auf das Ohr bei einer direkten akustischen Aufnahme infolge seiner physiologischen Selbstregulierung nicht so kraß, wie auf das Mikrophon, das diese Regulierung nicht besitzt. Die Klaviermusik klang deshalb bei den ersten Übertragungen hart und abgehackt. Auch hier ist man der Schwierigkeiten bei den neueren frequenzunabhängigen und stark gedämpften Mikrophonen schon größtenteils Herr geworden. Für die Gruppierung der Instrumente um das Mikrophon z. B. bei Orchestermusik lassen sich feste Normen nicht angeben. Hier hängt alles von der Geschicklichkeit und dem musikalischen Empfinden des die Aufnahme leitenden Technikers ab. Allgemein kann nur gesagt werden, daß die führenden Instrumente, wie z. B. die Violine, in der Nähe des Mikrophons aufgestellt werden müssen, während Cello, Baßgeige und Bläser je nach der Besetzung weiter rückwärts und seitlich zu gruppieren sind. Das Klavier findet am besten seinen Platz in mittlerer Entfernung seitlich vom Mikrophon. Aus den nur wenigen hier angeführten Beispielen können wir erkennen, daß auf die Aufnahmetechnik eine außerordentlich große Sorgfalt verwandt werden muß. Hier schafft es nicht der reine Techniker und auch nicht der reine Musiker. Beides muß hier in einer Person vereinigt sein.

B. Die Verstärkung der Mikrophonströme.

Die in dem Mikrophon durch die auftreffende Schallenergie entstehende elektrische Wechselstromenergie beträgt im günstigsten Fall z. B. bei Verwendung eines Reiszmikrophons nur ca. 0,1 Watt. Beim Kondensator und Bändchenmikrophon ist sie noch unvergleichlich geringer. Zur Steuerung eines normalen Rundfunksenders von ca. 0,5—1 kW Antennenleistung genügt jedoch diese Energie bei weitem nicht. Sie muß vielmehr schon bei kleinern Sendern auf einige Watt und bei sehr großen Sendern auf einige hundert Watt bis zu einigen Kilowatt gebracht werden. Von dem Mikrophon ist eine bestimmte Wechselstromenergie gegeben; von dem Steuerorgan wird eine bestimmte höhere Energie verlangt. Es muß also eine bestimmte Endleistung hervorgebracht werden, die nur auf dem Wege der Verstärkung zu erzielen ist. An diese Verstärkung müssen wir genau dieselben Anforderungen stellen, wie an das Mikrophon. Die Verstärkung muß einerseits frequenzunabhängig sein, und andererseits muß die

Intensität der verstärkten Ströme proportional der Intensität der unverstärkten Ströme sein, d. h. die Charakteristik der Verstärkung muß geradlinig sein. Für diese Verstärkung kommt heute einzig und allein die Röhrenverstärkung in Betracht, da es hierbei einerseits möglich ist, sozusagen jeden gewünschten Verstärkungsgrad durch Hintereinanderschalten der Röhren zu erreichen, und man andererseits durch die Wahl der Größe der Röhren in der letzten Röhre genügend Wechselstromenergie zur Verfügung hat, um eine ausreichende Steuerung des Senders zu ermöglichen. Für diese Mikrophonverstärker kann eine dreifache Art der Schaltung zur Anwendung kommen, nämlich die Verbindung der Röhre in normaler Transformatorenkopplung, in Widerstandskopplung und in Gegentaktschaltung.

1. Verstärker mit Transformatorenkopplung.

Um den Mikrophonstrom einer Elektronenröhre zur Verstärkung zuführen zu können, muß zwischen Mikrophonkreis und Röhrenkreis eine Verbindung geschaffen werden, beide müssen

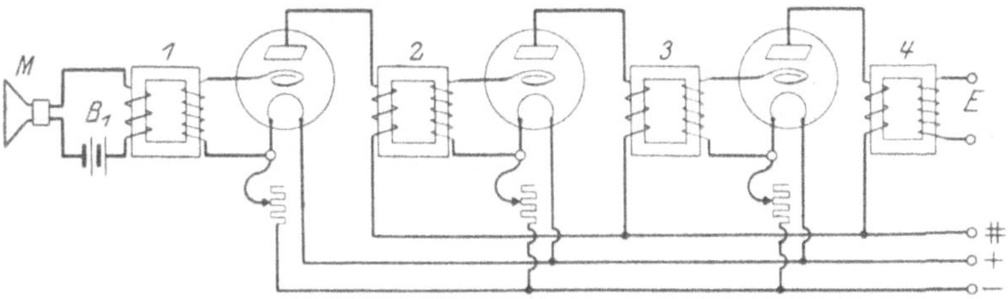

Abb. 89. Mikrophonverstärker mit Transformatorkopplung.

miteinander gekoppelt werden. Als eine der besten Kopplungen hat sich die Transformatorenkopplung erwiesen, wie sie beispielsweise in Abb. 89 für einen Dreiröhren-Niederfrequenzverstärker wiedergegeben ist. Diese Transformatorenkopplung ist hierbei nicht allein zwischen dem Mikrophonkreis und der ersten Röhre, sondern auch zwischen den nächstfolgenden Röhren, der letzten Röhre und dem Steuerorgan durchgeführt. Handelt es sich wie hier um einen Telephonieverstärker, so wählt man als Röhren nicht die normalen Verstärkerröhren, wie sie bei den Rundfunkempfängern für gewöhnlich gebraucht werden, sondern Röhren größeren Typs, sogenannte Starkstromverstärkerlampen wie z. B. die Röhren *RE 70*, *RV 24* von Telefunken, *VS 27* und *BO* von Siemens & Halske, oder auch Doppelgitterröhren wie die Röhre *RE 77* von Telefunken und *RO* von Siemens & Halske. Bei diesen Röhren liegt der Anodenstrom bei der Gitterspannung Null schon kurz vor der Sättigung, so daß eine größere negative Gittervorspannung erforderlich ist, damit der Ruhestrom in der Mitte des geradlinigen Teiles der Charakteristik liegt. Da ein möglichst hoher Verstärkungsgrad erreicht werden muß, ist die Charakteristik dieser Röhren sehr steil. Die Verwendung von Doppelgitterröhren ermöglicht unter den gleichen Verhältnissen noch eine weitere wesentliche Erhöhung der Verstärkung. Da es durch die Wahl einer entsprechenden negativen Gittervorspannung erreicht wird, daß sich der Anodenstrom bei der Verstärkung stets auf dem geradlinigen Teile der Charakteristik bewegt, so sind von seiten der Röhre aus ohne weiteres die beiden Anforderungen erfüllt, die wir weiter oben an die Verstärkung gestellt haben; denn die Röhrenverstärkung ist einerseits frequenzunabhängig, weil die für die Verstärkung maßgebenden von der Kathode ausgesandten Elektronen wegen ihrer geringen Masse und großen Geschwindigkeit jedem auch noch so schnellen Impulse zu folgen vermögen, und weil andererseits dann, wenn man sich auf dem geradlinigen Teile der Charakteristik befindet, die dem Anodenkreis einer Röhre entnommene verstärkte Wechselstromenergie proportional der dem Gitter zugeführten unverstärkten Energie ist. In bezug auf die Röhren sind demnach besondere Schwierigkeiten für eine verzerrungsfreie Verstärkung nicht vorhanden. Desto mehr Schwierigkeiten bereitet demgegenüber die Konstruktion eines Transformators, der die bei Sprache und Musik auftretenden Frequenzen von 30—10000 gleichmäßig durchläßt, demnach frequenzunabhängig arbeitet. Der Bau eines vollkommen frequenzunabhängigen Transformators ist praktisch nicht möglich, da man für die Niederfrequenzverstärkung eisengeschlossene Transformatoren verwenden muß, und das Verhalten des Eisens bei tiefen Frequenzen ein ganz anderes ist, als bei hohen Frequenzen. Führen wir einem eisengeschlossenen Transformator primär eine Spannung von einer ganz bestimmten Höhe zu, so wird für eine bestimmte Frequenz die sekundär auftretende Spannung je nach dem Übersetzungsverhältnis des Transformators ebenfalls einen bestimmten Wert haben. Bei dieser Wechselstromübertragung von der Primärwicklung auf die Sekundärwicklung geht ein Teil der Wechselstromenergie verloren. Da dieser Verlust abhängig ist von der Frequenz des Wechselstromes, so ist auch die sekundär auftretende Spannung trotz der gleichen Größe der primären Spannung nicht für alle Frequenzen die gleiche. Der Transformator besitzt also eine gewisse Frequenzabhängigkeit. Zu dieser Frequenzabhängigkeit kommt noch hinzu, daß er auch Eigenschwingungen besitzt; denn jeder Transformator hat eine bestimmte Eigenkapazität, die man sich parallel zu seiner Selbstinduktion liegend vorstellen kann. Wird nun in den Transformator primär genau die Frequenz hineingeschickt, die dieser Eigenschwingung entspricht, so schaukelt sich die sekundär auftretende Spannung erheblich höher auf, als dem Transformatorenübersetzungsverhältnis entspricht, und als es für benachbarte Frequenzen der Fall ist. Es bestände allerdings noch eine Möglichkeit, nämlich die Eigenfrequenz der Transformatoren unterhalb oder oberhalb des Hörbereiches zu legen. In beiden Fällen stößt man jedoch ebenfalls auf Schwierigkeiten. Würde man die Eigenfrequenz unterhalb des Hörbereiches, also auf sehr tiefen Frequenzen wählen, so müßte man parallel zu dem Transformator einen entsprechend großen Kondensator legen, da die sich ergebenden Wicklungskapazitäten nicht genügen, um auf solch tiefe Frequenzen zu kommen. Bei dem Vorhandensein eines solchen Kondensators würden aber die hohen Frequenzen anstatt durch den Transformator zu gehen, einfach durch den Kondensator, der für sie einen geringeren Widerstand darstellt, als die Transformatorenwicklung, abfließen, so daß eine nennenswerte Übertragung der hohen Frequenzen von der Primärseite des Transformators auf die Sekundärseite nicht zustande käme. Ähnlich liegen die Verhältnisse, wenn man die Eigenschwingung des Transformators oberhalb des Hörbereiches zu legen sucht. In diesem Fall müßte die Selbstinduktion der Sekundärwicklung und dementsprechend bei Wahrung desselben Übersetzungsverhältnisses auch die Selbstinduktion der Primärwicklung verhältnismäßig klein gemacht werden. Ist aber die Selbstinduktion der Primärwicklung klein, so findet der von dem Mikrophon kommende Wechselstrom in ihr keinen genügenden Widerstand, so daß der Magnetisierungsstrom sehr hoch wird, was bei den tiefen Frequenzen wieder zu größeren Verlusten führt, als bei den hohen Frequenzen, so daß auch hierdurch eine Frequenzunabhängigkeit nicht erreicht wird. Es bleibt deshalb bei einer Transformatorenkopplung nichts anderes übrig, als einen Kompromiß zwischen den maßgebenden Faktoren zu schließen. Um trotz dieser Eigenarten der Transformatoren noch eine verhältnismäßig frequenzunabhängige Verstärkung zu erzielen, ist es am besten, den aufeinander folgenden Transformatoren 1, 2, 3 und 4, Abb. 89, jeweils ein anderes Übersetzungsverhältnis zu geben, so daß jeder Transformator eine andere Eigenschwingung besitzt. Zur Vermeidung von Verlusten müssen die Transformatoren sehr sorgfältig konstruiert werden. Der Eisenquerschnitt ist möglichst groß zu wählen. Ferner muß der Eisenkern unterteilt sein, und das verwandte Eisen muß einen geringen Wattverlust besitzen, um das Auftreten von verlustbringenden Wirbelströmen zu verhindern.

2. Verstärker mit Widerstandskopplung.

Anstatt die Röhren durch Transformatoren miteinander zu koppeln, kann diese Kopplung auch mit Hilfe von hochohmigen Widerständen gemäß Abb. 90 erfolgen. Je nach der Art des

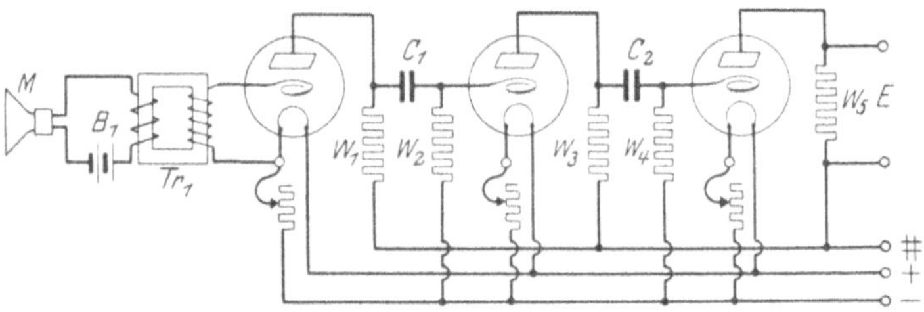

Abb. 90. Mikrophonverstärker mit Widerstandskopplung.

verwandten Mikrophons ist auch die Ankopplung des Mikrophonkreises an die erste Röhre eine andere. Während man z. B. bei Verwendung eines Kondensatormikrophons die erste Röhre mit dem Mikrophonkreis gemäß Abb. 76 verbindet, wird man bei einem Reiszmikrophon auch bei Benutzung eines Widerstandsverstärkers die erste Röhre mit dem Mikrophonkreis durch einen Mikrophontransformator *Tr* (Abb. 90) verbinden. In den Anodenkreisen der einzelnen Röhren liegen hochohmige Widerstände w_1, w_2, w_3. Die Spannungsschwankungen, die an diesen Widerständen auftreten, werden auf das Gitter der nächstfolgenden Röhre durch die Kondensatoren C_1 und C_2 von ca. 300—500 cm Kapazität übertragen. Die Gitter sind durch hochohmige Ableitungswiderstände w_2 und w_4 mit dem negativen Pol der Heizbatterie verbunden. Die Verstärkung ist bei diesen Widerstandsverstärkern fast vollkommen frequenzunabhängig, da die Kopplungswiderstände ja keine Eigenfrequenzen besitzen. Nur für die tiefen Frequenzen ist die Verstärkung eine schlechtere, da der Widerstand der Kondensatoren C_1 und C_2 für diese Frequenzen bedeutend höher ist als für die hohen Frequenzen. Diese Verstärker mit Widerstandskopplung arbeiten äußerst rein und verzerrungsfrei. Ihre Leistung bleibt jedoch hinter den Transformatorverstärkern zurück, so daß man zur Erzielung derselben Leistung bei Verwendung der Widerstandskopplung immer eine größere Anzahl von Röhren benötigt, als bei Verwendung der Transformatorenkopplung.

3. Verstärker mit Gegentaktschaltung der Röhren.

Sowohl für die Transformatorenkopplung als auch für die Widerstandskopplung ist, wie wir bereits oben bemerkten, für eine gute und reine Verstärkung erforderlich, daß vor allem die Röhren verzerrungsfrei arbeiten, d. h. daß sich der Anodenstrom stets auf dem geradlinigen Teile der Charakteristik bewegt. Hierdurch wird natürlich bedingt, daß die Röhre in ihrer Verstärkerwirkung nicht voll ausgenützt werden kann. Bei einer Änderung des Anodenstromes bis in den unteren krummlinigen Teil der Charakteristik wäre die Energieausbeute zwar eine wesentlich größere, es würden hierbei jedoch Verzerrungen von Sprache und Musik auftreten. In den Gegentaktschaltungen hat man es nun erreicht, daß, trotzdem man auch den unteren Teil der Charakteristik einer Röhre ausnützt, keine Verzerrungen auftreten. Eine diesbezügliche Schaltung, wie sie für die Verstärkung von Mikrophonströmen verwandt werden kann, ist in Abb. 91 wiedergegeben. Der Mikrophonstrom wird zunächst der Verstärkerröhre I zugeführt und hier in normaler Weise verstärkt. Im Anodenkreis der Röhre I liegt ein Transformator Tr_2, dessen Sekundärwicklung in der Mitte angezapft ist. Die Enden der Sekundärwicklung führen zu den Gittern der beiden Röhren II und III, und die Mitte führt über die Batterie B_4, die den beiden Gittern eine negative Vorspannung gibt, zu den Heizfäden der beiden Röhren, die hintereinandergeschaltet sind und von der Batterie B_6 gespeist werden. Die Anodenbatterie B_6 ist mit der Mitte der Primärwicklung des Transformators Tr_3 verbunden und führt so beiden Anoden Strom zu. An die Sekundärwicklung des Transformators Tr_3 kann bei E das Steuerorgan des Senders angeschlossen werden. In dieser Schaltung der Röhren II und III wird dem Gitter der einen Röhre immer genau die entgegengesetzte Spannung zugeführt, wie dem Gitter der anderen Röhre. Abgesehen davon, daß sich bei einer solchen Symmetrieschaltung stets die aus der Heiz- oder Anodenbatterie stammenden Störungen gegenseitig kompensieren, der Verstärker demnach an und für sich schon störungsfreier arbeitet,

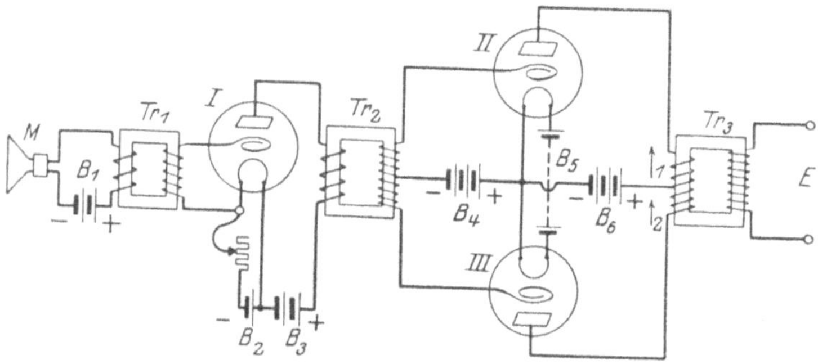

Abb. 91. Mikrophonverstärker mit Gegentaktschaltung.

erzielt man hierdurch bezüglich der Verstärkung noch folgende Vorteile. Zunächst tritt eine Gleichstrommagnetisierung der Eisenkerne der Transformatoren nicht ein. Betrachten wir beispielsweise die Primärwicklung des Transformators Tr_3. Der von der Batterie B_6 kommende Strom durchfließt sowohl den Wicklungsabschnitt 1 als auch 2, jedoch in Abschnitt 1 in entgegengesetztem Sinne wie in Abschnitt 2. Der Gleichstrom, der durch 1 fließt, bewirkt deshalb auch eine entgegengesetzte Magnetisierung des Transformatorenkernes, wie der Gleichstrom, der durch 2 fließt. Sind demnach beide Ströme einander gleich, so heben sich diese Magnetisierungen gegenseitig auf. Eine Verzerrung durch eine Gleichstromübersättigung des Eisenkernes kann deshalb nicht auftreten. Ferner addieren sich die Anodenwechselströme in den beiden Röhren in jedem Moment zueinander. Ist z. B. in der Sekundärwicklung des Transformators Tr_2 der Wechselstrom derart gerichtet, daß das Gitter der Röhre II einen positiven Spannungsstoß erhält, so liegt an dem Gitter der Röhre III eine negative Spannung. Entsprechend der positiven Gitterspannung an der Röhre II wird ein verstärkter Anodenstrom in Richtung des Pfeiles den Abschnitt 1 des Transformators Tr_3 durchfließen, während entsprechend der an dem Gitter der Röhre III liegenden negativen Gitterspannung der Anodenstrom der Röhre III im Abschnitt 2 in Richtung des Pfeiles abnimmt. In Bezug auf die Primärwicklung des Transformators Tr_3 haben beide Anodenwechselströme dieselbe Richtung, sie addieren sich also zueinander. Endlich wird durch diese Schaltung eine lineare Wirkung der Charakteristik erzielt, auch dann, wenn sich der Anodenstrom bis in den unteren krummlinigen Teil der Charakteristik hinab bewegt. Dieses können wir am besten an Hand der Abb. 92 erkennen. In horizontaler Richtung sind die Gitterspannungen V und in vertikaler Richtung die Anodenströme J aufgetragen. Die Kurve II stellt die entsprechende Charakteristik der Röhre II und die Kurve III die genau gleiche Charakteristik der Röhre III dar. Da beide Röhren stets einander entgegenwirken, so ist dies auch graphisch in der Abb. 92 durch den entgegengesetzten Richtungssinn der Kurven II und III gekennzeichnet. Hat das Gitter der Röhre II z. B. eine negative Spannung, so daß sich der Anodenstrom der Röhre II auf der Charakteristik II bei C befindet, so hat das Gitter der Röhre III in demselben Momente eine positive Spannung und der Anodenstrom der Röhre III befindet sich im Punkte D der Charakteristik III. Das gleiche gilt sinngemäß von den Punkten A und B der beiden Charakteristiken. Da sich die Anodenströme jeweils zueinander addieren, so ergibt sich als

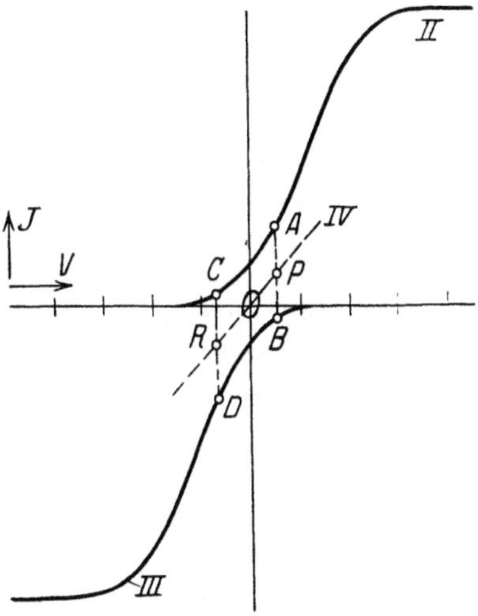

Abb. 92. Zusammenwirken zweier Rohren in Gegentaktschaltung und die dadurch erzielte geradlinige Wirkung der Charakteristik.

scheinbare Resultierende von C und D der Punkt R und von A und B der Punkt P. Beide Punkte liegen auf einer Geraden IV, die durch den Mittelpunkt O geht. Die Gesamtwirkung ist also derart, als ob sich der gemeinsame Anodenstrom auf einer geraden Linie IV bewegte, so daß damit auch bei Ausnützung des unteren krummlinigen Teiles der beiden Charakteristiken eine Verzerrung nicht auftritt. Solche Gegentaktschaltungen lassen sich selbstverständlich auch bei Widerstandskopplungen ausführen, worauf wir jedoch hier nicht näher eingehen wollen.

Wenn auch durch Gegentaktschaltungen bei Benutzung der Röhre im unteren Teile der Charakteristik Verzerrungen vermieden werden, so wird hierdurch doch noch nicht eine Überbeanspruchung der Röhren im oberen Teile der Charakteristik im Sättigungsgebiet ausgeschaltet. Um hier auf jeden Fall zu vermeiden, daß sich der Anodenstrom bis in das Sättigungsgebiet hinaufbewegt, legt man parallel zum Gitter und der Kathode der einzelnen Röhren hochohmige regulierbare Widerstände, die auch während des Sendebetriebes betätigt werden können, und eine feine Regulierung des Stromes in den einzelnen Verstärkerstufen gestatten. In dem in Abb. 93 wiedergegebenen Verstärkerraum sind drei solcher Widerstände auf dem Tische aufmontiert. In den darüber an der Wand hängenden Blechkästen befinden sich die Verstärkerröhren und die Transformatoren. Da diese Regulierwiderstände gleichzeitig eine größere Strombelastung der Transformatoren zur Folge haben, so bewirken sie hierdurch eine künstliche Dämpfung der Transformatoren, so daß deren Resonanzkurve flacher und ihre Wirkung demnach auch frequenzunabhängiger wird. Auf der linken uud rechten Seite des Montagebrettes für die Regulierwiderstände befindet sich eine Prüfeinrichtung, die es gestattet, sowohl die unverstärkten und verstärkten Mikrophonströme zu kontrollieren, a's auch die von der Antenne ausgestrahlte Hochfrequenzschwingung zu überwachen. Um letzteres zu ermöglichen, wird meist in einigen Kilometern Entfernung vom Sender eine Empfangsanlage aufgestellt, gewöhnlich ein Kristalldetektorempfänger, dessen Empfangsenergie über eine Drahtleitung wiederum dem Verstärkerraum zugeführt wird. Auf diese Art und Weise kann jeder Fehler sofort erkannt und schnellstens beseitigt werden.

Abb. 93. Der Verstärkerraum des Frankfurter Rundfunksenders.

C. Die Steuerung der Telephoniesender.

Bezüglich der Art der Umwandlung von Schallenergie in elektrische Energie unterscheiden sich drahtlose Telephonie und Drahttelephonie nicht wesentlich voneinander. Bei beiden ist hierfür ein und dasselbe Umwandlungsorgan, das Mikrophon erforderlich, auf dessen Konstruktion und Handhabung allerdings bei der Radiotelephonie entsprechend den höheren Ansprüchen eine größere Sorgfalt verwandt werden muß, als bei der Drahttelephonie. Der wesentliche Unterschied tritt erst in dem Moment auf, in welchem der Übergang der unverstärkten oder verstärkten Mikrophonströme in die Form der elektrischen Wellen erfolgt, die nicht mehr an einen Leitungsdraht gebunden sind, sondern durch den Äther ihren Weg in die Ferne suchen. Für diese Umwandlung der „strömenden“ Elektrizität in die „schwingende“ Elektrizität ist wiederum ein Organ erforderlich, das wir das Steuerorgan des Senders nennen. Seine Aufgabe besteht darin, die im Sender erzeugte Hochfrequenzschwingung und mithin den Antennenstrom im Rhythmus von Sprache und Musik zu ändern, zu modulieren. Wie wir in Abschnitt III ausführten, erfolgt diese Modulation für gewöhnlich in der Art, daß die Amplitude der Hochfrequenzschwingung eine entsprechende Änderung erfährt. Die Art der Steuerung eines Telephoniesenders ist in erster Linie von der Art des Sendesystems abhängig. Solange man als Erzeuger für ungedämpfte Schwingungen lediglich auf den Lichtbogensender und den Maschinensender angewiesen war, gab es nur einige wenige Steuermethoden. Erst als der Röhrensender seinen Einzug in die Radiotechnik hielt, ergaben sich entsprechend der mannigfaltigen Verwendung der Röhre zahlreiche Modulationsmöglichkeiten. Bei den ersten drahtlosen Telephonieversuchen wurde die Modulation derart durchgeführt, daß man gemäß Abb. 94 das Mikrophon M direkt in die Antenne legte. Die vom Sender A kommende Hochfrequenzenergie wurde durch Kopplung von S_1 und S_2 auf die Antenne übertragen und dann durch das Mikrophon beim Besprechen im Rhythmus von Sprache und Musik beeinflußt. Diese Art der Modulation ist nur bei kleineren Energien durchführbar, da ja die gesamte Hoch-

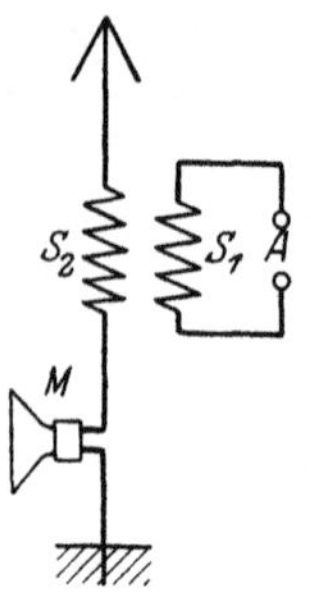

Abb 94. Einfachste Modulation eines Telephoniesenders.

frequenzenergie ihren Weg über das infolge seines Ohmschen Widerstandes stark dämpfende Mikrophon nehmen muß. Ferner wird das Mikrophon hierdurch stark erwärmt und mit der Zeit unbrauchbar. Auch das Parallelschalten von mehreren besonders gekühlten Mikrophonen, die gemeinsam besprochen wurden, genügte nicht bei größeren Leistungen. Man nahm deshalb von einer direkten Beeinflussung des Antennenstromes, die an und für sich bezüglich der Energieausbeute verhältnismäßig günstig war, Abstand und ging zu den indirekten Modulationsmethoden über.

1. Die Modulation beim Lichtbogensender.

Für den Lichtbogensender kommt heute praktisch nur noch die Steuerung durch Eisendrosseln in Betracht. Dieses Verfahren beruht auf der bekannten Tatsache, daß sich der scheinbare Wechselwiderstand einer Spule mit Eisenkern ändert, wenn dieser Eisenkern durch Gleichstrom magnetisiert wird. Bereits 1902 wurde dieses Steuerverfahren von Fessenden vorgeschlagen, gelangte aber nicht zur Ausführung, hauptsächlich wohl deswegen, weil man damals eine große Abneigung gegen die Verwendung von Eisen in Hochfrequenzkreisen hatte. Erst 1913 wurde der Gedanke wieder von L. Kühn aufgegriffen. Ein wesentlicher Fortschritt wurde jedoch in erster Linie durch die Arbeiten von L. Pungs und F. Gerth (C. Lorenz A.-G.) erzielt, die dieses Steuerverfahren sowohl für Zwecke der Radiotelegraphie als auch Telephonie ausbauten. Dabei blieb seine Anwendung nicht allein auf den Lichtbogensender und Maschinensender beschränkt. Auch beim Röhrensender hat sich dieses Verfahren selbst bei kurzen Wellen von einigen hundert Metern Wellenlänge als brauchbar erwiesen. Die prinzipielle Schaltung dieser Steuerdrossel ist in Abb. 95 wiedergegeben. Auf einem Eisenkern, der aus zwei vollkommen getrennten Teilen I und II besteht, befinden sich einerseits die Hochfrequenzwicklungen S_1 und S_2 und andererseits die Steuerwick-

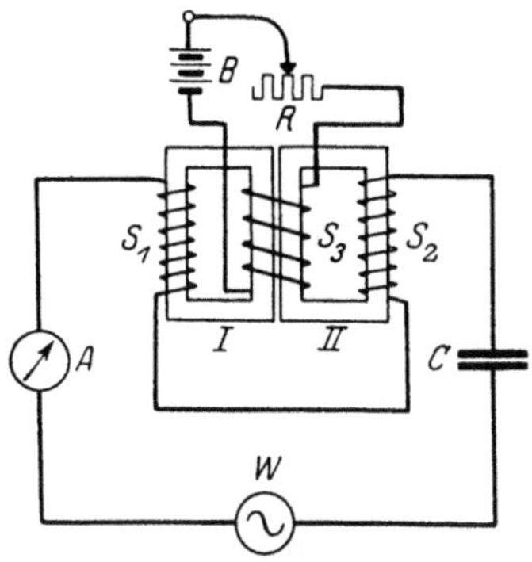

Abb. 95. Schaltung der Steuerdrossel nach Pungs und Gerth.

lung S_3. Die Hochfrequenzwicklungen sind über ein Meßinstrument A und einen Kondensator C mit der Hochfrequenzmaschine W verbunden. Dieser gesamte Stromkreis stellt einen Schwingungskreis dar, dessen Frequenz von der Dimension der Wicklungen und des Kondensators abhängt. Die Steuerwicklung S_3 ist über einen regulierbaren Ohmschen Widerstand R mit der Batterie B verbunden. Je nach der Größe des durch die Steuerwicklung fließenden Gleichstromes wird der Eisenkern mehr oder weniger magnetisiert. Mit einer Änderung der Magnetisierung ist aber weiter eine Änderung der Induktivität der Wicklungen S_1 und S_2 und eine Änderung ihres effektiven Widerstandes verbunden.

Die Folge davon ist, daß sich je nach der Größe des durch S_3 fließenden Gleichstromes der durch das Amperemeter A fließende Wechselstrom ändert. Die Änderung des effektiven Widerstandes der Wicklungen S_1 und S_2 in Abhängigkeit von der Gleichstrommagnetisierung kann ganz beträchtlich sein. Versuche bei einer Maschinenfrequenz von 42300 Perioden = 7100 m Wellenlänge ergaben z. B., daß der Widerstand der Wicklungen S_1 und S_2 sich von 800 Ohm ohne Magnetisierung bis zu 2 Ohm bei Magnetisierung bis zur Sättigung des Eisenkernes, änderte, was einem Änderungsverhältnis von 400: 1 entspricht. Bei voller Sättigung des Eisenkernes lassen die Hochfrequenzwicklungen den Wechselstrom fast genau so durch, als wenn überhaupt kein Eisenkern vorhanden wäre, d. h. die Permeabilität des Eisens ist in diesem Falle so gering, daß hierdurch kaum Verluste eintreten. Durch die in Abb. 95 wiedergegebene Anordnung der Wicklungen wird ferner erzielt, daß beim Fließen eines Hochfrequenzstromes durch S_1 und S_2 in der Wicklung S_3 durch Induktion kein Hochfrequenzstrom auftritt, obwohl die Spule S_3 mit S_1 und S_2 durch den Eisenkern magnetisch gekoppelt ist. Die beiden Hochfrequenzwicklungen sind nämlich so geschaltet, daß der Kraftfluß der einen Wicklung in der Steuerwicklung genau entgegengesetzt verläuft, wie in der anderen, so daß sie sich also in ihrer Gesamtheit aufheben, wenn die Wicklungen S_1 und S_2 und die beiden Teile I und II des Eisenkernes vollkommen gleich und symmetrisch sind. Es ist deshalb auch nicht notwendig, die Batterie B durch Verwendung von Eisendrosseln, die immer zu Verlusten und Verzerrungen Veranlassung geben, zu schützen.

Die Dimensionierung und der Aufbau des Eisenkernes ist abhängig von dem Wellenlängenbereich, innerhalb dessen diese Steuerdrossel verwandt werden soll. Für lange Wellen über 2000 bis 3000 m wird als Eisenkern dünnes Bandblech von 0,07 mm Dicke, das mit Papier beklebt ist, verwandt. Bei kurzen Wellen von etwa 300—1000 m nimmt man äußerst dünnen emaillierten Eisendraht, ähnlich dem, wie er auch für die Frequenztransformatoren bei der Schmidtschen Hochfrequenzmaschine verwandt wird. Je kürzer die Wellenlänge, desto geringer ist auch die verwandte Eisenmenge, und desto kleiner wird die ganze Steuerdrossel. Bei einer Steuerdrossel für eine Telephonieleistung von etwa 1,5 kW und eine Wellenlänge von ca. 500 m betragen die Außendimensionen der Drossel etwa 10×7×6 cm, und das Gewicht des verwandten Eisens etwa 10 Gramm. Eine solche Steuerdrossel ist in Abb. 96 wiedergegeben. *A* ist die Steuerwicklung und *B* der Eisenkern aus dünnem emailliertem Eisendraht. Die Spulen sind in einem Holzrahmen fest montiert. Das Ganze wird beim Betrieb in ein Ölgefäß getaucht. Es ist ohne weiteres klar, daß eine solche Eisendrossel auch zur Steuerung eines Telephoniesenders verwandt werden kann, wenn man an Stelle des variablen Widerstandes *R*, Abb. 95, ein Mikrophon setzt. Entsprechend den Änderungen des Mikrophonstromes wird sich dann auch der durch S_1 und S_2 fließende Hochfrequenzstrom ändern. Für eine gute Telephoniesteuerung muß jedoch verlangt werden, daß sich der Hochfrequenzstrom proportional dem Steuerstrom ändert, d. h. daß die Charakteristik der Drossel wenigstens in einem bestimmten Strombereich geradlinig ist. Auch diese Forderung ist bei der

Abb. 96. Steuerdrossel fur eine Leistung von 1.5 kW.

Steuerdrossel erfüllt. In der Abb. 97 sind die Charakteristiken einer Telephoniedrossel für einige Wellenlängen wiedergegeben. In horizontaler Richtung ist der Steuergleichstrom und in vertikaler Richtung der Hochfrequenz- oder Antennenstrom bei den Wellen 300, 450 und 600 m aufgetragen. Es ergibt sich hieraus, daß in einem hinreichend großen Bereiche die Abhängigkeit des Antennenstromes von dem Steuergleichstrom einen vollkommen geradlinigen Verlauf nimmt. Um eine verzerrungsfreie Wiedergabe von Sprache und Musik zu erreichen, muß man sich auf den geradlinigen Teil der Charakteristik beschränken. Zu diesem Zwecke wird der Eisenkern derart vormagnetisiert, daß man sich, wie die gestrichelte Linie A (Abb. 97) ergibt, im Falle der Nichtbesprechung auf der Mitte der Charakteristik befindet. Bei der Besprechung ändert sich dann die Magnetisierung beiderseits dieses Ruhepunktes.

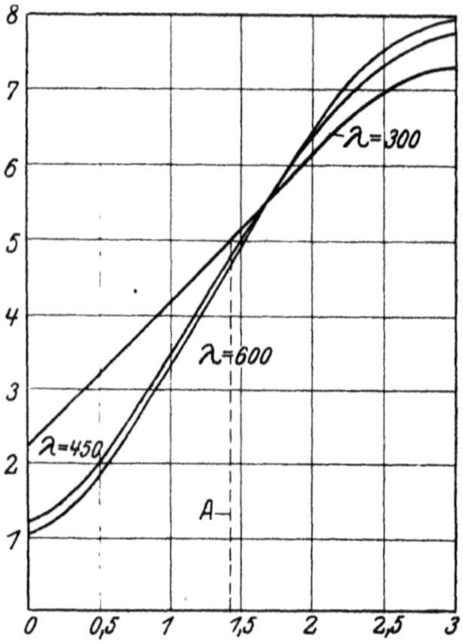

Abb. 97. Charakteristiken der Steuerdrossel nach Pungs und Gerth.

Die Schaltung eines Lichtbogen-Telephoniesenders mit Steuerdrossel ist in Abb. 98 wiedergegeben. Die Antenne ist mit dem Lichtbogensender induktiv gekoppelt. In der Erdleitung der Antenne liegt die Steuerdrossel, die durch die Batterie B_1 unter Regulierung des Widerstandes R auf die Mitte ihrer Charakteristik eingestellt wird. Diese Einstellung läßt sich in der Praxis leicht dadurch bewerkstelligen, daß man zunächst die Drossel bis zur Sättigung vormagnetisiert. Die Wicklungen S_3 und S_5 stellen dann für den Antennenstrom keinen wesentlichen Widerstand dar. Durch Bedienung der Abstimmorgane der Antenne und des mit ihr gekoppelten Schwingungskreises wird nun auf volle Antennenstromstärke eingestellt. Hierauf wird die Drossel durch Änderung des Widerstandes R so lange vormagnetisiert, bis die Antennenleistung auf die Hälfte herabgesunken ist, d. h. bis der Antennenstrom noch etwa $^2/_3$ seines ursprünglichen vollen Wertes besitzt. Man befindet sich dann sicher auf dem mittleren Teile der Charakteristik. Die von dem Mikrophon *M* kommenden Ströme, die durch den Niederfrequenzverstärker *N* verstärkt werden, können nun entweder über einen Transformator dem Steuerkreise zugeführt werden, oder aber es kann ein direkter

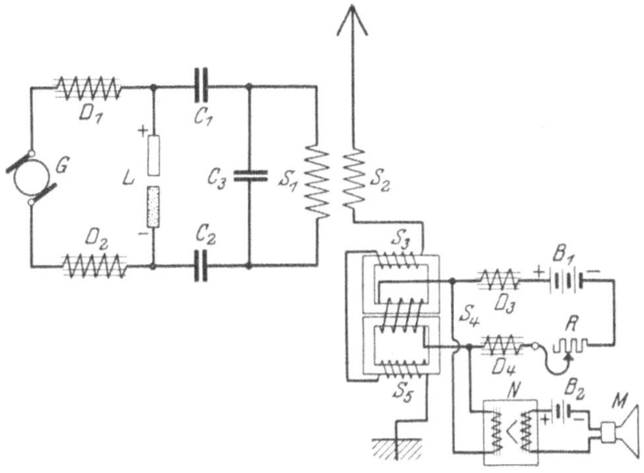

Abb. 98. Schaltung eines Lichtbogen-Telephoniesenders mit Steuerdrossel.

Anschluß an den Steuerkreis erfolgen. Im letzteren Falle müssen die Mikrophonströme durch die Eisendrosseln D_3 und D_4 von der Gleichstrombatterie B_1 ferngehalten werden, damit sie nur ihren Weg über die Spule S_4 nehmen können. Die durch die Antenne ausgestrahlte Hochfrequenzschwingung wird auf diese Art und Weise durch die Mikrophonströme im Rhythmus von Sprache und Musik gesteuert. Bei dieser direkten Steuerung des Antennenstromes müssen auch die Steuerleistungen noch verhältnismäßig groß sein. Zur Steuerung eines 5-kW-Lichtbogensenders ist beispielsweise eine Steuerleistung von etwa 1 kW erforderlich. Alle diejenigen, die vor Freigabe des Rundfunks, in der Lage waren, die Darbietungen des Telephoniesenders der C. Lorenz-A.-G. in Eberswalde aufzunehmen, konnten sich von der Qualität dieses Steuerverfahrens überzeugen. Auf Grund der damals gemachten Erfahrungen ging man dann später dazu über, diese Steuerung, wie wir noch sehen werden, auch bei den auf kurzen Wellen arbeitenden Maschinen- und Röhrensendern zu verwenden.

2. Die Modulation beim Maschinensender.

Von den Maschinensendern kommen, wie wir bereits in Abschnitt 2 ausführten, für die Telephonie nur das System Telefunken und die Schmidtsche Hochfrequenzmaschine System Lorenz in Betracht, da es nur mit diesen beiden möglich

Abb. 99. Schmidtsche Hochfrequenzmaschine.

ist, die für Zwecke der Telephonie notwendigen kürzeren Wellen zu erhalten. Da sich der Rundfunk heute hauptsächlich auf den Wellenlängenbereich von 200—700 m erstreckt, so kommt auch hierfür das Telefunkensystem nicht mehr zur Anwendung, da hiermit die Erzeugung von Wellen unter etwa 4000 m zu schwierig und zu kostspielig ist. Die im Jahre 1921 in Nauen mit der 130-kW-Hochfrequenzmaschine auf Welle 4000 angestellten Versuche hat man deshalb später auch aufgegeben, da auf kürzeren Wellen mit Röhrensendern viel günstigere Resultate bei kleineren Leistungen zu erzielen sind. Die Steuerung der Hochfrequenzmaschine wurde damals derart durchgeführt, daß die Gleichstrommagnetisierung des direkt vor der Antenne liegenden Frequenztransformators durch den verstärkten Mikrophonstrom geändert wurde. Es trat dann ein ähnlicher Effekt auf, wie bei der oben beschriebenen Steuerdrossel von Pungs. Hierauf wollen wir jedoch nicht näher eingehen, da der Maschinensender System Telefunken heute für die Telephonie nicht mehr in Betracht kommt.

Anders liegen die Verhältnisse bei der Schmidtschen Hochfrequenzmaschine, mit der es möglich ist, Wellen bis zu 300 m

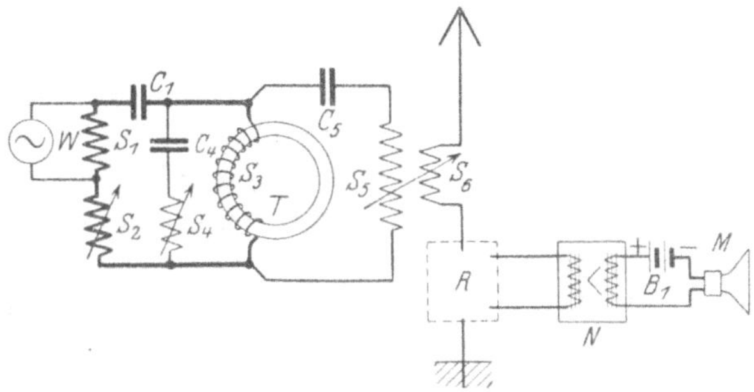

Abb. 100. Maschinensender System Lorenz mit Steuerdrossel.

Wellenlänge herab zu erzeugen. Eine solche Maschine für kleinere Leistungen ist in Abb. 99 wiedergegeben. Zur Steuerung für diesen Sender kommt einzig und allein das Steuerverfahren mit eisenmagnetisierter Steuerdrossel in Betracht, wie es auch bei dem Lichtbogensender zur Verwendung kommt. Eine entsprechende Schaltung ist in Abb. 100 wiedergegeben. Die Hochfrequenzenergie des Maschinensenders wird von S_5 auf die Antennenspule S_6 übertragen. In der Erdleitung der Antenne liegt auch hier genau wie beim Lichtbogensender Abb. 98 die Steuerdrossel R, der die Mikrophonströme über den Niederfrequenzverstärker N zugeführt werden. Wenn auch der Maschinensender von Lorenz vom physikalischen Standpunkte aus betrachtet eine überaus elegante Lösung des Problems der Frequenztransformation darstellt, so stehen seiner Einführung in die Praxis, wie die bisherigen Versuche bei einigen deutschen Rundfunksendern gezeigt haben, noch erhebliche Schwierigkeiten entgegen, namentlich wenn es sich um kurze Wellen von 300—500 m Wellenlänge handelt. Eine vollständige Beseitigung der Oberschwingungen, wie man sie für einen modernen Rundfunksender verlangen muß, ist anscheinend bisher ebenfalls noch nicht gelungen. Hoffentlich wird man auch mit der Zeit dieser Schwierigkeiten Herr werden.

3. Die Modulation beim Röhrensender.

Da gerade der Röhrensender in der Rundfunktechnik die weitaus größte Verwendung gefunden hat, so sind zu seiner Steuerung in den verschiedensten Ländern und von den verschiedensten Firmen zahlreiche Steuermethoden ausgebildet worden. Diese Steuereinrichtungen, bei denen die Amplitude der Schwingungen im Rhythmus von Sprache und Musik beeinflußt werden, können wir in zwei Gruppen einteilen, einerseits in solche, bei denen der von der Röhre in die Antenne hineingeschickte Hochfrequenzstrom erst in der Antenne gesteuert wird, und andererseits in solche, bei denen bereits der Hochfrequenzstrom in der Senderöhre durch entsprechende Hilfsmittel beeinflußt wird.

a) Direkte Steuerung des Antennenstromes.

α) **Absorptionsschaltung.** Bei den Absorptionsschaltungen wird der Antenne in irgendeiner Form entsprechend den Mikrophonströmen Hochfrequenzenergie entzogen. Als solche Absorptionsschaltung ist z. B. auch die in Abb. 94 als ursprünglichste Telephonieschaltung wiedergegebene Schaltung zu betrachten, bei der das Mikrophon direkt in der Antenne liegt. Anstatt das Mikrophon direkt in die Antenne zu legen, kann man es auch in irgendeiner Form mit der Antennenspule variabel koppeln. Diese Schaltungen der direkten Beeinflussung des Antennenstromes erfuhren eine bedeutende Verbesserung, als man zunächst in Amerika (General-Electric-Co.) und England (British Thomson-Houston-Co.) dazu überging, für die Absorption eine Röhre, die sogenannte Absorptionsröhre, zu verwenden, die in Verbindung mit dem Mikrophon in verstärktem Maße die gleichen Funktionen ausübt. Eine derartige grundsätzliche Schaltung ist in Abb. 101 wiedergegeben.

Die Senderöhre I induziert durch Kopplung der Spule S_2 mit S_1 auf die Antenne, so daß von der Antenne ein konstanter Hochfrequenzstrom ausgestrahlt wird. Parallel zu einem Teil der Antennenspule S_1 liegt über einen regulierbaren Widerstand R die Absorptionsröhre II. Entsprechend dem durch S_1 gehenden Wechselstrom liegt an der Anode der Röhre II während der einen Halbperiode der Schwingung eine positive und während der anderen Halbperiode eine negative Spannung. Ist die Spannung an der Anode positiv, so fließt ein Strom durch die Röhre II in Richtung Kathode—Anode. Es wird also hierdurch ein Teil des Antennenstromes abgezweigt und über die Röhre geleitet. Dieser Teil ist abhängig von dem inneren Widerstand der Röhre II und von der Höhe der Spannung, die zwischen Ka-

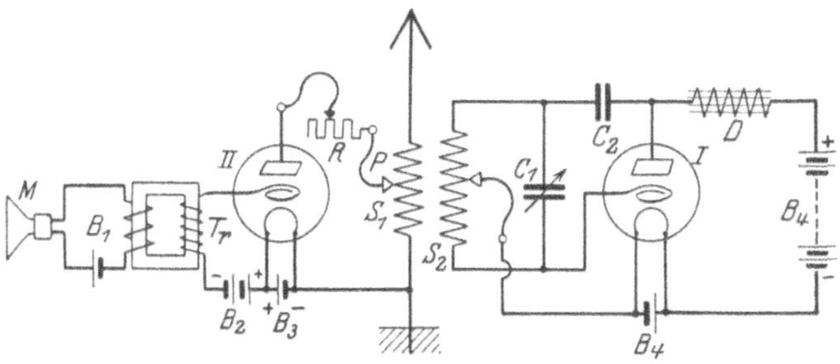

Abb. 101. Röhrensendermodulation. Absorptionsschaltung mit einer Eingitterröhre.

thode und Anode liegt. Die Höhe der Spannung kann durch Änderung des Widerstandes R und Verschieben des Gleitkontaktes P geändert werden. Eine Änderung des inneren Widerstandes der Röhre wird durch eine entsprechende Änderung der Gitterspannung erreicht. Das Gitter der Röhre II ist deshalb mit dem Mikrophonkreis MB_1 über den Transformator Tr verbunden. Beim Besprechen des Mikrophons treten Gitterspannungsschwankungen auf, die eine entsprechende Änderung des Röhrenwiderstandes zur Folge haben, so daß dem Antennenstrom mehr oder weniger Energie entzogen und somit die Hochfrequenz im Rhythmus von Sprache und Musik gesteuert wird. Die elektrischen Verhältnisse der Modulationsröhre II werden durch Einstellung der Gittervorspannung B_2, des Widerstandes R und des Gleitkontaktes P derart gewählt, daß beim Anschalten der Modulationsröhre an S_1 die Antennenstromstärke etwa auf die Hälfte sinkt, so daß beim Besprechen des Mikrophons die Änderung des Antennenstromes beiderseits dieses Ruhestromes erfolgen kann. Wie wir schon oben bemerkten, wird bei dieser Anordnung nur die eine Halbperiode der Hochfrequenzschwingung ausgenutzt. Um beide Halbperioden auszunützen kann man entweder zwei Modulationsröhren benutzen, die gegeneinander geschaltet sind, oder eine Röhre, die zwei Anoden und zwei Gitter besitzt. Eine entsprechende Schaltanordnung zeigt Abb. 102. Bei *E* wird der Röhrensender angeschlossen, der genau wie in Abb.101 der Antenne konstante Hochfrequenzenergie zuführt. Die Enden der Spule S_1 sind über die Widerstände R_1 und R_2 mit den Anoden der Modulationsröhre und die Mitte der Spule mit dem Heizfaden verbunden. Es ist ohne weiteres ersichtlich, daß bei dieser Schaltung von der

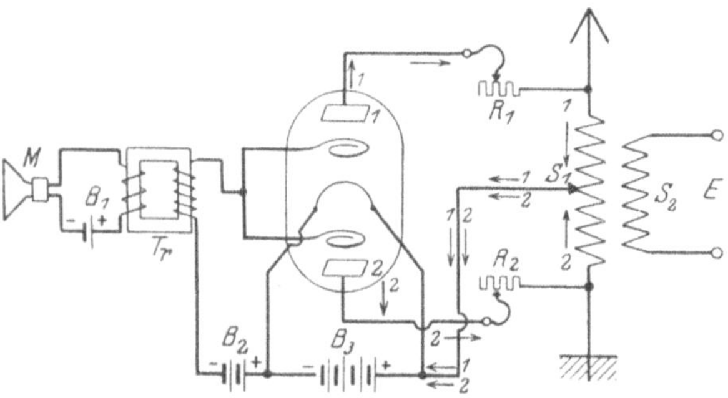

Abb. 102. Röhrensendermodulation. Absorptionsschaltung mit einer Doppelgitterröhre.

Röhre beide Halbperioden der Hochfrequenzschwingung durchgelassen werden, und zwar einerseits über die Anode 1 in Richtung der Pfeile 1 und andererseits über die Anode 2 in Richtung der Pfeile 2. Der Anschluß des Mikrophonkreises und die sonstige Einstellung der Modulationsröhre erfolgt genau in der Form, wie es für die Modulationsröhre der Abb. 101 beschrieben wurde. Diese Art der direkten Antennenstromsteuerung mit Absorptionsröhre kommt heute nur mehr wenig zur Anwendung, da vor allem die Aussteuerungsmöglichkeit zu gering ist.

β) Steuerung mit Eisendrossel. Eine andere Art der direkten Antennenstromsteuerung haben wir bereits bei dem Lichtbogen- und Maschinensender in Gestalt der Eisendrossel mit Gleichstrommagnetisierung kennengelernt. Auch diese Steuermethode kann bei dem Röhrensender Verwendung finden.

Die Versuche haben jedoch gezeigt, daß dann, wenn die Antenne in direkter Rückkopplungsschaltung mit der Senderöhre verbunden ist, die Eisendrossel nicht gut in der Antenne Verwendung finden kann, weil dadurch bei der Modulation ein zu starkes Schwanken der Wellenlänge des Senders hervorgerufen würde. Dieses hat darin seinen Grund, daß sich bei dem Eisenmodulator mit der Änderung der Gleichstrommagnetisierung nicht allein der effektive Verlustwiderstand, sondern auch die Induktivität der Eisendrossel und somit die Wellenlänge des

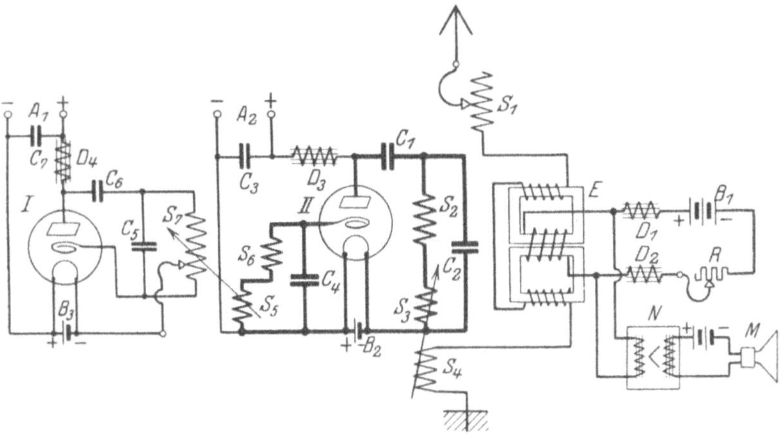

Abb. 103. Rohrensenderschaltung nach Lorenz. Steuerung mit Eisendrossel.

Schwingungskreises, in dem sie liegt, ändert. Diese Wellenlängenänderung des Senders läßt sich nun dadurch vermeiden, daß man entweder die Antenne unter Zwischenschaltung eines Zwischenkreises mit der Senderöhre koppelt, oder daß man einen Sender mit Fremdsteuerung benutzt. Bei dem ersten Verfahren wird zwar die Rückwirkung der Modulation auf die Wellenlänge des Senders bedeutend herabgesetzt, jedoch auch nicht vollkommen vermieden. Zudem ist bei dieser Zwischenkreisschaltung die Energieausbeute zu gering. Das zweite Verfahren, das in Deutschland durch die C. Lorenz-A.-G. bei einer Reihe von Rundfunksendern angewandt wird, hat zu sehr guten Erfolgen geführt. Die grundsätzliche Schaltung ist in Abb. 103 wiedergegeben. In der Antenne liegt der Eisenmodulator E, der genau so geschaltet wird wie in Abb. 98 beim Lichtbogensender. Die Senderöhre II ist als Hochfrequenzverstärker geschaltet. Der Schwingungskreis $S_3 S_2 C_2$ und der Kreis S_5, S_6, C_4 werden auf die Welle des Steuersenders I abgestimmt. Die Anodenstromzuführung für die Röhre II erfolgt bei A_2. Die Röhre I erzeugt in Rückkopplungsschaltung eine Schwingung, deren Wellenlänge von der Größe von C_5 und S_7 abhängig ist. Die Anodenstromzuführung für diese Röhre erfolgt bei A_1. Die im Schwingungskreise C_5, S_7 entstehende Schwingung wird durch Kopplung von S_7 mit S_5 auf das Gitter der Röhre II übertragen und kommt im Anodenkreise dieser Röhre in verstärktem Maße zur Geltung. Durch Kopplung von S_3 mit S_4 wird die Schwingung auf die Antenne übertragen. Ändert sich bei der Modulation die Wellenlänge der Antenne, so ist dies ohne merklichen Einfluß auf die in der Röhre I erzeugte und durch die Röhre II übertragene Hochfrequenzschwingung. Zur Erzeugung größerer Energien lassen sich leicht mehrere Steuer- und mehrere Senderöhren parallel schalten. Diese Art der Modulation hat den großen Vorzug, daß sie in den Schwingungsvorgang des Steuersenders nicht im geringsten eingreift. Bei deutschen Sendern wird sie unter anderen bei den von der C. Lorenz-A.-G. in Leipzig, Münster und Nürnberg gebauten Rundfunkröhrensendern verwandt. Auch bei dem neuen französischen 25-kW-Sender in Clichy wird eine Eisendrossel zur Modulation benutzt.

b) Steuerung des Hochfrequenzstromes der Senderöhre.

Da die Energie einer Senderöhre auf die verschiedenste Art und Weise geändert werden kann, beispielsweise durch Änderung des Heizstromes der Röhre, des Anodengleichstromes, des Gittergleichstromes, der Rückkopplung, des äußeren Widerstandes usw. so muß es auch ohne weiteres möglich sein, bei Änderung dieser Größen durch den Mikrophonstrom den Sender zu modulieren. Es ist auch tatsächlich gelungen, durch Änderung einer oder gleichzeitig mehrerer dieser Größen eine Modulation durchzuführen. Ein großer Teil der möglichen Schaltungen hat sich jedoch für den praktischen Betrieb nicht hinreichend und zuverlässig genug erwiesen. Wir wollen deshalb auch hier nicht alle möglichen Schaltungen besprechen, sondern lediglich diejenigen, die auch in der Praxis tatsächlich Verwendung gefunden haben und noch finden. Es sind dies die Modulationsschaltung durch Gitterspannungsänderung, die Modulation nach Heising-Latour durch Anodenspannungsänderung, die Modulation durch Änderung des Anodenkreiswiderstandes, und die Modulation nach dem Telefunkensystem durch Änderung des Gittergleichstromes.

α) **Modulation durch Gitterspannungsänderung.** Eine entsprechende Schaltung ist in Abb. 104 wiedergegeben. Es ist dies eine der ältesten und an und für sich einfachsten Steuermethoden, die darauf beruht, daß dem Gitter beiderseits des Kondensators C_2 über einen Transformator Tr die Mikrophonströme zugeführt werden. Entsprechend diesen Gitterspannungsänderungen ändert sich auch die von der Röhre in kapazitiver Rückkopplungsschaltung erzeugte Hochfrequenzenergie. Bei kleineren Leistungen werden mit dieser Methode recht gute Resultate erzielt. Bei größeren Leistungen über $^1/_2$ kW ist sie jedoch nicht zu verwenden, da durch die hierfür erforderlichen stärkeren Gitterspannungsänderungen nicht allein die Amplitude der Hochfrequenzschwingung geändert wird, sondern der Schwingungsvorgang der Röhre als solcher Störungen erleidet. Durch die Gitterbesprechung wird nämlich auch die Gitterrückkopplung geändert. Diese Änderung kann bei starker Besprechung derart sein, daß die Schwingungen der Röhre abreißen und dadurch die modulierte Welle verzerrt wird. Diese Schaltung kommt deshalb heute bei den Rundfunksendern nicht mehr zur Verwendung.

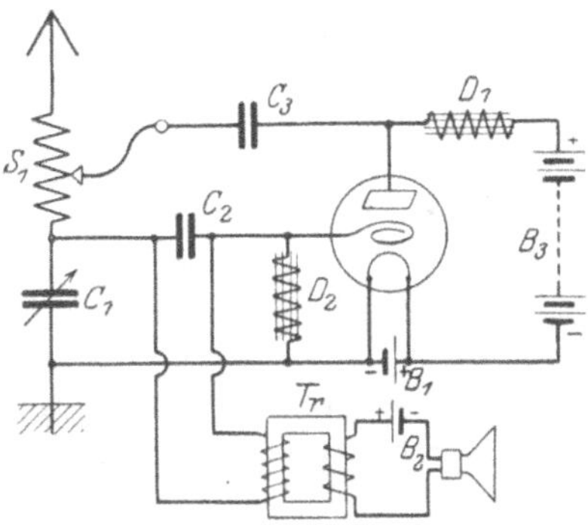

Abb. 104. Röhrensendermodulation durch Gitterspannungsänderung.

β) **Modulation nach Heising-Latour.** Für die Modulation durch Änderung der Anodenspannung existieren eine ganze Reihe von Methoden, von denen wir hier nur die Modulation, die von R. A. Heising und M. Latour eingeführt wurde, und die bei den meisten amerikanischen und englischen Rundfunksendern verwandt wird, herausgreifen wollen. Eine diesbezügliche Schaltung ist in Abb. 105 wiedergegeben.

I ist die Senderöhre, die nach der Dreipunktschaltung Schwingungen erzeugt und dieselben von S_2 auf die Antennenspule S_1 überträgt. Parallel zur Senderöhre I liegt die Modulationsröhre II, deren Anoden durch die Spule S_3 miteinander verbunden sind. Diese Drosselspule hat den Zweck, die Hochfrequenzschwingungen der Röhre I von der Röhre II fernzuhalten. Im Anodenkreis der Röhre II liegt eine Eisendrossel D_1. Beide Röhren erhalten ihre gemeinsameAnodenspannung von der Gleichstrommaschine G. Das Gitter der Röhre II ist über den Transformator Tr mit dem Mikrophonkreis verbunden. Wird das Mikrophon besprochen, so

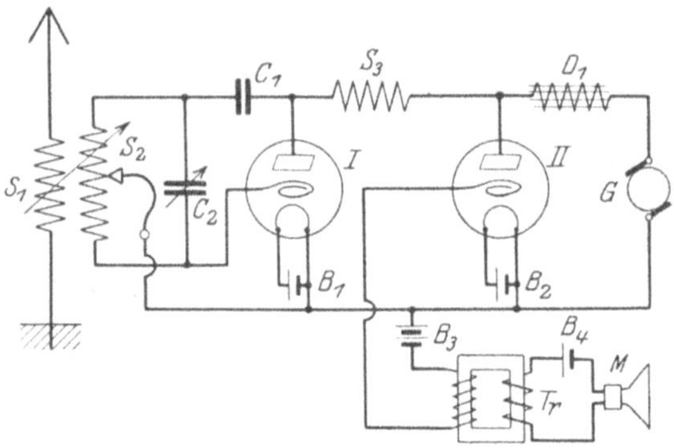

Abb. 105. Modulation nach Heising-Latour.

entstehen in dem Anodenkreise der Röhre II entsprechend den Gitterspannungsänderungen Wechselströme und demnach auch an den Klemmen der Eisendrossel D_1 Wechselspannungen. Diese Wechselspannungen der Eisendrossel überlagern sich der Gleichspannung der Maschine G. Die Folge davon ist, daß der Röhre I neben der von G kommenden Gleichspannung noch die an der Drossel D_1 entstehenden zusätzlichen Wechselspannungen zugeführt werden, so daß also die gesamte Anodenspannung an der Röhre I und damit auch die von der Antenne ausgestrahlte Hochfrequenzenergie im Rhythmus der Besprechung des Mikrophons schwankt. Ein Nachteil besteht bei dieser Schaltung vor allem darin, daß die Modulationsröhre verhältnismäßig groß sein muß. Die Rückkopplung und damit die Wellenlänge wird zwar durch die bei der Modulation auftretenden Änderungen der Anodenspannung auch geändert, doch fällt dies hier längst nicht derart ins Gewicht, wie bei der in Abb. 104 wiedergegebenen Schaltung.

c) Modulation durch Änderung des Anodenkreiswiderstandes.

Wird ein Widerstand in den Anodenkreis einer Röhre gelegt, so kann hierdurch ebenfalls die Anodenspannung und damit die Amplitude der Hochfrequenzschwingung geändert werden. Als veränderlicher Widerstand eignet sich hierzu am besten eine Röhre. Eine entsprechende Schaltanordnung zeigt Abb. 106. I ist die Senderöhre. II die Modulationsröhre, die als Widerstand im Anodenkreise der Röhre I liegt. Durch Einstellung einer bestimmten Gittervorspannung B_3 kann der innere Widerstand der Röhre II derart eingestellt werden, daß die Senderöhre I etwa die Hälfte ihrer maximalen Schwingungsenergie ausstrahlt. Wird nun das Mikrophon besprochen, so ändert sich entsprechend den hierbei auftretenden Gitterspannungsschwankungen der innere Widerstand der Röhre II und damit die an der Röhre I liegende Anodenspannung. Da der innere Widerstand von Röhre II in weiten Grenzen von einigen hundert Ohm bis zu ∞ Ohm geändert werden kann, so ist mit dieser Methode eine weitgehendste Aussteuerung des Senders möglich. Bei einem zu hohen inneren Widerstand von Röhre II würde allerdings auch hier die Anodenspannung an der Senderöhre I so niedrig werden, daß sie nicht mehr genügt, um die Schwingungserzeugung aufrechtzuerhalten. Das kann durch Parallelschalten eines Widerstandes R zur Röhre II vermieden werden. Die Dimension dieses Widerstandes hängt von der Gesamtdimensionierung des Senders ab. Auch bei dieser Modulationsmethode besteht ein großer Nachteil darin, daß die Modulationsröhre II genau gleich groß wie die Senderöhre I sein muß. Ferner ist die doppelte Anodengleichspannung erforderlich. Von den beiden Modulationsmethoden,

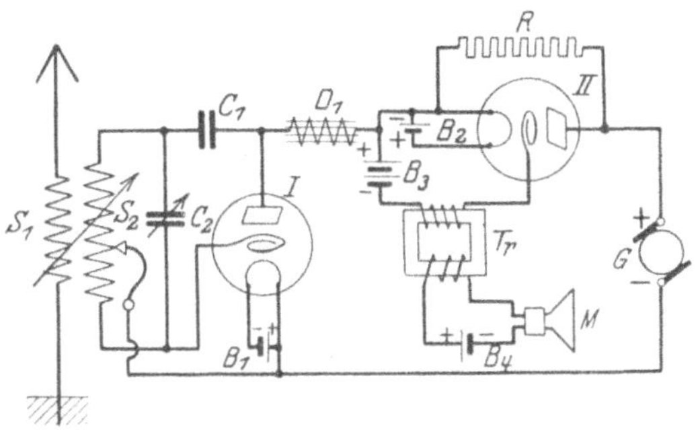

Abb. 106 Modulation durch Änderung des Anodenkreiswiderstandes.

Abb. 105 und Abb. 106, hat demnach diejenige der Abb. 105 noch den Vorzug.

d) Modulation durch Änderung des Gittergleichstromes. System Telefunken.

Das von der Firma Telefunken hauptsächlich durch W. Schäffer entwickelte Modulationsverfahren beruht auf der Änderung des Gittergleichstromes. Wenn eine Röhre schwingt, so werden hierbei Elektronen an das Gitter gelangen und diese immer mehr negativ aufladen. Wenn für diese Elektronen keine Möglichkeit besteht vom Gitter abzufließen, so wird durch das immer negativer werdende Gitter auch der Anodenstrom geschwächt

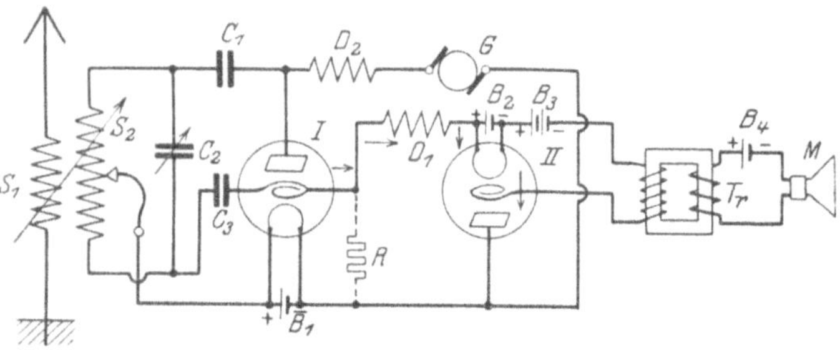

Abb. 107. Modulation durch Änderung des Gittergleichstromes, Telefunkensystem.

bis die Schwingung aussetzt. Legt man nun zwischen Kathode und Gitter einen veränderlichen Widerstand, so kann man dieses Abfließen der Elektronen regulieren und damit die von der Röhre erzeugte Hochfrequenzenergie steuern. Wird dieser Widerstand entsprechend den Schwankungen des Mikrophonstromes geändert, so kann hierdurch die von der Antenne ausgestrahlte Schwingung moduliert werden. Als veränderlicher Ohmscher Gitterwiderstand wird gemäß Abb. 107 eine Röhre II benutzt. Damit der Gittergleichstrom nur den Weg über diese Röhre und nicht über den unteren Teil der Spule S_2 nehmen kann, wird diese Spule gegen das Gitter der Senderöhre I durch den Kondensator C_3 blockiert. Die Modulationsröhre II liegt mit ihrer Anode am Heizfaden der Senderöhre, so daß die Elektronen vom Gitter der Senderöhre über die Drosselspule D_1 in Richtung der Pfeile durch die Modulationsröhre zur Kathode abfließen können. Die Drosselspule D_1 ist deswegen eingeschaltet, damit keine Schwingungen über

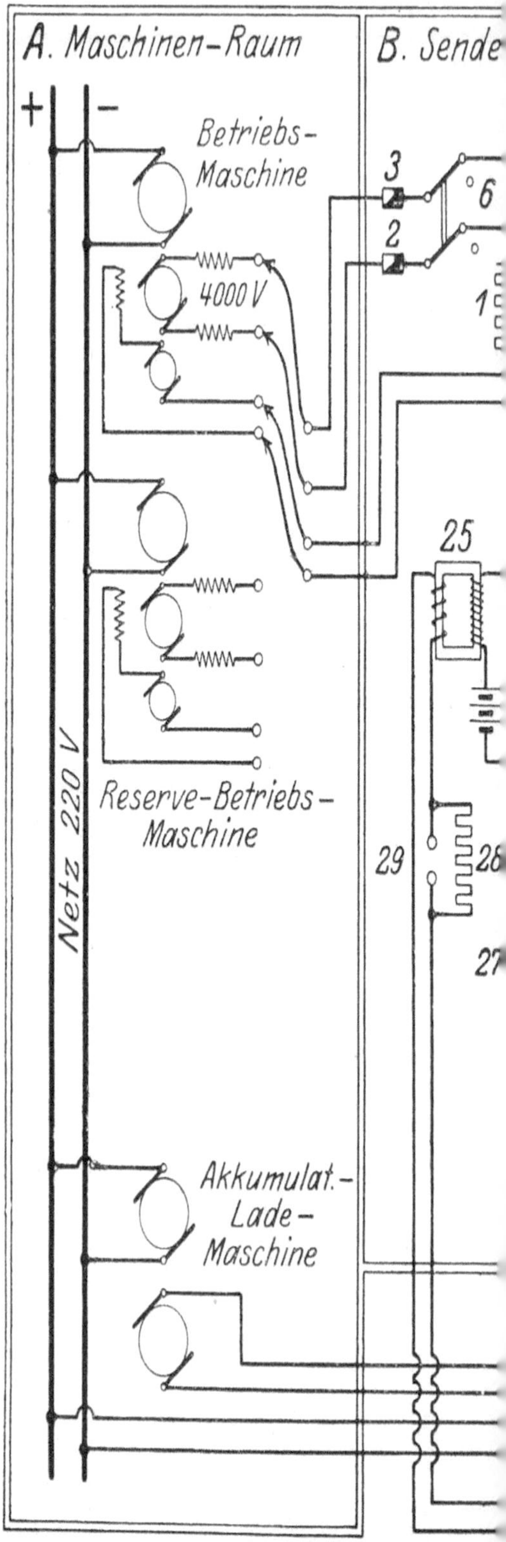
A. Maschinen-Raum
B. Sende
+
-
Betriebs-Maschine
4000 V
3
2
6
1
25
29
26
27
Reserve-Betriebs-Maschine
Netz 220 V
Akkumulat.-Lade-Maschine

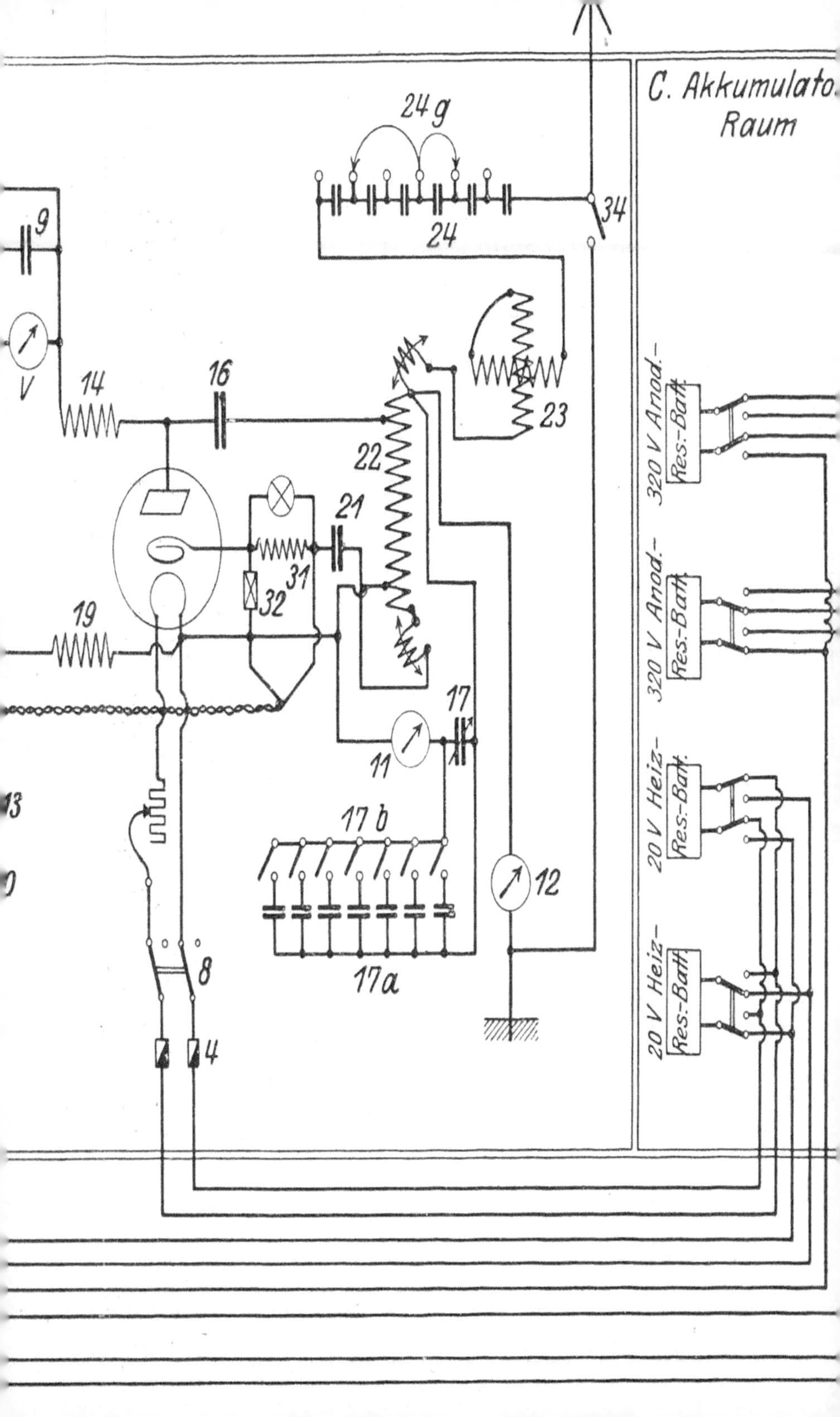
C. Akkumulato.
Raum
24 g
24
34
9
V
14
16
23
22
21
31
32
19
17
11
13
17 b
12
17a
8
4
320 V Anod.-
Res.-Batt.
320 V Anod.-
Res.-Batt.
20 V Heiz-
Res.-Batt.
20 V Heiz-
Res.-Batt.

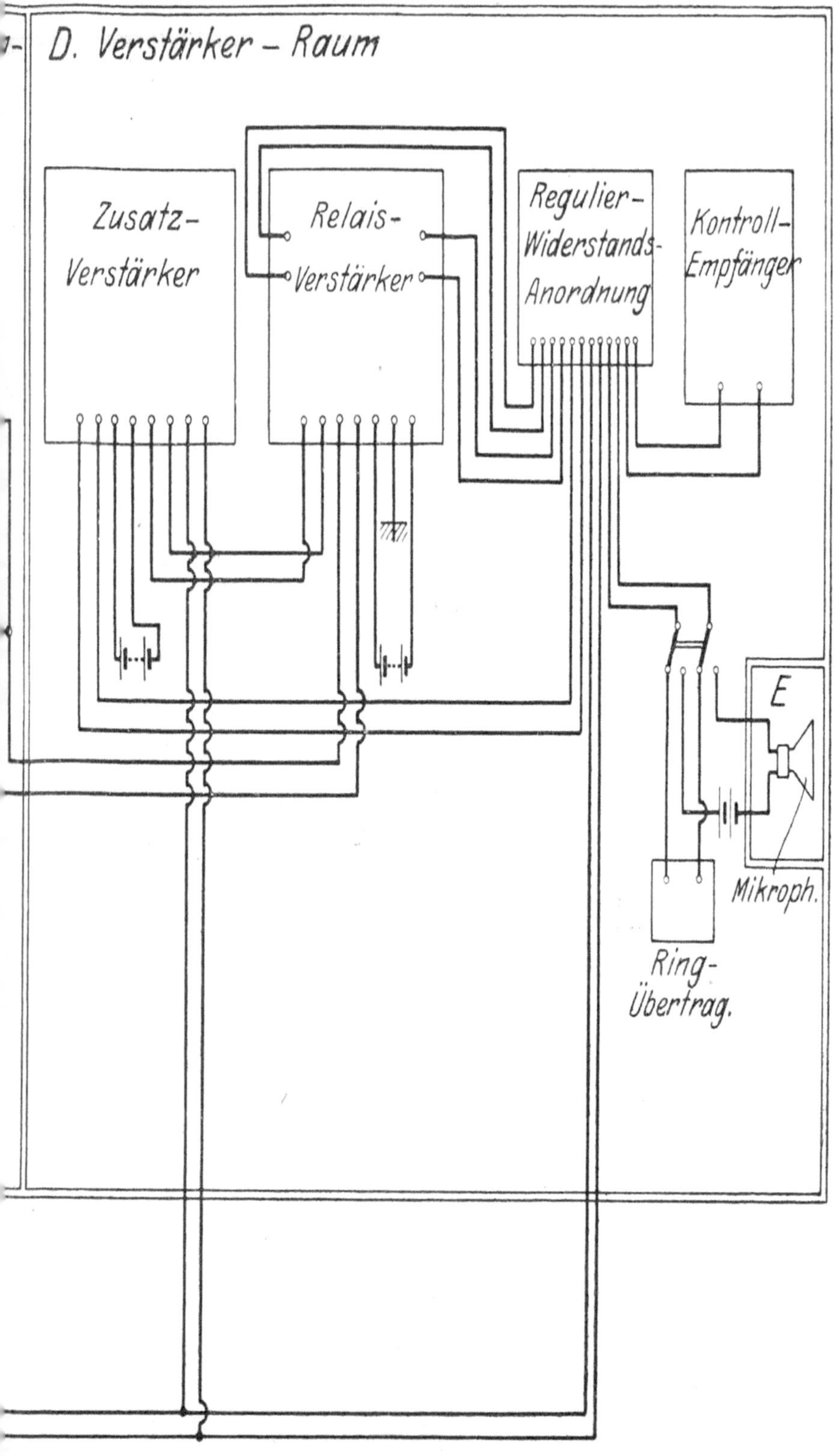

D. Verstärker – Raum
Zusatz-
Verstärker
Relais-
Verstärker
Regulier-
Widerstands-
Anordnung
Kontroll-
Empfänger
E
Mikroph.
Ring-
Übertrag.

die Röhre II gehen können. Der innere Widerstand der Modulationsröhre kann nun durch die Gitterspannungsänderungen, die bei Besprechung des Mikrophons *M* auftreten, geändert und damit die Hochfrequenzenergie der Senderöhre I gesteuert werden. Dem Gitter der Modulationsröhre kann man durch die Batterie B_3 eine derartige Vorspannung und damit dem inneren Widerstand der Röhre II eine derartige Größe geben, daß die Senderöhre bei Nicht-Besprechung auf mittlere Schwingungsenergie eingestellt ist, und so die Sendeenergie rein theoretisch vom Nullwert bis zur maximalen Energie gesteuert werden kann. Diese volle Aussteuerung ist jedoch in Anbetracht dessen, daß die Charakteristik einer Röhre nur in ihrem mittleren Teile geradlinig verläuft, und der Sender auch nur in diesem Bereiche verzerrungsfrei arbeitet, nicht zu empfehlen. Gegenüber den beiden zuletzt beschriebenen Steuermethoden besteht der Vorzug dieser Telefunkenschaltung vor allem darin, daß die Modulationsröhre ganz bedeutend kleiner sein kann, als die Senderöhre. Das Verhältnis von beiden zueinander ist etwa 1 : 25. Dementsprechend kann auch die dem Gitter der Modulationsröhre zugeführte Steuerleistung äußerst klein sein. Die gesamte Schaltungsanlage eines solchen Rundfunksenders für 1,5 kW Leistung, der einen Wellenlängenbereich von 300—700 m hat, ist in der Abb. 108 schematisch wiedergegeben. *A* ist der Maschinenraum, in dem zwei Gleichstrommaschinen stehen, welche eine Spannung von 4000 Volt als Anodenspannung für die Senderöhre liefern. Die Leistung jeder Maschine beträgt etwa 2 kW. Weiter befindet sich hier ein Aggregat zum Laden der Akkumulatoren, aus dem der Strom für die Heizung der Röhren und die Spannungen für die Verstärkerröhren gewonnen werden. Die Akkumulatoren sind in dem Raum *C* untergebracht. In dem Verstärkerraum *D* befinden sich die Verstärker, die Regulierwiderstandsänderung, und der Kontrollempfänger. Von hier führt eine Leitung zum Mikrophon im Besprechungsraum *E*. Hier ist auch ein Ringübertrager (Transformator) vorhanden, an den die Drahtleitung bei Fernübertragungen angeschlossen wird. *B* ist der Senderaum, in dem sich die Modulationsröhre (20) und die Senderöhre befinden. Die Maschinen im Maschinenraum können vom Senderaum aus durch den Widerstand (1) einreguliert werden. Parallel zu den Klemmen der Gleichstrommaschine liegt ein großer Kondensator (9), der zum Ausgleich der von dieser Maschine kommenden niederfrequenten Stromschwankungen, die sonst im Sender hörbar wären und so störend wirkten, dient. (14) und (19) sind Hochfrequenzdrosseln, die von der Gleichstrommaschine Hochfrequenzschwingungen fernhalten. Bei der Senderöhre ist zur Schwingungserzeugung die Dreipunktschaltung angewandt. Die Wellenlänge des Schwin-

Abb. 109. Sendeanlage eines Deutschen Rundfunksenders aus dem Jahre 1924. Telefunkensystem.

gungskreises kann durch den Drehkondensator (17) und Zusatz der festen Kondensatoren (17b und 17a) geändert werden. Die Antenne ist mit der Zwischenkreisspule (22) variabel gekoppelt. Sie wird durch das Variometer (23) und die Verkürzungskondensatoren (24) abgestimmt. Der Blockkondensator (21) versperrt dem Gleichstrom den normalen Ableitungsweg über den unteren Teil der Spule (22), so daß er seinen Weg über die Modulationsröhre (20) nehmen muß. (33) ist eine Drosselspule, die von der Modulationsröhre Hochfrequenzschwingungen fernhält. Die verstärkten Mikrophonströme werden dem Gitter der Modulationsröhre über den Transformator (25) zugeführt. Abb. 109 zeigt einen solchen 1,5-kW-Sender, wie er bei den ersten deutschen Rundfunksendern, beispielsweise dem Frankfurter Sender aufgestellt

Abb. 110. Rundfunksender 1,5 kW Leistung. System Telefunken.

wurde. *A* ist die Senderöhre, *B* die Modulationsröhre, *C* die Spule des Schwingungskreises und *D* die Antennenspule. Aus dieser Abbildung ist besonders gut ersichtlich, daß bei dem Telefunkensystem die Modulationsröhre bedeutend kleiner ist als die Senderöhre.

Eine neuere Senderanlage, wie sie von Telefunken für eine Reihe deutscher und ausländischer Rundfunksender geliefert wurde, ist in Abb. 110 wiedergegeben.

Die einzelnen Instrumente und Bestandteile des Senders sind wie folgt bezeichnet.

A Senderöhre, 1,5-kW-Leistung. *B* Steuerröhre. *C* Ausschalter. *D* Kurzschlußstöpsel für die Antennen-Verkürzungskondensatoren. *E* Voltmeter zum Regulieren der Heizspannung der Senderöhre. *F* Zwischenkreis-Amperemeter. *G* Antennenamperemeter. *H* Antennenkopplung. *J* Antennenvariometer. *K* Gitterkopplung. *L* Zwischenkreis-Drehkondensator. *M* Kapazitäts-Stufenschalter für die Zwischenkreiskondensatoren. *N* Schalter für die Heizung der Senderöhre. *O* Schalter für die Heizung der Modulationsröhre. *P* Regulierwiderstand für die Erregung der Senderöhre. *Q* Hochspannungsvoltmeter zum Messen der Anodenspannung der Senderöhre.

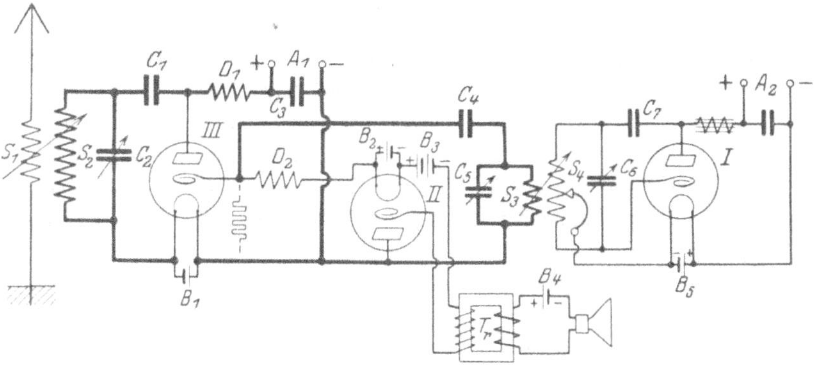

Abb. 111. Telephoniesenderschaltung mit Fremdsteuerung. System Telefunken.

Die Gitter-Gleichstrom-Modulation findet beispielsweise auch bei dem Rundfunksender des Eiffelturmes, der auf einer Welle von 2600 m mit einer Antennenleistung von 4 kW arbeitet, Anwendung. Als Senderöhre wird hier eine wassergekühlte Holweck-Röhre benutzt, die ganz aus Metall besteht, und während der ganzen Dauer des Betriebes mit einer Molekularluftpumpe in Verbindung steht, damit stets das nötige Vakuum in der Röhre erreicht wird. Bei größeren Leistungen als 1,5 kW hat es sich auch bei der Gitter-Gleichstrom-Modulation als notwendig erwiesen, zur Fremdsteuerung des Senders überzugehen. Die grundsätzliche

Schaltung eines solchen Telephoniesenders mit Fremdsteuerung ist in Abb. 111 wiedergegeben. *I* ist die Steuerröhre, die in Rückkopplungsschaltung die Hochfrequenzschwingung erzeugt. *II* ist die Modulationsröhre, die nach der Gitter-Gleichstrom-Methode die Senderöhre III moduliert. Die Röhre III ist genau, wie in der früher bereits beschriebenen Abb. 58, als Hochfrequenzverstärker geschaltet. Die Schwingungsenergie wird ihr von der Steuerröhre I durch Kopplung von S_4 mit S_3 zugeführt. Diese Zwischenkreis-Telephoniesender mit Fremdsteuerung werden von Telefunken in Einheiten zu 5, 10, 20 und 60 kW-Leistung hergestellt. Zwei Sender mit 20 kW-Leistung sind bereits in Betrieb, und zwar der „Deutschlandsender" in Königswusterhausen auf Welle 1300 und der neue Wiener Rundfunksender. Bei dem letzteren werden nur zwei Senderöhren mit je 10 kW Leistung, die wassergekühlt sind, benutzt. Durch diese Verminderung der Röhrenzahl gegenüber den früheren Sendern wird die Gesamtkonstruktion außerordentlich vereinfacht. Diese Röhren erfordern eine Anodengleichspannung von 12000 Volt, die nicht mehr mit Gleichstrommaschinen hergestellt werden kann, so daß man hier zur Wechselstromgleichrichtung mittels großer Gleichrichterröhren übergehen mußte. Die beiden 20-kW-Sender ergeben in der Antenne eine Telephonieleistung von ca. 5 kW. Zur Zeit baut Telefunken im Auftrage der Reichspostverwaltung einen Rundfunksender mit einer Leistung von 60 kW, was einer Telephonieleistung in der Antenne von ca. 15 kW entspricht. Dieser Sender soll in der Nähe von Berlin aufgestellt werden. Nach seiner Fertigstellung wird er der größte europäische Rundfunksender sein.

D. Die Antennenanlage.

Als Antennen haben sich bei den Rundfunksendern für kleinere und mittlere Leistungen die T-Antennen am besten bewährt. Die Abmessungen der Antennenanlage sind abhängig von den örtlichen Verhältnissen und von der Größe der Energie, welche die Antenne aufnehmen und ausstrahlen soll. Für einen 1,5-kW-Sender, der eine Telephonieleistung von 0,5—0,6 kW hat, ergeben sich nachstehende günstige Antennenverhältnisse.

Kapazität 700 cm bei einer Wellenlänge von 500 m.

Widerstand 7 Ohm bei einer Wellenlänge von 500 m.

Antennenform: T-Antenne mit zwei oder drei parallel laufenden Einzeldrähten von je 60 m Länge, die einen Abstand von 2—4 m voneinander haben.

Wirksame Antennenhöhe von ca. 45 m.

Abb. 112. Antennenanlage des Rundfunksenders in Witzleben bei Berlin.

Beim Frankfurter Rundfunksender, der eine Telephonieleistung von ca. 0,5 kW hat, ergeben sich für die auf dem Gebäude des Postscheckamtes stehende Antenne folgende Abmessungen:

Antennenhöhe über der Straße 57,5 m.

Länge der Antenne 48,4 m.

Antennenform: T-Antenne bestehend aus zwei im Abstand von 4 m parallel laufenden Litzendrähten. Jeder Draht hat eine eigene Niederführung zum Sender.

Antennenkapazität: 670 cm.

Eigenschwingung der Antenne: 350 m.

Bei größeren Leistungen muß auch vor allem die Kapazität der Antenne vergrößert werden, was durch eine vermehrte Zahl der Antennendrähte erreicht wird. In der Abb. 112 ist die Antennenanlage des 5-kW-Senders in Witzleben bei Berlin wiedergegeben, der anläßlich der großen Funkausstellung 1925 in Betrieb genommen wurde.

Bei dem 20 kW Deutschlandsender in Königswusterhausen hat die benutzte T-Antenne eine Kapazität von 1500 cm. Das eine Ende dieser T-Antenne ist an der Spitze eines 210 m hohen Mastes und das andere Ende in 230 m Höhe des neuen 285 m hohen Funkturmes befestigt. Diese günstige Antennenanlage ist

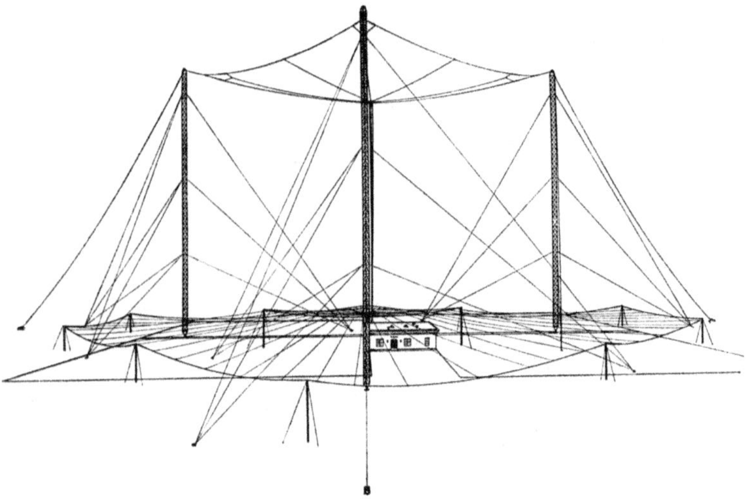

Abb. 113. Antennenanlage des Wiener Rundfunksenders.

ausschlaggebend für die gute Fernwirkung des Deutschlandsenders.

Bei dem neuen Wiener 20-kW-Sender, der bei Wien auf dem Rosenhügel steht, hat man, wie aus der Abb. 113 zu ersehen ist, eine Dreiecksantenne gewählt, die zwischen drei Masten von je 85 m Höhe aufgehängt ist. Die Niederführung der Antennendrähte zum Sender erfolgt von der Mitte des Dreiecks aus. Bei diesem Sender wird wegen der ungünstigen Erdungsverhältnisse ferner an Stelle der Erdung, wie aus der Abbildung zu ersehen ist ein Gegengewicht verwandt, das zwischen kleinen Masten in einigen Metern über dem Erdboden ausgebreitet ist.

VI. Telephoniesenderschaltungen zur Ausscheidung der Trägerfrequenz und eines Seitenbandes.

Wie wir auf S. 119 ausführten, ist es bei der drahtlosen Übertragung von Sprache und Musik nicht erforderlich, daß auch die *Trägerfrequenz*, die *eigentliche Sendewelle* mit übertragen wird, sondern es ist lediglich notwendig, daß beide oder wenigstens ein Seitenband von dem Sender ausgestrahlt werden. Die Trägerfrequenz muß allerdings im Empfangsapparat wieder durch konstante Überlagerung hinzugefügt werden, damit ein Telephonieempfang zustande kommen kann. Auf die Vorteile, die in der Ausscheidung der Trägerfrequenz oder eines Seitenbandes liegen, haben wir auch schon früher auf S. 123 hingewiesen. Wenn auch heute die Ausscheidungsschaltungen für die Praxis noch keine Bedeutung erlangt haben, so wollen wir hier doch wenigstens kurz darauf hinweisen. Grundsätzlich läßt sich die Trägerfrequenz in der Art unterdrücken, daß man die modulierte Hochfrequenz auf einen Filterkreis schickt, der die Energie der Trägerfrequenz absorbiert und lediglich die beiden Seitenbänder hindurchläßt. Wird der Sender nicht besprochen, so strahlt demnach die Antenne überhaupt keine Hochfrequenzenergie aus. Soll neben der Trägerfrequenz auch noch ein Seitenband unterdrückt werden, so müssen hierfür weitere auf das eine Seitenband abgestimmte Kreise eingeschaltet werden, wodurch sich dann eine äußerst komplizierte Schaltung ergibt. Statt mit stets verlustbringenden Filterkreisen die Ausscheidung der Trägerfrequenz zu erreichen, haben die *Western-Electric-Co.* und *H. Faßbender* und *E. Habann* das Problem derart gelöst, daß sie bei zwei Röhren eine Differentialschaltung derart anwenden, daß die zugeführte Trägerfrequenz in beiden Röhren *gleichphasig* auftritt, und sich somit aufhebt, während die Besprechung der Röhren mit *entgegengesetzter Phase* erfolgt. Eine dementsprechende Schaltung, an der dieses Ausscheidungsprinzip besser erläutert werden kann, ist in Abb. 114 wiedergegeben. Die beiden Röhren I und II sind ähnlich wie bei der Gegentaktverstärkung gegeneinander geschaltet. Die in den Anodenkreisen liegenden Spulen S_2 und S_3 sind mit der Antennenspule S_1 gekoppelt. Die Hochfrequenzenergie eines Röhrensenders wird dem System bei E zugeführt und durch die Spule S_5 auf S_4 übertragen. Diese Hochfrequenzenergie kann über die Kondensatoren C_1 und C_2 an die Gitter der beiden Röhren gelangen. Ist nun beispielsweise in einem bestimmten Moment die Hochfrequenzenergie in S_4 derart gerichtet, daß die rechte Seite der Spule negativ und die linke positiv wird, so erhalten beide Gitter eine negative Spannung. Ist der Strom in S_4 umgekehrt gerichtet, so erhalten beide Gitter eine positive Spannung. An beiden Gittern treten demnach die Hochfrequenzspannungen gleichphasig auf und dementsprechend sind auch die dadurch in S_3 und S_2 ver-

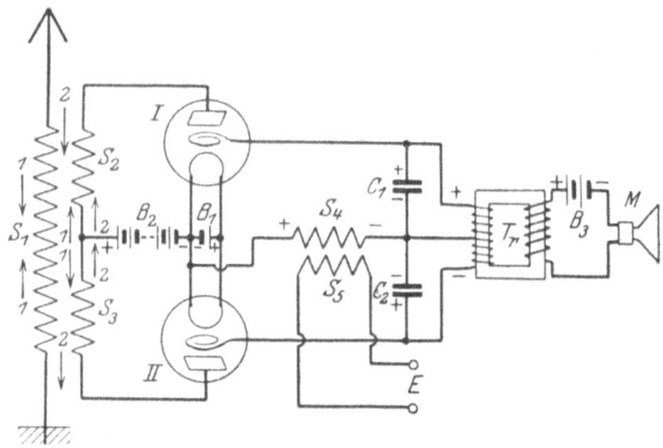

Abb. 114. Telephonieschaltung zur Ausscheidung der Trägerfrequenz.

ursachten Anodenströme stets gleichphasig, so daß z. B. bei einer positiven Gitterspannung die Anodenströme in Richtung der Pfeile 1 die Spulen S_3 und S_2 durchfließen. Da beide Spulen gemeinsam auf die Antennenspule induzieren, so wird diese Spule, wie durch die Pfeile gekennzeichnet ist, in jedem Augenblick von gleichstarken, aber entgegengesetzt gerichteten Hochfrequenzströmen durchflossen, die sich gegenseitig aufheben, so daß demnach die Schwingung des bei E angeschlossenen Senders, mithin die Trägerfrequenz von der Antenne nicht ausgestrahlt wird.

Bezüglich der modulierten Hochfrequenzenergie, also der Seitenbänder, liegen die Verhältnisse umgekehrt, da der negative Heizfaden der beiden Röhren an die Mitte der Sekundärwicklung des Transformators Tr angeschlossen ist. Entsprechend den Mikrophonströmen wird die Sekundärwicklung des Transformators von einem niederfrequenten Wechselstrom durchflossen.

Greifen wir auch hier wieder einen bestimmten Moment heraus, in dem der Wechselstrom derart durch die Sekundärwicklung des Transformators fließt, daß der obere Teil positiv und der untere Teil negativ wird, so erhält das Gitter der Röhre I eine positive und das der Röhre II eine negative Spannung. Die Spannungen an den beiden Gittern sind also entgegengesetztphasig, und demnach auch die durch sie bedingten in Richtung der Pfeile 2 in den Spulen S_2 und S_3 fließenden Anodenströme, die sich in jedem Moment auch nach ihrer Übertragung auf die Antenne zueinander addieren. Durch diese Besprechungsart werden demnach die modulierten Hochfrequenzschwingungen, also die Seitenbänder von der Antenne ohne jeden Verlust ausgestrahlt, während die Trägerwelle vollkommen unterdrückt wird.

VII. Stereo-akustische Rundfunkübertragungen.

Hierunter verstehen wir Rundfunkübertragungen, die ähnlich wie beim gewöhnlichen Hören und Sehen beim Empfang eine der Wirklichkeit entsprechende Raumempfindung hervorrufen sollen. Beim stereoskopischen Sehen kommt eine Tiefenwirkung und Raumvorstellung nur dadurch zustande, daß beide Augen gebraucht werden. Will man diese stereoskopische Wirkung auch bei Bildern, z. B. Photographien, erreichen, so muß der betreffende Gegenstand entsprechend den beiden Richtungen der Augenachsen ebenfalls von zwei Richtungen aus aufgenommen werden. Beim Ansehen der einen Photographie durch das eine Auge und der anderen durch das andere Auge werden beide wieder zu einem Bilde vereinigt, das dem Auge die Raumempfindung gibt, und den Gegenstand wie in der Wirklichkeit plastisch erscheinen läßt. Um einen ähnlichen Effekt handelt es sich bei den stereo-akustischen Hörern. Wird nur mit einem Ohr gehört, so ist es bedeutend schwerer, die Entfernung einer Tonquelle und die Richtung, aus welcher der Ton kommt, anzugeben, als wenn ein Hören mit beiden Ohren erfolgt. Es ist heute noch nicht restlos aufgeklärt, worauf die Erscheinung des stereo-akustischen Hörens beruht. Diese Frage ist ja auch für uns hier von nebensächlicher Bedeutung. Uns interessiert lediglich, durch welche Hilfsmittel es möglich ist, auch beim Rundfunkempfang eine stereo-akustische Wirkung zu erzielen; denn das Hören beim heutigen Rundfunk ist noch rein monotisch (Hören mit einem Ohr), trotzdem ein Doppelkopffernhörer beiden Ohren Schallenergie zuführt; denn das, was der Rundfunkhörer auf beiden Ohren empfängt, kommt von einem Aufnahmemikrophon. Selbst dann, wenn zwei Aufnahmemikrophone, die parallel zueinander liegen, vorhanden sind, wird an dieser Sachlage noch nichts geändert; denn in diesem Falle erhalten beide Ohren von beiden Mikrophonen Schallenergie. Um jedoch bei Verwendung von zwei Mikrophonen eine stereo-akustische Wirkung zu erzielen, muß die Anordnung derart getroffen sein, daß genau wie beim gewöhnlichen Hören ein und dieselbe Schallenergie über das eine Mikrophon dem rechten und über das andere Mikrophon dem linken Ohr zugeführt wird. Dabei müssen die beiden Mikrophone einen Abstand voneinander haben, der etwa 21 cm, also dem mittleren Abstand zweier Ohren voneinander entspricht. Ferner können beide Mikrophone nicht an ein und denselben Sender angeschlossen werden, da sich ja dann in der Steuerröhre die beiden Mikrophonströme wieder vereinigen, durch ein und dieselbe Welle übertragen würden und demnach auch im Empfänger nicht mehr voneinander getrennt werden können. Es sind deshalb sowohl zwei Sender verschiedener Wellenlänge als auch zwei entsprechende Empfänger erforderlich, wobei die Energie des einen Empfängers auf die rechte Hörkapsel und die des anderen auf die linke Hörkapsel des Kopffernhörers übertragen wird. Zur Zeit werden die Abendkonzerte des Berliner Voxhauses stereoakustisch übertragen. In dem Aufnahmeraum befinden sich zu diesem Zwecke zwei Mikrophone, die nahe nebeneinander stehen. Das eine ist mit den Sender in Königswusterhausen (Welle 1300) und das andere mit dem Berliner Sender (Welle 505) verbunden. Der Empfangsteilnehmer muß dann zwei Empfangsanlagen besitzen, von denen die eine auf die Welle 1300 und die andere auf die Welle 505 abgestimmt werden. Die Empfangsenergie des einen Empfängers wird der rechten und die des anderen der linken Telephonkapsel des Doppelkopffernhörers zugeführt. Dieser stereoakustische Empfang übertrifft den monotischen ganz bedeutend an Klangfülle und plastischer Wirkung. Einer allgemeinen Einführung stehen jedoch zur Zeit noch die erheblich höheren Kosten sowohl beim Senden als auch beim Empfang hinderlich im Wege.

VIII. Das Gegensprechen.

Die drahtlose Telephonie, so wie wir sie in der Form der Rundfunksender kennengelernt haben, ist lediglich einseitig, d. h. es ist nur eine Verständigung in der Richtung des Senders zum Empfänger und nicht umgekehrt möglich. Sie unterscheidet sich also in dieser Beziehung wesentlich von der Drahttelephonie, bei der sich zwei Teilnehmer gegenseitig unbehindert verständigen können. Dieses Problem des Gegensprechens hat in der Radio-Telephonie heute noch keine endgültige und vor allem den praktischen Bedürfnissen Rechnung tragende Lösung gefunden. Es gibt zwar zahlreiche Schaltungsmöglichkeiten, die einen Gegensprechverkehr ermöglichen, die jedoch wegen ihrer Kompliziertheit und wegen des erheblichen Materialbedarfes für die Praxis noch nicht in Betracht kommen. Auf einzelne dieser Schaltungen wollen wir hier jedoch kurz eingehen, um zu zeigen, daß dem Gegensprechen keine prinzipiellen technischen Schwierigkeiten entgegenstehen.

Die älteste Anordnung für den Gegensprechverkehr besteht darin, daß man jeweils mit der Hand von Senden auf Empfang umschaltet. Dabei ist jedoch ein Zwischensprechen wie bei der Drahttelephonie ausgeschlossen, so daß der Hörer immer ruhig so lange warten muß, bis der Sprecher zu Ende ist. Da aber gerade das Zwischensprechen und Zwischenfragen von wesentlicher Bedeutung für die Telephonie ist, so kommt diese Anordnung für einen Gegensprechverkehr überhaupt nicht in Betracht. Man ging deshalb zu Anordnungen über, die denen des Duplexverkehrs bei der Radiotelegraphie ähnlich sind. Hierzu ist erforderlich, daß auf jeder Station sowohl eine Sende- als auch eine Empfangsantenne sein muß. Der Sender der einen Station arbeitet hierbei auf einer anderen Welle, wie der Sender der anderen Station. Sende- und Empfangsantenne einer Station müssen je nach der Energie und der Art der verwandten Antenne eine gewisse Entfernung voneinander haben, damit der Sender den Empfänger nicht stört. Da das Mikrophon mit dem Sender und das Telephon mit dem Empfänger durch Drahtleitungen verbunden sind, so können Mikrophon und Telephon so nahe beieinander angeordnet sein wie bei dem gewöhnlichen Fernsprecher. Um die Sende- und Empfangsantenne in nicht allzu großer Entfernung voneinander aufstellen zu müssen, ohne daß der Sender den Empfänger stört, kann man sie durch geeignete Mittel gegenseitig entkoppeln. Diese Art des Gegensprechverkehrs mit getrennter Sende- und Empfangsantenne ist zwar absolut betriebssicher und einwandfrei, kann jedoch beim Einsatz von vielen Gegensprechstellen auf einem engen Bereich schon wegen des außerordentlichen Materialbedarfs nicht in Betracht kommen.

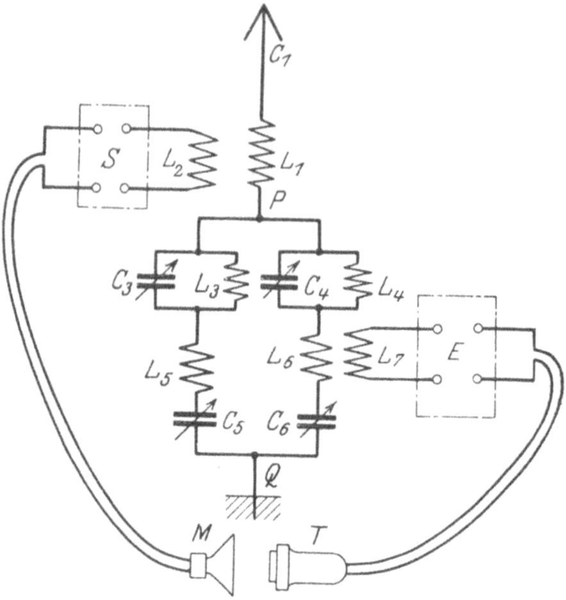

Abb. 115. Telephonieschaltung fur Gegensprechverkehr von W. Schäffer.

Bei der weiteren Entwicklung ging man deshalb zu Schaltungen über, die auf jeder Station sowohl zum Senden als auch zum Empfang nur eine Antenne benutzen, aber noch mit zwei verschiedenen Wellen arbeiten. Eine derartige Schaltung, die von W. Schäffer, Telefunken, stammt, ist in Abb. 115 wiedergegeben. Wir führen diese Anordnung vor allem deswegen hier an, um zu zeigen, wie äußerst kompliziert solche Gegensprechschaltungen sind. Die Antenne verzweigt sich in dem Punkte P über die beiden Kreise $C_3 L_3 L_5 C_5$, und $C_4 L_4 L_6 C_6$. Der Sender S ist durch die Spule L_2 und der Empfänger E durch die Spule L_7 mit der Antenne gekoppelt. Die Abstimmung der Spulen und

Kondensatoren ist derart, daß die gesamte Antenne für zwei Wellen, für die Sende- und die Empfangswelle, in Resonanz ist. Dabei sind die Antennenkapazität C_1 und die Spule L_1 so dimensioniert, daß sie schon für sich auf die Eigenwelle des Senders abgestimmt sind. Ferner ist auch das Schwingungssystem $C_3 L_3 C_5 L_5$ auf die Sendewelle abgestimmt, so daß also der Widerstand dieses Kreises für die Sendeschwingung fast Null ist, und sie über diesen Kreis einen Ausgleich zur Erde findet. Um jedoch auf alle Fälle zu vermeiden, daß ein Teil der Sendeenergie über den Empfangskreis $C_4 L_4 L_6 C_6$ geht, ist der Schwingungskreis $C_4 L_4$ ebenfalls auf die Sendewelle abgestimmt, so daß von ihm keine Schwingung durchgelassen wird. Durch entsprechende Einstellung von L_4 und C_4 wird die gesamte Antenne außer auf die Sendewelle auch noch auf die Empfangswelle abgestimmt, so daß die Empfangsenergie durch Kopplung von L_6 mit L_7 auf den Empfänger E übertragen werden kann. Um auch hier zu vermeiden, daß ein Teil der Empfangsenergie von P nach Q über den Weg $C_3 L_3 L_5 C_5$ gelangt, ist der Schwingungskreis $C_3 L_3$ auf die Empfangswelle abgestimmt, so daß er diese also nicht durchläßt und somit die gesamte Empfangsenergie den Weg über $C_4 L_4 L_6 C_6$ nehmen muß. Eine ähnliche Schaltung wurde auch von O. Scheller bei der C. Lorenz-A.-G. entwickelt, bei der die Beeinflussung des Empfängers durch den Sender durch eine Brückenschaltung ähnlich der Wheatstoneschen Brücke vermieden wird. Auch bei dieser Art des Gegensprechens sind noch zwei Wellen erforderlich. Für eine ideale Lösung des Problems kommt jedoch nur die Benutzung einer einzigen Welle und einer Antenne in Betracht. Auch hierfür gibt es schon Schaltungen, die mehr oder weniger den Anforderungen genügen. Eine derartige Schaltung, die jedoch nur für kleine Leistungen von einigen Watt geeignet ist, zeigt Abb. 116. Die Röhre wird zugleich als Sender durch Rückkopplung von L_2 mit L_1 und als Empfänger in Audionschaltung benutzt. Die Besprechung erfolgt beiderseits des Kondensators C_3 nach der Gitterspannungssprechschaltung, die ja, wie wir früher ausführten, bei kleinen Energien gute Resultate ergibt. Die ankommende Welle kann gleichzeitig durch die Röhre gleichgerichtet und durch den Transformator Tr_2 auf das Telephon übertragen werden. Wird die Röhre besprochen, so wird natürlich, da sie schwingt, die ankommende Welle genau so wie bei jeden überlagerten Audion verzerrt und die Sprache wird unverständlich. Die Anordnung muß deshalb derart getroffen werden, daß die Röhre nur schwingt, wenn sie besprochen wird, und nicht auch in den Pausen, wenn empfangen werden soll. Dies kann dadurch erreicht werden, daß die Rückkopplung so knapp eingestellt wird, daß bei Nichtbesprechen die Röhre gerade vor der Schwingungserzeugung steht. Wird die Röhre besprochen, so erhält das Gitter dadurch positive und negative zusätzliche Spannungen, so daß dann stets während der positiven Halbperiode Schwingungen entstehen können. Die in Abb. 116 wiedergegebene Schaltung hat allerdings noch den großen Nachteil, daß der Sprecher sich selbst hört. Dieses kann durch eine geeignete Kompensationsschaltung vermieden werden, beispielsweise dadurch, daß man dem Telephon direkt vom Mikrophon aus oder über einen Verstärker Wechselspannungen zuführt, die den vom Sender kommenden entgegengesetzt gerichtet sind und diese somit kompensieren.

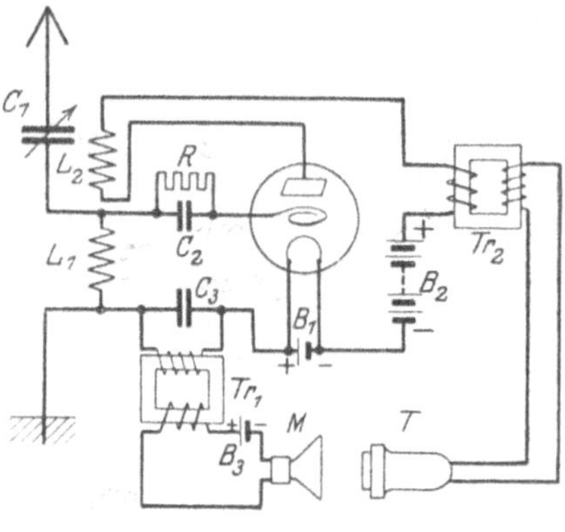

Abb. 116. Telephonieschaltung für Gegensprechverkehr mit **einer** Röhre und **einer** Welle.

Aus den kurzen Darlegungen, die wir hier über den Gegensprechverkehr gebracht haben, ist jedenfalls schon ersichtlich, wie überaus schwierig die Lösung dieses Problemes ist. Dieses Problem, das heute noch sozusagen in den Kinderschuhen steckt, muß aber gelöst werden, wenn die Radio-Telephonie in einen ernstlichen Wettbewerb mit der Draht-Telephonie treten will.

Namen- und Sachverzeichnis.

Stückliste für U K

1) 1 UKW - Abstimmkondensa

2) 1 Tauchtrimmer 20 pF ..

3) 1 Oszillatorspule L1, 3
Kupferdraht, auf 10 m
20 mm gewickelt .....

4) 1 Antennenspule L2, 2 W
Kupferdraht, auf 10 m
telbarer Nähe vom git
festigt ....

5) 1 Oszillatorröhre RL 2,
Schaltung eingelötet)

6) 1 Modulator- bzw. NF -

7) 1 Umschalter (Sende-Emp

8) 1 Potentiometer 0,1 M C

9) 1 Miniatur-Transceivert

10) 1 Ausgangstrafo Tr 2 mi

11) 2 HF-Drosseln (Dr 1 u.D
auf je 1 Widerstd. vc
die Drahtenden von Dr
einander verb. sind..

Funktelefon "SE 2 U"

dkap. ca 15 pF.......DM 6,--

.... " 1,50

mm versilberter
eine Länge von

....

n versilberter
gewickelt, in unmit-
igen Ende von L1 be-

....

unmittelbar in die

.... " 3,--

L 2,4 P2 o.ä.3 Q 4 etc.

mal 2 Kontakte......

doppelpol.Schalter... " 3,90

1 (M 30 T)......... " 6,75

lanzapfg. (M 30 A)... " 6,--

e 25 Wdg. 0,2 mm CuL
hm gewickelt, wobei
. Wdstd. jeweils mit-

.... " 2,--

13) 1 Sikatropkondensator 5

14) 1 Kondensator 50000 pF

15) 1 " 1 MF ....

16) 1 Elektrolytkondensator

17) 1 Widerstand 400 Ohm

18) 1 " 20 KOhm

19) 1 " 500 KOhm

20) 1 " 5 MOhm

21) 1 Anodenbatterie 120 Vo
67,5 Volt Best.Nr.M 6

22) 1 Heizbatterie 2,4 Volt
RMB 3 in Serie gescha

23) Sonstiges Material wie
Kleinmaterial.

W i c h t i g !

Es wird ausdrücklich darauf
diesem Funktelefon nur Inhal
stattet ist.

....	...
....	" -,70
....	" 1,--
....	" 1,50
160 Volt..............	" 3,--
t	" -,40
0,5 Watt	" -,40
"	" -,40
"	" -,40
iniaturanoden Serie geschaltet)....	" 17,--
iatur-Heizelemente	" 3,--

er, Kohlemikrofon und

esen, daß das Arbeiten mit
er Amateur-Sendelizenz ge-

UKW-Funkt

für das 2 m -

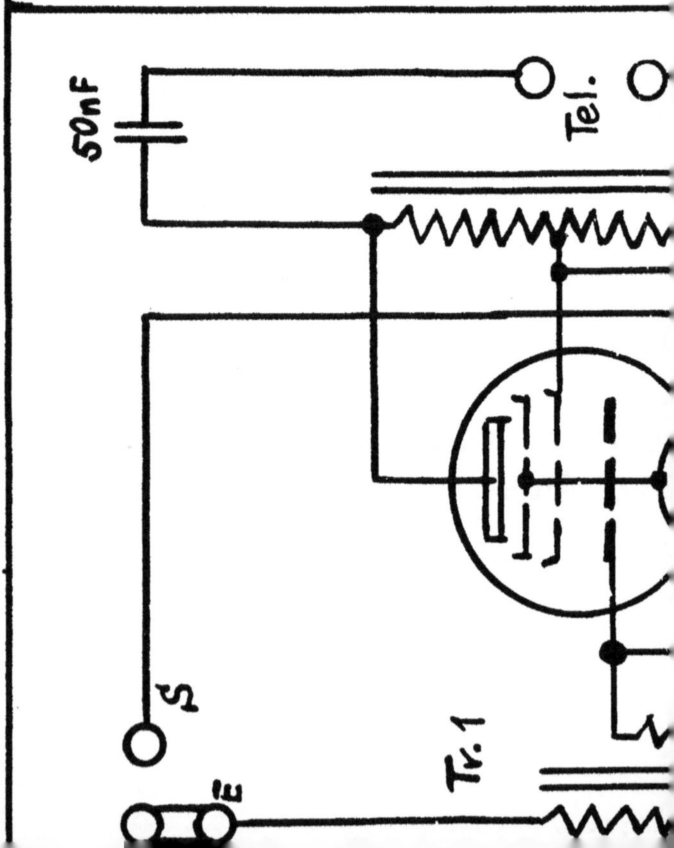

„SE 2 U“
urband

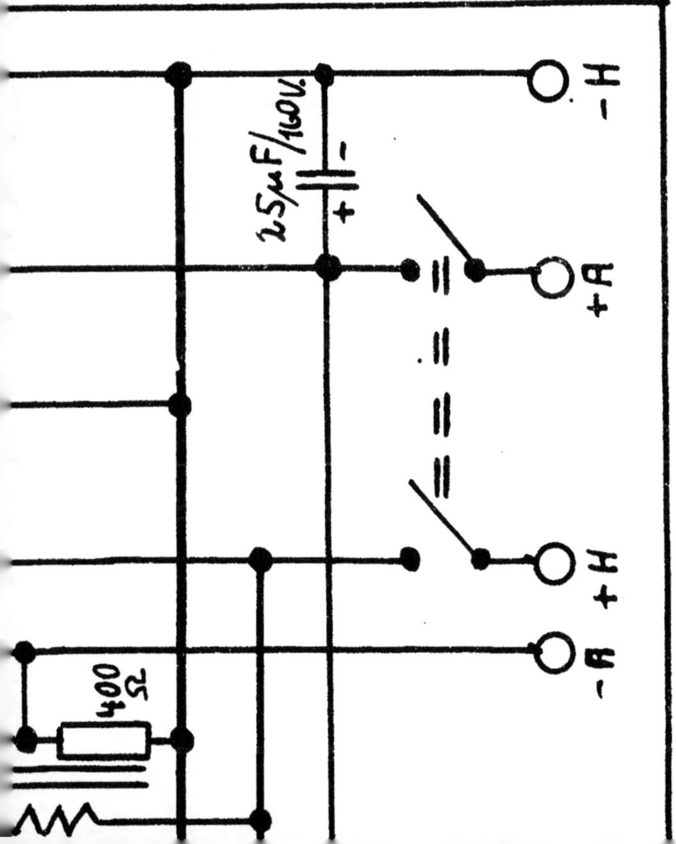

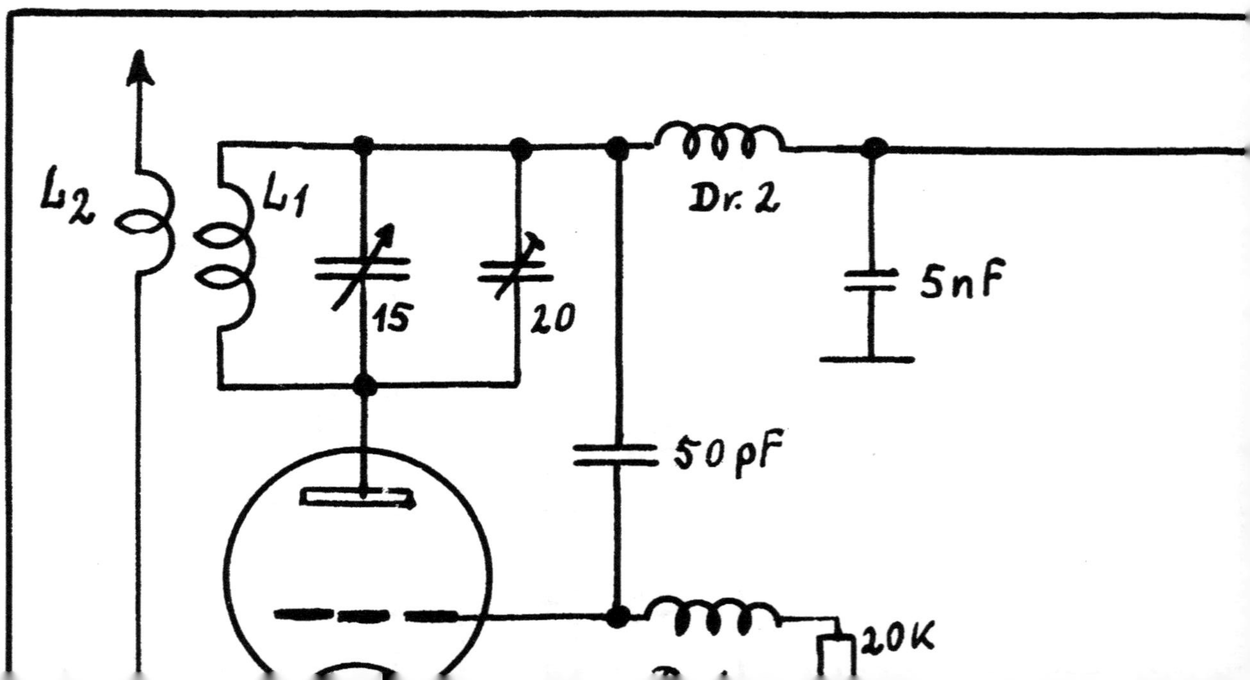
L_2
L_1
15
20
Dr. 2
5nF
50pF
20K

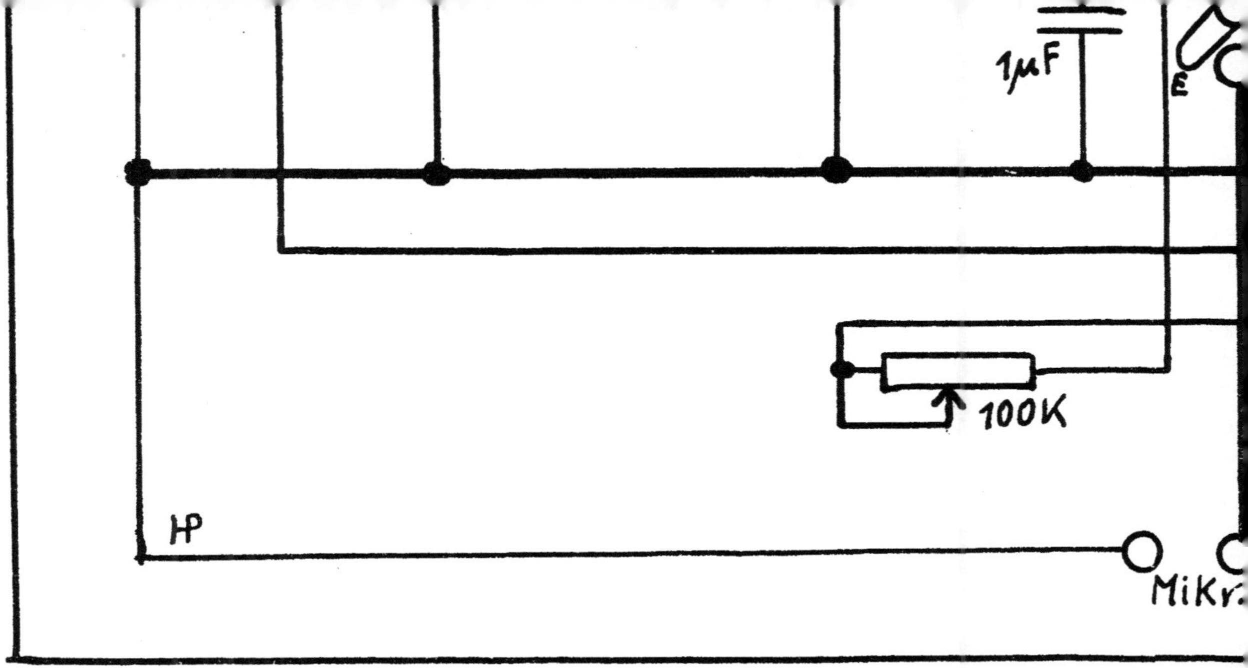
1μF
E
100K
HP
Mikr.

GPSR Compliance

The European Union's (EU) General Product Safety Regulation (GPSR) is a set of rules that requires consumer products to be safe and our obligations to ensure this.

If you have any concerns about our products, you can contact us on ProductSafety@springernature.com

In case Publisher is established outside the EU, the EU authorized representative is:

Springer Nature Customer Service Center GmbH
Europaplatz 3
69115 Heidelberg, Germany

Batch number: 10682427

Printed by Printforce, the Netherlands